并行编程实战：
基于 C# 8 和.NET Core 3

[印] 沙克蒂·坦沃　著

马琳琳　译

清华大学出版社

北　京

内 容 简 介

本书详细阐述了与并行编程相关的基本解决方案，主要包括并行编程简介、任务并行性、实现数据并行、使用 PLINQ、同步原语、使用并发集合、通过延迟初始化提高性能、异步编程详解、基于任务的异步编程基础、使用 Visual Studio 调试任务、编写并行和异步代码的单元测试用例、ASP.NET Core 中的 IIS 和 Kestrel、并行编程中的模式、分布式存储管理等内容。此外，本书还提供了相应的示例、代码，以帮助读者进一步理解相关方案的实现过程。

本书适合作为高等院校计算机及相关专业的教材和教学参考书，也可作为相关开发人员的自学读物和参考手册。

北京市版权局著作权合同登记号 图字：01-2020-3284

图书在版编目（CIP）数据

并行编程实战：基于 C# 8 和.NET Core 3 /（印）沙克蒂·坦沃（Shakti Tanwar）著；马琳琳译. —北京：清华大学出版社，2021.6

书名原文：Hands-On Parallel Programming with C# 8 and .NET Core 3

ISBN 978-7-302-58182-6

Ⅰ. ①并… Ⅱ. ①沙… ②马… Ⅲ. ①并行程序—程序设计 Ⅳ. ①TP311.11

中国版本图书馆 CIP 数据核字（2021）第 098836 号

责任编辑： 贾小红
封面设计： 刘　超
版式设计： 文森时代
责任校对： 马军令
责任印制： 杨　艳

出版发行： 清华大学出版社

网　　址： http://www.tup.com.cn，http://www.wqbook.com
地　　址： 北京清华大学学研大厦 A 座　　**邮　　编：** 100084
社 总 机： 010-62770175　　**邮　　购：** 010-62786544
投稿与读者服务： 010-62776969，c-service@tup.tsinghua.edu.cn
质量反馈： 010-62772015，zhiliang@tup.tsinghua.edu.cn

印 装 者： 大厂回族自治县彩虹印刷有限公司
经　　销： 全国新华书店
开　　本： 185mm×230mm　　**印　　张：** 20　　**字　　数：** 400 千字
版　　次： 2021 年 7 月第 1 版　　**印　　次：** 2021 年 7 月第 1 次印刷
定　　价： 99.00 元

产品编号：086796-01

献给我的妻子 Kirti Tanwar 和我的儿子 Shashwat Singh Tanwar，正是他们的倾情支持激励我奋力前行。

译 者 序

随着人工智能和机器学习的兴起，大数据处理和分析几乎成为开发人员必备的一项技能。很多开发人员在学习和使用示例数据时都信心满满（因为示例数据的量一般都不会很大），但是在实际生产环境中，遭遇到海量数据时，仍然不免有些棘手。当大数据的量达到一定的量级之后，算力和响应时间就会变成一个很大的短板，而这并不是靠暴力堆砌硬件资源就能够解决的。要真正解决这个问题，不但需要处理模型和算法的优化，也需要编程应用的优化，而并行编程和多线程异步运行就是优化的一个重要方向。

本书详细介绍了C#和.NET Core并行编程技巧，阐释了多核计算、多任务、超线程、线程池和并行编程的重要概念以及现代并行编程结构，并通过实例演示了如何实现任务并行性，以有效利用CPU资源和提高程序性能。

本书还介绍了数据并行性、PLINQ支持、支持.NET Core中并行性的数据结构、同步原语、.NET Core中可用的并发集合、延迟初始化等概念，讨论了适合使用异步编程的情形和不宜使用异步编程的情形，以及如何利用.NET Core中的新结构（async和await关键字）来实现异步代码。

最后，本书介绍了Visual Studio 2019中可用的调试工具、在Visual Studio和.NET Core中编写单元测试用例的各种方法、微服务中线程的最佳实践以及对异步流的支持、并行编程中的模式、分布式存储管理等。

总之，阅读和学习本书将有助于开发人员掌握并行编程和多线程异步运行技巧，为应用程序优化提供更多选择。

在翻译本书的过程中，为了更好地帮助读者理解和学习，本书以中英文对照的形式保留了大量的术语，这样的安排不但方便读者理解书中的代码，而且有助于读者通过网络查找和利用相关资源。

本书由马琳琳翻译，陈凯、马宏华、唐盛、黄刚、郝艳杰、黄永强、黄进青、熊爱华等也参与了本书的部分翻译工作，在此一并表示感谢。由于译者水平有限，错漏之处在所难免，在此诚挚欢迎读者提出意见和建议。

前　　言

Packt 出版社大约一年前首次与我联系，约稿撰写本书。经过一段漫长的写作过程，本书的编写终于完成，虽然比我预期的要难，但是在此过程中我也学习到了很多知识。你现在看到的图书是我经过许多漫长日子、辛勤工作的结晶，我很自豪最终能将它呈现在你的面前。

编写一本有关 C#的图书对我来说意义重大，因为在我的职业生涯中，C#是我使用最为娴熟的语言，撰写一本和它有关的图书是我一直以来的梦想。自从 C#面世以来，它确实有了长足的发展，而.NET Core 的出现也增强了 C#在开发人员社区中的声誉。

为了使本书对广大读者更有意义，我们将同时讨论经典的线程模型和任务并行库（TPL），并通过代码进行更详细的解释。我们将首先研究操作系统和多线程代码编写方面的基本概念，然后仔细探讨经典线程和 TPL 之间的区别。

本书的编写方式力求易于学习，并注意在当前最佳编程实践的背景下进行并行编程。本书示例简短明了，即使你没有太多的先验知识也很容易理解。

希望你能喜欢阅读本书，就像我喜欢撰写本书一样。

本书读者

本书适用于希望学习多线程和并行编程概念，并想在使用.NET Core 构建的企业应用程序中使用它们的 C#程序员。如果你是学生或专业人士，想理解并行编程与现代硬件的结合方式，那么本书也很适合你。

本书假定你已经熟悉 C#编程语言和操作系统相关基础知识。

内容介绍

本书共包括 5 篇 14 章，具体内容如下。

- 第 1 篇：线程、多任务和异步基础，包括第 1～4 章。
  - 第 1 章“并行编程简介”，阐释多线程和并行编程的重要概念。本章还介绍操作系统的发展以及现代并行编程结构。

- 第 2 章“任务并行性”，演示如何将程序划分为任务，包括将 APM 模式和 EAP 模式转换为任务，以有效利用 CPU 资源和提高程序性能。
- 第 3 章“实现数据并行”，重点介绍使用并行循环实现数据并行性。本章还介绍有助于实现并行性的扩展方法以及分区策略。
- 第 4 章“使用 PLINQ”，说明如何利用 PLINQ 支持，这包括排序查询和取消查询。另外，本章还讨论影响 PLINQ 性能的因素。

❑ 第 2 篇：支持.NET Core 中并行性的数据结构，包括第 5～7 章。

- 第 5 章“同步原语”，介绍 C#中可用的同步结构，包括互锁操作、锁原语、信号原语、屏障和倒数事件、自旋锁等，使用它们可以处理多线程代码中的共享资源。
- 第 6 章“使用并发集合”，描述如何利用.NET Core 中可用的并发集合，而不必担心手动同步编码的问题。
- 第 7 章“通过延迟初始化提高性能”，阐释延迟初始化的概念，并探讨如何使用延迟模式实现内置构造，以及如何减少延迟初始化的开销。

❑ 第 3 篇：使用 C#进行异步编程，包括第 8 章和第 9 章。

- 第 8 章“异步编程详解”，探讨如何在早期版本的.NET 中编写异步代码，并讨论适合使用异步编程的情形和不宜使用异步编程的情形。
- 第 9 章“基于任务的异步编程基础”，介绍如何利用.NET Core 中的新结构（async 和 await 关键字）来实现异步代码。

❑ 第 4 篇：异步代码的调试、诊断和单元测试，包括第 10 章和第 11 章。

- 第 10 章“使用 Visual Studio 调试任务”，重点介绍 Visual Studio 2019 中可用的各种工具，这些工具使调试并行任务更加容易。
- 第 11 章“编写并行和异步代码的单元测试用例”，介绍在 Visual Studio 和.NET Core 中编写单元测试用例的各种方法。

❑ 第 5 篇：.NET Core 附加的并行编程功能，包括第 12～14 章。

- 第 12 章“ASP.NET Core 中的 IIS 和 Kestrel”，介绍 IIS 和 Kestrel 线程模型。本章还探讨微服务中线程的最佳实践以及对异步流的支持。
- 第 13 章“并行编程中的模式”，介绍用 C#语言实现的各种模式。包括 MapReduce 映射和归约、聚合、分叉/合并模式、推测处理模式、延迟模式和共享状态模式等。这也包括自定义模式实现。
- 第 14 章“分布式存储管理”，探讨如何在分布式程序中共享存储。本章还介绍通信网络的类型和特征、拓扑结构、消息传递接口等。

充分利用本书

要完成本书的学习，需要在系统上安装 Visual Studio 2019 和.NET Core 3。建议先掌握一些有关 C#语言和操作系统方面的基础知识。

下载示例代码文件

读者可以从 www.packtpub.com 下载本书的示例代码文件。具体步骤如下。

（1）登录或注册 www.packtpub.com。

（2）在 Search（搜索）框中输入本书英文版名称的一部分 Hands-On-Parallel-Programming，即可在推荐下拉菜单中看到本书，如图 P-1 所示。

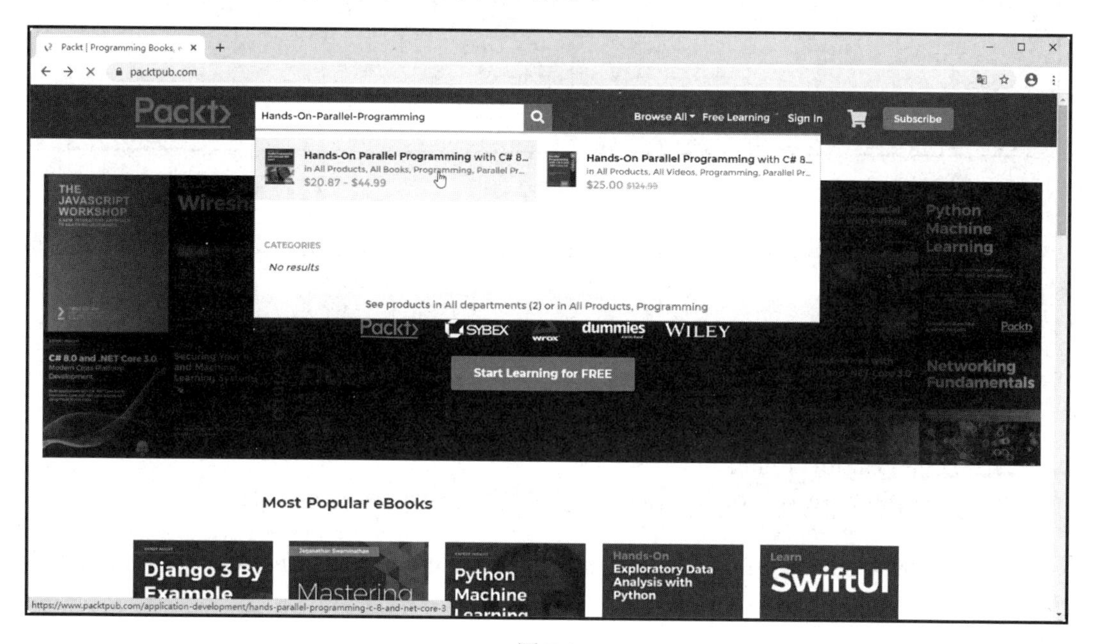

图 P-1

（3）选择 *Hands-On Parallel Programming with C# 8 and .NET Core 3* 一书，在其详细

信息页面中单击 Download code files（下载代码文件）超链接，如图 P-2 所示。

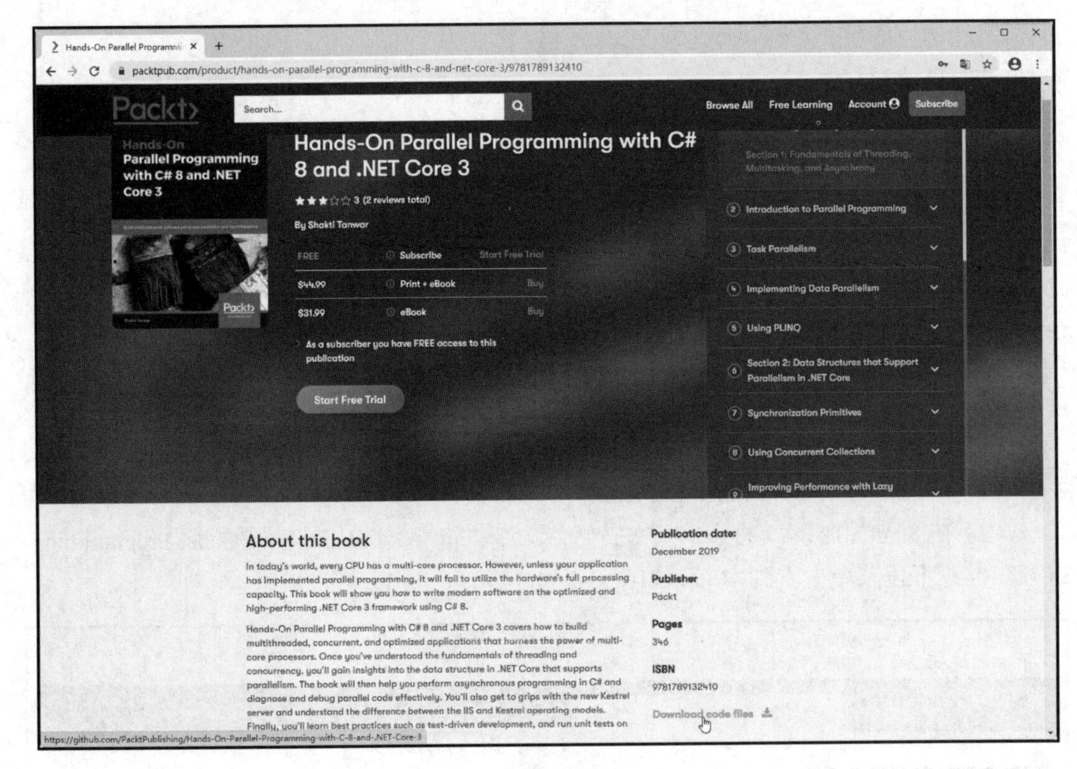

图 P-2

提示：如果未出现 Download code files（下载代码文件）超链接，请先注册并登录该网站。

下载文件后，请确保使用下列最新版本解压缩或解压缩文件夹。

- WinRAR/7-Zip（Windows 系统）。
- Zipeg/iZip/UnRarX（Mac 系统）。
- 7-Zip/PeaZip（Linux 系统）。

另外，本书的代码包也已经托管在 GitHub 上，对应网址如下。

https://github.com/PacktPublishing/Hands-On-Parallel-Programming-with-C-8-and-.NET-Core-3

在上述页面上，单击 Code（代码）按钮，然后选择 Download ZIP 即可下载本书代码包，如图 P-3 所示。

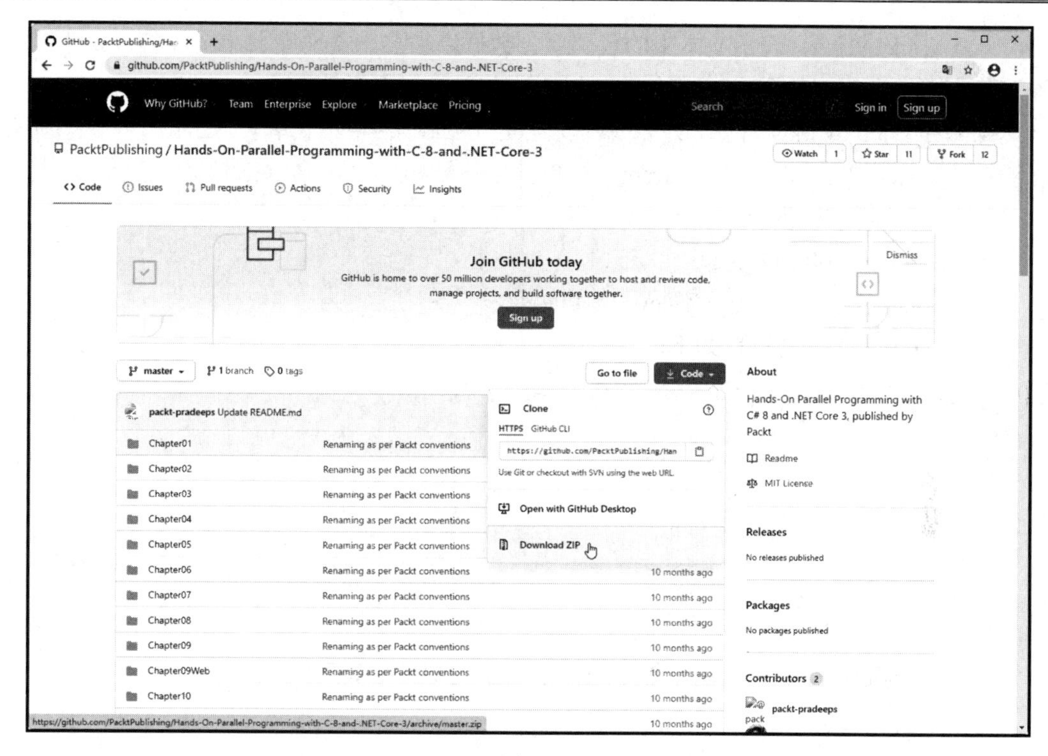

图 P-3

此外，如果代码有更新，则会在现有 GitHub 存储库上进行更新。

下载彩色图像

我们还提供了一个 PDF 文件，其中包含本书所使用的屏幕截图/图表的彩色图像。可以通过以下地址下载。

https://static.packt-cdn.com/downloads/9781789132410_ColorImages.pdf

本书约定

本书使用了许多文本约定。

（1）CodeInText：表示文本中的代码字、数据库表名、文件夹名、文件名、文件扩展名、路径名、虚拟 URL 和用户输入等。以下段落就是一个示例。

从.NET Framework 4 开始，许多线程安全集合被添加到.NET 库中。还添加了一个新的命名空间 System.Threading.Concurrent。这包括以下结构。

- IProducerConsumerCollection<T>。
- BlockingCollection<T>。
- ConcurrentDictionary<TKey, TValue>。

（2）有关代码块的设置如下：

```
private static void PrintNumber10Times()
{
    for (int i = 0; i < 10; i++)
        {
        Console.Write(1);
        }
    Console.WriteLine();
}
```

（3）任何命令行输入或输出都采用如下所示的粗体代码形式：

```
private static void PrintNumber10Times()
{
    for (int i = 0; i < 10; i++)
        {
        Console.Write(1);
        }
    Console.WriteLine();
}
```

（4）术语或重要单词采用中英文对照形式，在括号内保留其英文原文。示例如下：

> 就集合而言，线程安全（`Thread Safe`）并不是一个全新的概念。所谓线程安全，就是指在拥有共享数据的多条线程并行执行的程序中，代码会通过同步机制保证各个线程都可以被正确执行，而不会出现数据被污染等意外情况。

（5）对于界面词汇则保留其英文原文，在后面使用括号添加其中文翻译。示例如下：

> `Test Explorer`（测试资源管理器）的一项关键功能是能够并行运行测试用例。如果你的系统具有多个 `CPU` 核心，则可以轻松利用并行性来更快地运行测试用例。这可以通过单击 `Test Explorer`（测试资源管理器）中的 `Run Tests in parallel`（并行运行测试）按钮来完成。

（6）本书还使用了以下两个图标。

表示警告或重要的注意事项。

表示提示或小技巧。

关于作者

Shakti Tanwar 是 Techpro Compsoft Pvt Ltd（一家全球信息技术咨询提供商）的首席执行官。他是一名技术推广人员和软件架构师，在软件开发和企业培训方面拥有超过 15 年的经验。Shakti 是一名 Microsoft 认证培训师，并且一直与 Microsoft 合作在中东地区开展培训。他的专业领域包括.NET、Azure 机器学习、人工智能、纯函数式编程的应用和并行计算等。

没有我的妻子 Kirti 和儿子 Shashwat 的支持，这本书是不可能面世的，正是他们的微笑和鼓励使我奋力前进。

永远感谢我的父母和兄弟姐妹，他们一直激励着我迈向新的成功高度。

非常感谢我的朋友、导师和 Packt 团队，他们在本书的创作中为我提供了悉心的指导。

关于审稿人

Alvin Ashcraft 是一名居住在费城附近的开发人员。他从事 C#、Visual Studio、WPF、ASP.NET 等软件的开发工作长达 23 年。他已经 9 次获得 Microsoft MVP 头衔。他的博客是 Morning Dew，内容大都与.NET 开发有关。另外，他也是 Allscripts 的首席软件工程师，负责构建医疗保健软件。他之前曾在软件公司（包括 Oracle）任职。他还审读过 Packt Publishing 的其他书稿，如 *Mastering ASP.NET Core* 2.0、*Mastering Entity Framework Core* 2.0 和 *Learning ASP.NET Core* 2.0 等。

Vidya Vrat Agarwal 是一位饱学之士、演讲人、Apress 的出版作者，并且也是 Apress、Packt 和 O'Reilly 等出版社 10 多本书的技术审稿人。除此之外，他还是一位架构师，在为大型企业设计架构和开发分布式软件解决方案方面拥有 20 年的经验。在 T-Mobile 担任首席架构师时，他曾与 B2C 和 B2B 团队合作，为各种 T-Mobile 计划建立解决方案和架构路线图，从而对数百万的 T-Mobile 客户产生积极影响。他将软件开发视为一种技巧，并且积极支持软件架构和简洁代码实践。

目　　录

第 1 篇　线程、多任务和异步基础

第 2 篇　支持.NET Core 中并行性的数据结构

第 4 篇　异步代码的调试、诊断和单元测试

第5篇 .NET Core附加的并行编程功能

第 1 篇

线程、多任务和异步基础

本篇将详细介绍线程、多任务和异步编程的概念。

本篇包括以下 4 章。

- 第 1 章：并行编程简介
- 第 2 章：任务并行性
- 第 3 章：实现数据并行
- 第 4 章：使用 PLINQ

第 1 章　并行编程简介

.NET 从一开始就支持并行编程，并且从.NET Framework 4.0 开始引入任务并行库（Task Parallel Library，TPL）以来，它已经获得了坚实的基础。

多线程（Multithread）是并行编程的一个子集，并且是编程最难理解的方面之一；多线程也是许多新开发人员难以理解的问题。自成立以来，C#已经有了长足发展，它对多线程和异步编程都有非常强大的支持。C#中的多线程可以追溯到 C# 1.0 版。C#主要是同步的，但是自 C# 5.0 起添加了强大的异步支持，它已成为应用程序程序员的首选。多线程仅处理如何在进程内并行化，而并行编程也处理进程间通信方案。

在引入任务并行库（TPL）之前，我们依靠 Thread、BackgroundWorker 和 ThreadPool 提供多线程功能。在 C# 1.0 版本时，它依靠线程来分散工作并释放用户界面（User Interface，UI），从而允许用户开发响应式应用程序。现在将该模型称为经典线程。随着时间的流逝，该模型为另一种被称为任务并行库（TPL）的编程模型让路，TPL 模型是依赖于任务的，但内部仍然会使用线程。

本章将详细阐述各种概念，这些概念将帮助你从头开始学习编写多线程代码。

本章将讨论以下主题。

- 多核计算的基本概念，首先介绍与操作系统（Operating System，OS）相关的概念和过程。
- 线程。
- 多线程与多任务对比。
- 适用并行编程技术的场景。
- 并行编程的优缺点。

1.1　技 术 要 求

本书演示的所有示例都是使用 C# 8 在 Visual Studio 2019 中创建的。

本章所有源代码都可以在以下 GitHub 存储库中找到。

https://github.com/PacktPublishing/Hands-On-Parallel-Programming-with-C-8-and-.NET-Core-3/tree/master/Chapter01

1.2 为多核计算做准备

本节将从进程（Process）开始介绍操作系统的核心概念。所谓进程就是程序的实体，是线程（Thread）存在和运行的地方，或者换句话说，进程是线程的容器。然后，我们将考虑多任务的演变方式（硬件功能特别是多核的引入使得并行编程成为可能）。最后，我们将尝试了解使用代码创建线程的不同方式。

1.2.1 进程

进程的狭义定义是，进程是正在运行的程序的实例。但是，就操作系统而言，进程是内存中的地址空间。每个应用程序（无论是 Windows 程序、Web 程序还是移动 App），都需要运行进程。进程为程序提供了安全性，可防止程序在同一系统上运行，从而使分配给一个程序的数据不会被另一个程序意外访问。它们还提供隔离，这样程序就可以彼此独立，并且在操作系统底层独立启动和停止。

1.2.2 硬件和应用程序的性能

应用程序的性能在很大程度上取决于硬件的质量和配置。其中包括以下内容。

- CPU 速度。
- 内存容量。
- 硬盘速度（5400/7200 RPM）。
- 磁盘类型，即硬盘驱动器（Hard Disk Drive，HDD）或固态硬盘（Solid State Disk，SSD）。

在过去的几十年中，我们看到了硬件技术的巨大飞跃。例如，过去的微处理器只有单核，它是带有一个中央处理器（Central Processing Unit，CPU）的芯片。到世纪之交，我们看到了多核处理器的出现，所谓“多核”也很容易理解，就是它字面上的意义，指 CPU 具有两个或更多处理器芯片（目前最高可达 64 核），且每个处理器都有自己的缓存。

1.2.3 多任务

多任务处理（Multitasking）是指计算机系统一次运行多个进程（应用程序）的能力。一个系统可以运行的进程数与该系统中的内核数成正比。因此，单核处理器一次只能运行一个任务，双核处理器一次只能运行两个任务，而四核处理器一次只能运行 4 个任务。如果向其中添加 CPU 调度的概念，则可以看到，CPU 能够基于 CPU 调度算法进行调度或切换进程，从而一次运行更多的应用程序。

1.2.4　超线程

超线程（Hyper-Threading，HT）技术是英特尔公司开发的一项专有技术，可改善在 x86 处理器上执行的计算的并行化。它于 2002 年首次在至强（Xeon）服务器处理器中引入。支持超线程（HT）的单处理器芯片使用两个虚拟（逻辑）内核运行，并且能够一次执行两个任务。图 1-1 显示了单核和多核芯片之间的区别。

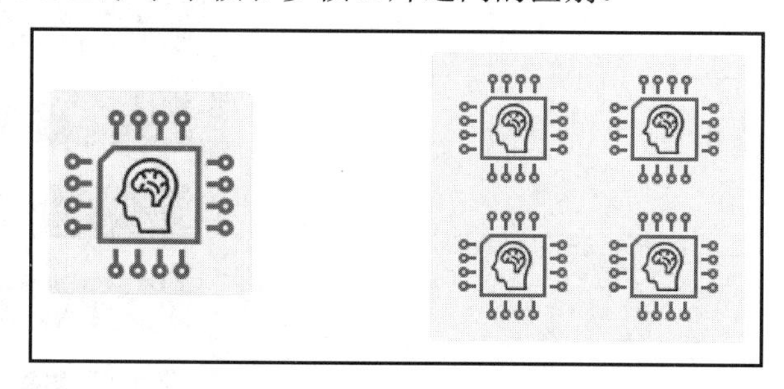

图 1-1

以下是一些处理器配置示例以及它们可以执行的任务数。

- 具有单核芯片的单个处理器：一次完成一个任务。
- 具有支持超线程（HT）的单核芯片的单个处理器：一次执行两个任务。
- 具有双核芯片的单个处理器：一次执行两个任务。
- 具有支持超线程（HT）的双核芯片的单个处理器：一次执行 4 个任务。
- 具有四核芯片的单个处理器：一次执行 4 个任务。
- 具有支持超线程（HT）的四核芯片的单个处理器：一次执行 8 个任务。

图 1-2 是启用超线程（HT）的四核处理器系统的 CPU 资源监视器的屏幕截图。在右侧可以看到有 8 个可用的 CPU。

你可能想知道，通过从单核处理器转移到多核处理器，可以在多大程度上提高计算机性能。在撰写本文时，大多数最快的超级计算机都是基于多指令多数据（Multiple Instruction，Multiple Data，MIMD）架构而构建的，该架构是 Michael J. Flynn 在 1966 年提出的计算机架构的分类之一。

接下来我们将详细介绍该分类。

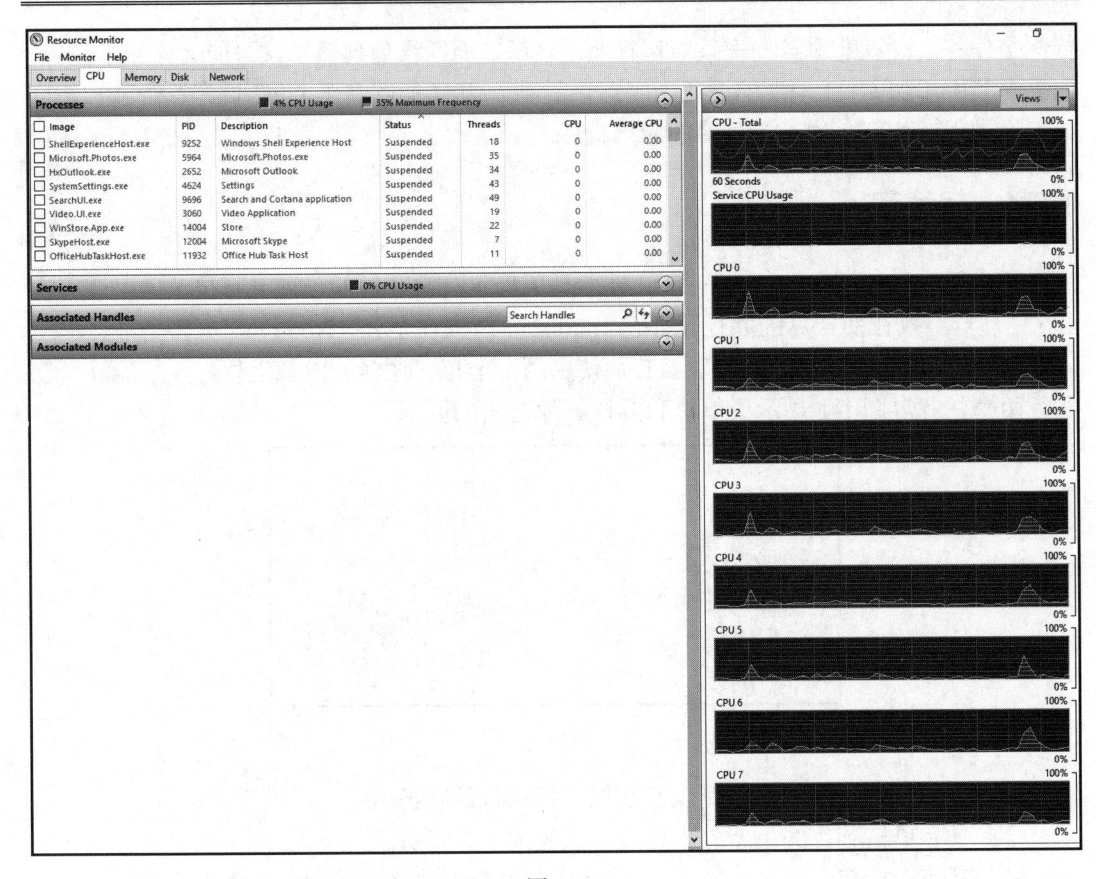

图 1-2

1.2.5　Flynn 分类法

Flynn 根据并发指令（或控制）流和数据流的数量将计算机体系结构分为 4 类。

- 单指令单数据（Single Instruction，Single Data，SISD）：在此模型中，只有一个控制单元和一个指令流。这些系统一次只能执行一条指令，而没有任何并行处理。所有单核处理器机器均基于 SISD 架构。
- 单指令多数据（Single Instruction，Multiple Data，SIMD）：在此模型中，有一个指令流和多个数据流。相同的指令流并行应用于多个数据流。假设我们有多种数据处理算法，但并不知道哪种算法会更快，在这种情况下，该模型会很方便，因为它可以为所有算法提供相同的输入，并在多个处理器上并行运行它们。
- 多指令单数据（Multiple Instruction，Single Data，MISD）：在此模型中，多指

令对一个数据流进行操作。因此，可以将多个操作并行应用于同一数据源。该模型通常用于容错和航天飞机飞行控制计算机中。

- 多指令多数据（Multiple Instruction，Multiple Data，MIMD）：在此模型中，顾名思义，我们有多个指令流和多个数据流。因此，我们可以实现真正的并行性，其中每个处理器可以在不同的数据流上运行不同的指令。如今，大多数计算机系统都使用此体系结构。

在理解了这些基础知识之后，我们将讨论转移到线程上。

1.2.6 线程

线程是进程内部执行的单元。在任何时候，一个程序可能包含一个或多个线程，以提高性能。基于图形用户界面（Graphical User Interface，GUI）的 Windows 应用程序——例如旧版的 Windows 窗体（WinForms）或新的用户界面框架 Windows Presentation Foundation（WPF）——具有用于管理用户界面和处理用户操作的专用线程，此线程也被称为 UI 线程（UI Thread）或前台线程（Foreground Thread）。它拥有作为 UI 一部分创建的所有控件。

1.2.7 线程类型

有两种不同类型的托管线程，即前台线程（Foreground Thread）和后台线程（Background Thread）。这些线程之间的区别如下。

- 前台线程：这些线程直接影响应用程序的生命周期。只要有一个前台线程，应用程序就会一直运行。
- 后台线程：这些线程对应用程序的生命周期没有影响。当应用程序退出时，所有后台线程均被杀死。

应用程序可以包括任意数量的前台线程或后台线程。处于活动状态时，前台线程可保持应用程序运行；也就是说，应用程序的生存期取决于前台线程。当最后一个前台线程停止或中止时，应用程序将完全停止。当应用程序退出时，系统将停止所有后台线程。

1.2.8 线程单元状态

关于线程，另一个非常重要的概念就是线程单元状态（Apartment State）。这是线程内组件对象模型（Component Object Model，COM）对象所驻留的区域。

提示：

组件对象模型（COM）是一个面向对象的系统，用于创建二进制软件，用户可以与之交互，并且是分布式和跨平台的。COM 已被用于创建 Microsoft OLE 和 ActiveX 技术。

如你所知，所有 Windows 窗体控件都包装在 COM 对象上。每当创建.NET WinForms 应用程序时，实际上就是在托管 COM 组件。线程单元是应用程序进程中用于创建 COM 对象的独特区域。图 1-3 演示了线程单元和 COM 对象之间的关系。

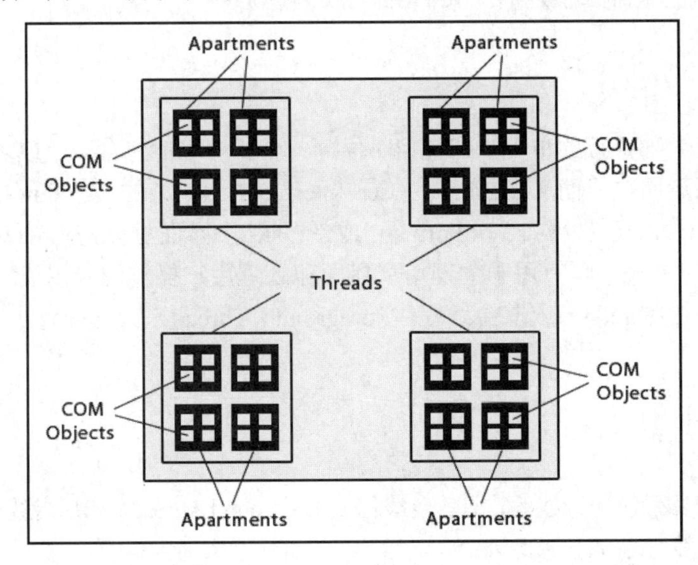

图 1-3

原　　文	译　　文
Apartments	单元
COM Objects	COM 对象
Threads	线程

Apartment 的本意是“公寓套房”，从图 1-3 中可以看到，这里有 4 个线程，每个线程里面都包含了 4 个“公寓套房”，住在这些公寓套房中的就是 COM 对象——“住”的术语被称为驻留（Reside）。

ApartmentState 是一个枚举变量，线程可以属于以下两个单元状态之一。

- 单线程单元（Single-Threaded Apartment，STA）：只能通过单线程访问底层 COM 对象。
- 多线程单元（Multi-Threaded Apartment，MTA）：一次可以通过多个线程访问底层 COM 对象。

以下列出了有关线程单元状态的一些要点。

- 进程可以具有多个线程，无论是前台线程还是后台线程。
- 每个线程都可以有一个单元状态，即单线程单元（STA）或多线程单元（MTA）。
- 每个单元都有一个并发模型，即是单线程的或是多线程的。另外，还可以通过编程方式更改线程状态。
- 一个应用进程可能具有多个 STA，但最多只有一个 MTA。
- STA 应用程序的示例是 Windows 应用程序，而 MTA 应用程序的示例则是 Web 应用程序。
- COM 对象是在单元中被创建的。一个 COM 对象只能驻留在一个线程单元中，并且单元是不能被共享的。

通过在 Main 方法上使用 STAThread 属性，可以强制应用程序以 STA 模式启动。以下是旧版 WinForm 的 Main 方法的示例：

```
static class Program
{
    /// <summary>
    /// 应用程序的主入口点
    /// </summary>
    [STAThread]
    static void Main()
    {
        Application.EnableVisualStyles();
        Application.SetCompatibleTextRenderingDefault(false);
        Application.Run(new Form1());
    }
}
```

STAThread 属性在 WPF 中也存在，但对用户隐藏。以下是已编译的 App.g.cs 类的代码，可在编译后 WPF 项目的 obj/Debug 目录中找到：

```
/// <summary>
    /// App
    /// </summary>
    public partial class App : System.Windows.Application {

        /// <summary>
        /// InitializeComponent
        /// </summary>
```

```
        [System.Diagnostics.DebuggerNonUserCodeAttribute()]
        [System.CodeDom.Compiler.GeneratedCodeAttribute(
        "PresentationBuildTasks", "4.0.0.0")]
        public void InitializeComponent() {

            #line 5 "..\..\App.xaml"
            this.StartupUri = new System.Uri("MainWindow.xaml",
             System.UriKind.Relative);

            #line default
            #line hidden
        }

        /// <summary>
        /// 应用程序入口点
        /// </summary>
        [System.STAThreadAttribute()]
        [System.Diagnostics.DebuggerNonUserCodeAttribute()]
        [System.CodeDom.Compiler.GeneratedCodeAttribute(
        "PresentationBuildTasks", "4.0.0.0")]
        public static void Main() {
            WpfApp1.App app = new WpfApp1.App();
            app.InitializeComponent();
            app.Run();
        }
    }
```

可以看到，Main 方法装饰有 STAThread 属性。

1.2.9 多线程

.NET 中的代码并行执行是通过多线程实现的。进程（或应用程序）可以利用任意数量的线程，具体取决于其硬件功能。默认情况下，每个应用程序（包括控制台、旧版 WinForms、WPF，甚至 Web 应用程序）都由单个线程启动。通过在需要时以编程方式创建更多线程，可以轻松实现多线程。

多线程通常使用称为线程调度程序（Thread Scheduler）的调度组件运行，该组件可跟踪进程内部的活动线程，为创建的每个线程分配一个 System.Threading.ThreadPriority（线程优先级），该属性可以具有以下有效值之一。分配给任何线程的默认优先级是 Normal。

- Highest。
- AboveNormal。

- Normal。
- BelowNormal。
- Lowest。

操作系统根据线程优先级调度算法为进程中运行的每个线程分配一个时间片（Time Slice）。每个操作系统对于运行线程可以有不同的调度算法，因此执行顺序在不同的操作系统中可能会有所不同。这使得解决线程错误更加困难。最常见的调度算法如下。

（1）查找优先级最高的线程，并调度它们运行。

（2）如果有多个具有最高优先级的线程，则为每个线程分配一个固定的时间片，线程可以在这些时间片中执行。

（3）一旦最高优先级的线程完成执行，操作系统就会给较低优先级的线程分配时间片，以使它们可以开始执行。

（4）如果创建了新的最高优先级线程，则将低优先级线程再次推回。

时间分片是指在活动线程之间切换执行。它可能会有所不同，具体取决于硬件配置。单核处理器计算机一次只能运行一个线程，因此线程调度程序将执行时间切片。时间片在很大程度上取决于 CPU 的时钟速度，但是在这样的系统中通过多线程仍无法获得太大的性能提升。此外，上下文切换也会带来性能开销。如果分配给线程的工作跨越多个时间片，则需要将线程切入和切出内存。每次切换时，它都需要捆绑并保存其状态（数据），并在切换回时重新加载。

并发（Concurrency）是一个主要在多核处理器环境中使用的概念。如前文所述，多核处理器具有更多可用的 CPU，因此可以在不同的 CPU 上同时运行不同的线程。处理器数量越多意味着并发程度越高。

在程序中可以有多种创建线程的方法。其中包括以下几种。

- Thread 类。
- ThreadPool 类。
- BackgroundWorker 类。
- 异步委托。
- TPL。

提示：

并发和并行（Parallelism）有什么区别？

并发是指逻辑上的同时（Simultaneous）发生，而并行则是物理上的同时发生。换句话说，并发性是指能够处理多个同时性的活动的能力，并发事件不一定要在同一时刻发生，而并行则是指同时发生的两个并发事件，它包含了并发的含义，但并发则不一定是并行的。

举例来说，正常人都有两只手（就好像 CPU 有双核），所以能做到左手按键盘，右手操作鼠标，这就是支持并发。但是有些人按键盘时不能及时操作鼠标，或者操作鼠标时无法准确按键盘，这就是支持并发但不支持并行（或者说是并行性能很差）。自然，游戏高手则是既支持并发又支持并行。

如果换成杨过这样的独臂大侠，情况会如何呢？答案是他连并发都不支持，遑论并行。当然，回到 CPU 的话，情况又不一样，因为 CPU 可以将时间切片分配给不同的线程（即线程调度）。由于 CPU 的执行速度非常快，就好像是“同时”执行一样，所以单核 CPU 是支持并发的。

那么，单核 CPU 是否支持并行呢？从严格意义上讲，单核 CPU 是不支持并行的，因为前面我们已经讲过，并行是物理上的同时发生。杨过速度够快的话，也许勉强能够“同时”接住两支箭，但是如果真的有 32 或 64 支箭同时朝他射来，他也只能变成刺猬。很多人之所以认为单核 CPU 支持并行，是因为前面介绍的英特尔的超线程技术。支持超线程（HT）的单处理器芯片可以运行两个虚拟（逻辑）内核，能够一次执行两个任务，但这其实也是虚拟的，并不是真正的物理上的双核并行。

本书将深入介绍异步委托（Asynchronous Delegate）和任务并行库（Task Parallel Library，TPL），但是接下来，我们将先解释前 3 种方法。

1.2.10　Thread 类

创建线程的最简单方法是通过 Thread 类，该类在 System.Threading 命名空间中被定义。自.NET 1.0 版本问世以来，就一直使用这种方法，并且它也适用于.NET 核心。要创建线程，我们需要传递线程将要执行的方法。该方法既可以是无参数的，也可以是有参数的。框架提供了两个委托来包装这些函数。

- System.Threading.ThreadStart。
- System.Threading.ParameterizedThreadStart。

我们将通过示例学习这两种方法。在向你展示如何创建线程之前，我们将尝试解释同步（Synchronous）程序的工作方式，稍后，我们将介绍多线程，以便你能够更好地了解异步执行方式。以下是一个创建线程的示例：

```
using System;
namespace Ch01
{
    class _1Synchronous
    {
        static void Main(string[] args)
```

```
        {
            Console.WriteLine("Start Execution!!!");

            PrintNumber10Times();
            Console.WriteLine("Finish Execution");
            Console.ReadLine();
        }
        private static void PrintNumber10Times()
        {
            for (int i = 0; i < 10; i++)
            {
                Console.Write(1);
            }
            Console.WriteLine();
        }
    }
}
```

在上述代码中，所有内容都在主线程中运行。我们已经从 Main 方法中调用了 PrintNumber10Times 方法，由于 Main 方法是由主 GUI 线程调用的，因此代码是同步运行的。如果代码运行了很长时间，这可能导致无响应的行为，因为在执行过程中主线程会很忙。

上述代码的输出如图 1-4 所示。

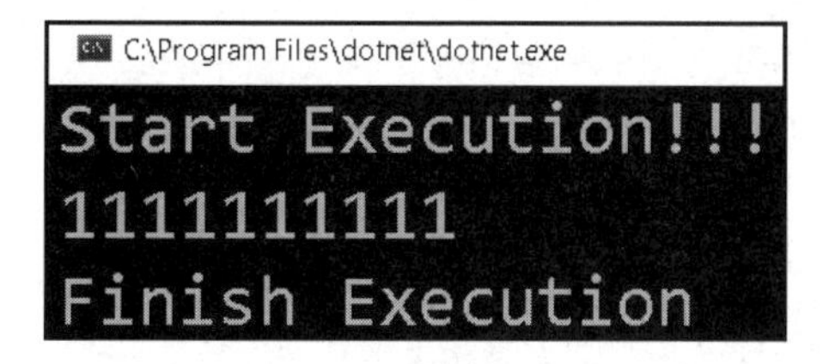

图 1-4

在如图 1-5 所示的时间轴中可以看到，所有事情都在主线程（Main Thread）中发生。

Main Thread　Start Execution　Loop　Finish Execution

图 1-5

原　　文	译　　文	原　　文	译　　文
Main Thread	主线程	Loop	循环
Start Execution	开始执行	Finish Execution	完成执行

图 1-5 显示了在主线程上的代码执行顺序。

现在，我们可以通过创建一个执行打印的线程来使该程序成为多线程的。主线程打印在 Main 方法中编写的语句：

```
using System;
namespace Ch01
{
    class _2ThreadStart
    {
        static void Main(string[] args)
        {
            Console.WriteLine("Start Execution!!!");
            // 使用无参数线程
            CreateThreadUsingThreadClassWithoutParameter();
            Console.WriteLine("Finish Execution");
            Console.ReadLine();
        }
        private static void CreateThreadUsingThreadClassWithoutParameter()
        {
            System.Threading.Thread thread;
            thread = new System.Threading.Thread(new
             System.Threading.ThreadStart(PrintNumber10Times));
            thread.Start();
        }
        private static void PrintNumber10Times()
        {
            for (int i = 0; i < 10; i++)
            {
                Console.Write(1);
            }
            Console.WriteLine();
        }
    }
}
```

在上述代码中，我们将 PrintNumber10Times()的执行委托给了一个通过 Thread 类创建的新线程。Main 方法中的 Console.WriteLine 语句仍通过主线程执行，但输出数字 10 次的 PrintNumber10Times 则通过子线程调用。

上述代码的输出如图 1-6 所示。

上述进程的时间轴如图 1-7 所示。你可以看到 Console.WriteLine 在主线程中执行，而循环则在子线程（Child Thread）中执行。

```
C:\Program Files\dotnet\dotnet.exe
Start Execution!!!
Finish Execution
1111111111
```

图 1-6

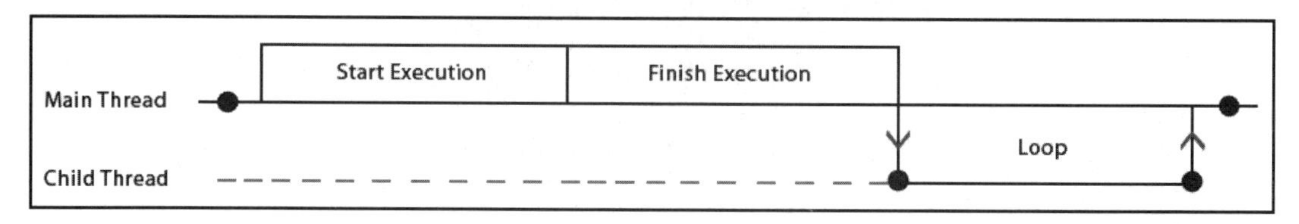

图 1-7

原　　文	译　　文	原　　文	译　　文
Main Thread	主线程	Finish Execution	完成执行
Child Thread	子线程	Loop	循环
Start Execution	开始执行		

图 1-7 便是多线程执行的示例。

比较图 1-4 和图 1-6 的输出可以看到，在图 1-6 中，程序先完成了主线程中的所有操作（输出 Finish Execution），然后开始打印数字 10 次。此示例中的操作非常小，因此工作方式是确定性的。但是，如果在输出 Finish Execution 之前主线程中有耗时的语句，则结果可能会有所不同。在本章的后面，我们将研究多线程的工作方式以及它与 CPU 速度和数字的关系，以便充分理解该思想。

以下是另一个示例，它展示了如何使用 System.Threading.ParameterizedThreadStart 委托将数据传递给线程：

```
using System;
namespace Ch01
{
    class _3ParameterizedThreadStart
    {
        static void Main(string[] args)
        {
            Console.WriteLine("Start Execution!!!");
            // 使用带参数的线程
            CreateThreadUsingThreadClassWithParameter();
```

```
            Console.WriteLine("Finish Execution");
            Console.ReadLine();
        }
        private static void CreateThreadUsingThreadClassWithParameter()
        {
            System.Threading.Thread thread;
            thread = new System.Threading.Thread(new  System.
             Threading.ParameterizedThreadStart(PrintNumberNTimes));
            thread.Start(10);
        }
        private static void PrintNumberNTimes(object times)
        {
            int n = Convert.ToInt32(times);
            for (int i = 0; i < n; i++)
            {
                Console.Write(1);
            }
            Console.WriteLine();
        }
    }
}
```

上述代码的输出如图 1-8 所示。

```
C:\Program Files\dotnet\dotnet.exe
Start Execution!!!
Finish Execution
1111111111
```

图 1-8

使用 Thread 类有其优缺点，感兴趣的程序员也可以尝试了解它们。

1.2.11　使用 Thread 类的优缺点

Thread 类具有以下优点。

- 线程可用于释放主线程。
- 线程可用于将任务分解为较小的单元，这些单元可以同时执行。

Thread 类具有以下缺点。

- 随着线程的增多，代码会变得难以调试和维护。

- 创建线程会在内存和 CPU 资源方面给系统带来负担。
- 我们需要在 Worker 方法中进行异常处理，因为任何未处理的异常都可能导致程序崩溃。

1.2.12　ThreadPool 类

就内存和 CPU 资源而言，线程创建是一项昂贵的操作。平均而言，每个线程消耗大约 1 MB 的内存和几百微秒的 CPU 时间。应用程序性能是一个相对的概念，因此，创建大量线程不一定会提高性能。相反，创建大量线程有时还会大大降低应用程序性能。我们应始终致力于根据目标系统的 CPU 负载（即系统上运行的其他程序）来创建最佳线程数。这是因为，每个程序都会由 CPU 获取一个时间片，然后将其分配给应用程序内部的线程。如果创建的线程过多，则在将它们切换出内存以便将时间片让给其他类似优先级的线程之前，它们可能无法执行任何实际工作。

找到最佳线程数需要一定的技巧，因为它可能因系统而异，具体取决于系统的配置和其上并发运行的应用程序的数量。在某个系统上产生最佳性能的数量在另一个系统上可能会导致很糟糕的结果。除了由程序员自己寻找最佳线程数，还可以将其留给公共语言运行时（Common Language Runtime，CLR）。

CLR 有一种算法，可以根据任何时间点的 CPU 负载确定最佳数量。它维护一个线程池，称为 ThreadPool。ThreadPool 驻留在进程中，每个应用程序都有其自己的线程池。线程池的优点是，它可以保持最佳数量的线程并将其分配给任务。工作完成后，线程将返回池中。在池中，它们可以被分配给下一个工作项，从而避免了创建和销毁线程的成本。

以下是不同框架在 ThreadPool 内可以创建的最佳线程数的列表（注意，线程的最大数量由可用物理资源的数量决定）。

- 在.NET Framework 2.0 中：每个核心 25 个线程。
- 在.NET Framework 3.5 中：每个核心 250 个线程。
- 在 32 bit 环境的.NET Framework 4.0 中：每个核心 1023 个线程。
- 在.NET Framework 4.0 及更高版本以及 64 bit 环境的.NET Core 中：每个核心 32768 个线程。

注意：

在与投资银行合作时，我们遇到了一种情况，有一个交易进程花费了将近 1800 s 来预订近 1000 笔交易（以同步方式）。在尝试了各种最佳数字之后，我们最终切换到 ThreadPool 并使该进程成为多线程。使用.NET Framework 2.0 版本，该应用可以在约 72 s 内完成。

使用.NET Framework 3.5 版本，同一应用仅需几秒钟即可完成。这就是使用现成的框架而不必重起炉灶的典型示例。程序员只要更新框架即可获得急需的性能提升。

要创建线程，可以调用 ThreadPool.QueueUserWorkItem，然后使用 ThreadPool。

以下是要并行调用的方法：

```
private static void PrintNumber10Times(object state)
{
    for (int i = 0; i < 10; i++)
    {
        Console.Write(1);
    }
    Console.WriteLine();
}
```

以下是如何在传递 WaitCallback 委托的同时使用 ThreadPool.QueueUserWorkItem 创建线程的方法：

```
private static void CreateThreadUsingThreadPool()
{
    ThreadPool.QueueUserWorkItem(new WaitCallback(PrintNumber10Times));
}
```

以下是 Main 方法的调用：

```
using System;
using System.Threading;

namespace Ch01
{
    class _4ThreadPool
    {
        static void Main(string[] args)
        {
            Console.WriteLine("Start Execution!!!");
            CreateThreadUsingThreadPool();
            Console.WriteLine("Finish Execution");
            Console.ReadLine();
        }
    }
}
```

上述代码的输出如图 1-9 所示。

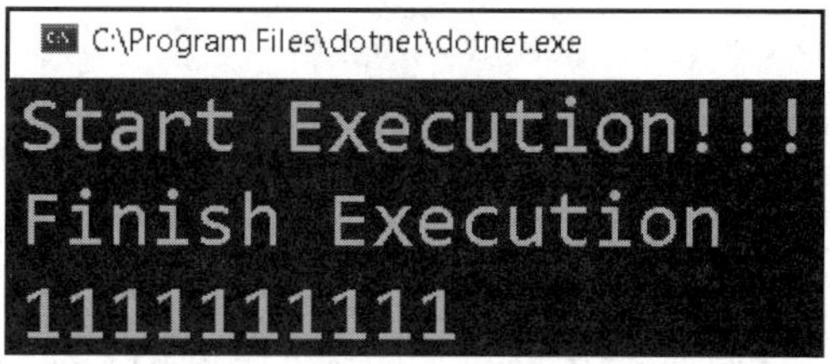

```
C:\Program Files\dotnet\dotnet.exe
Start Execution!!!
Finish Execution
1111111111
```

图 1-9

每个线程池维护最小和最大线程数。可以通过调用以下静态方法来修改这些值。

- ThreadPool.SetMinThreads。
- ThreadPool.SetMaxThreads。

注意：

可以通过 System.Threading 来创建一个线程。

Thread 类不属于 ThreadPool。

同样地，我们也可以了解使用 ThreadPool 类的优缺点，以及避免使用它的情形。

1.2.13　使用 ThreadPool 的优缺点

ThreadPool 的优点如下。

- 线程可用于释放主线程。
- 可以通过 CLR 以最佳方式创建和维护线程。

ThreadPool 的缺点如下。

- 随着线程的增多，代码变得难以调试和维护。
- 程序员需要在 Worker 方法中进行异常处理，因为任何未处理的异常都可能导致程序崩溃。
- 进度报告、取消和完成逻辑需要从头开始编写。

以下是应避免使用 ThreadPool 的情形。

- 当我们需要前台线程时。
- 当我们需要为线程设置显式优先级时。
- 当我们有长时间运行或阻塞的任务时。由于 ThreadPool 中每个进程可用的线程数有限，因此池中有大量阻塞的线程将阻止启动新任务。
- 当我们需要 STA 线程时。ThreadPool 线程默认为 MTA。
- 当我们需要通过提供一个独特的身份将线程专用于任务时。ThreadPool 线程无法命名。

1.2.14　BackgroundWorker

BackgroundWorker 是.NET 提供的一种结构，用于从 ThreadPool 中创建更多可管理的线程。在解释基于图形用户界面（GUI）的应用程序时，我们看到 Main 方法是用 STAThread 属性修饰的。此属性保证控件安全，因为控件是在线程拥有的单元（Apartment）中被创建的，并且不能与其他线程共享。

在 Windows 应用程序中，执行主线程拥有 UI 和控件，该主线程是在应用程序启动时被创建的。它负责接收用户输入，并根据用户的动作绘制或重新绘制 UI。为了获得出色的用户体验，程序员应该尝试使 UI 尽可能无线程，并将所有耗时的任务委托给工作线程（Worker Thread）。通常分配给工作线程的一些常见任务如下。

- 从服务器中下载图像。
- 与数据库交互。
- 与文件系统交互。
- 与 Web 服务交互。
- 复杂的本地计算。

可以看到，其中大多数是输入/输出（I/O）操作。I/O 操作由 CPU 执行。一旦我们调用封装了 I/O 操作的代码，执行就会从线程传递到执行任务的 CPU。完成后，操作结果将返回调用方（Caller）线程中。

从传递控制权到接收结果的这段时间对于线程来说是一段不活动的时间，因为它只需要等待操作完成即可。如果这在主线程中发生，则应用程序将无响应。因此，将这些任务委托给工作线程是有意义的。对于响应式应用程序（Responsive Application）来说，仍然有几个挑战需要克服。让我们来看一个例子。

1．案例分析

我们需要从流数据的服务中获取数据。我们想用完成工作的百分比来更新用户，工作完成后，需要使用所有数据更新用户。

2．挑战

服务调用需要时间，因此我们需要在工作线程中委托调用，以避免 UI 冻结。

3．解决方案

如前文所述，BackgroundWorker 是 System.ComponentModel 中所提供的类，可用于

使用 ThreadPool 创建工作线程。这意味着，它将以非常有效的方式工作。除了通知操作结果，BackgroundWorker 还支持进度报告和取消。

可以使用以下代码进一步解释这种情况：

```
using System;
using System.ComponentModel;
using System.Text;
using System.Threading;

namespace Ch01
{
    class _5BackgroundWorker
    {
        static void Main(string[] args)
        {
            var backgroundWorker = new BackgroundWorker();
            backgroundWorker.WorkerReportsProgress = true;
            backgroundWorker.WorkerSupportsCancellation = true;
            backgroundWorker.DoWork += SimulateServiceCall;
            backgroundWorker.ProgressChanged += ProgressChanged;
            backgroundWorker.RunWorkerCompleted +=
              RunWorkerCompleted;
            backgroundWorker.RunWorkerAsync();
            Console.WriteLine("To Cancel Worker Thread Press C.");
            while (backgroundWorker.IsBusy)
            {
                if (Console.ReadKey(true).KeyChar == 'C')
                {
                    backgroundWorker.CancelAsync();
                }
            }
        }
        // 当后台工作完成执行时
        // 该方法将执行
        private static void RunWorkerCompleted(object sender,
          RunWorkerCompletedEventArgs e)
        {
            if (e.Error != null)
            {
                Console.WriteLine(e.Error.Message);
```

```
        }
        else
            Console.WriteLine($"Result from service call is
            {e.Result}");
    }

    // 当后台 Worker 想要给调用方报告进度时
    // 该方法将被调用
    private static void ProgressChanged(object sender,
      ProgressChangedEventArgs e)
    {
        Console.WriteLine($"{e.ProgressPercentage}% completed");
    }

    // 我们试图模拟的服务调用
    private static void SimulateServiceCall(object sender,
      DoWorkEventArgs e)
    {
        var worker = sender as BackgroundWorker;
        StringBuilder data = new StringBuilder();
        // 模拟流服务调用
        // 该服务将获取数据并将它存储回调用方
        for (int i = 1; i <= 100; i++)
        {
            // 当用户按 C 时
            // worker.CancellationPending 将为 true
            if (!worker.CancellationPending)
            {
                data.Append(i);
                worker.ReportProgress(i);
                Thread.Sleep(100);
                // 尝试取消注释抛出错误
                // throw new Exception("Some Error has occurred");
            }
           else
            {
                // 取消 Worker 的执行
                worker.CancelAsync();
            }
        }
```

```
            e.Result = data;
        }
    }
}
```

BackgroundWorker 提供了对原始线程的抽象，从而为用户提供了更多控制和选项。使用 BackgroundWorker 的好处在于，它使用基于事件的异步模式（Event-Based Asynchronous Pattern，EAP），这意味着与原始线程相比，它可以更有效地与代码进行交互。该代码或多或少是可以自我解释的。为了引发进度报告和取消事件，程序员需要将以下属性设置为 true：

```
backgroundWorker.WorkerReportsProgress = true;
backgroundWorker.WorkerSupportsCancellation = true;
```

程序员需要订阅 ProgressChanged 事件以接收进度；订阅 DoWork 事件以传递需要由线程调用的方法；订阅 RunWorkerCompleted 事件以接收最终结果或来自线程执行的任何错误消息。具体如下：

```
backgroundWorker.DoWork + = SimulateServiceCall;
backgroundWorker.ProgressChanged + = ProgressChanged;
backgroundWorker.RunWorkerCompleted + = RunWorkerCompleted;
```

在设置完成后，可以通过调用以下命令来调用 Worker：

```
backgroundWorker.RunWorkerAsync();
```

在任何时间点，都可以通过调用 backgroundWorker.CancelAsync()方法来取消线程的执行，该方法将在 Worker 线程上设置 CancellationPending 属性。需要编写一些代码来继续检查该标志并正常退出。

如果没有异常，则可以通过以下设置将线程执行的结果返回给调用方：

```
e.Result = data;
```

如果程序中有任何未处理的异常，那么它们将正常返回给调用方。我们可以通过将其包装到 RunWorkerCompletedEventArgs 中并将其作为参数传递给 RunWorkerCompleted 事件处理程序来实现这一点。

1.2.15 节将介绍使用 BackgroundWorker 的优缺点。

1.2.15　使用 BackgroundWorker 的优缺点

使用 BackgroundWorker 的优点如下。

- ❑ 线程可用于释放主线程。
- ❑ ThreadPool 类的 CLR 可以按最佳方式创建和维护线程。
- ❑ 自动处理异常。
- ❑ 支持使用事件的进度报告、取消和完成逻辑。

使用 BackgroundWorker 的缺点是，随着线程的增加，代码将变得难以调试和维护。

1.2.16 多线程与多任务对比

前面我们已经了解了多线程和多任务的工作方式。二者都有其优缺点，你可以根据自己的特定用例使用其中一种。以下是一些使用多线程会更方便的示例。

- ❑ 如果你需要一个易于设置和终止的系统：当进程的开销很大时，多线程处理将很有用。使用线程，你需要做的就是复制线程堆栈。但是，创建重复进程意味着在单独的内存空间中重新创建整个数据进程。
- ❑ 如果需要快速的任务切换：程序员可以轻松地在进程的线程之间维护 CPU 缓存和程序上下文。但是，如果必须将 CPU 切换到其他进程，则必须重新加载它。
- ❑ 如果需要与其他线程共享数据：进程内的所有线程共享同一内存池，这使得线程相对于进程来说更易于共享数据。如果进程要共享数据，则需要 I/O 操作和传输协议，而这是很昂贵的。

本节讨论了多线程和多任务方面的基础知识，以及用于在旧版.NET 中创建线程的各种方法。在 1.3 节中将尝试了解一些适用并行编程技术的场景。

1.3 适用并行编程技术的场景

在以下应用场景，使用并行编程可能更合适。

- ❑ 为基于 GUI 的应用程序创建响应式 UI：可以将所有繁重且耗时的任务委托给 Worker 线程，从而允许 UI 线程处理用户交互和 UI 重新绘制任务。
- ❑ 处理并发请求：在服务器端编程方案中，我们需要处理大量并发用户。我们可以创建一个单独的线程来处理每个请求。例如，可以使用 ASP.NET 请求模型，该模型利用 ThreadPool 并为每个到达服务器的请求分配一个线程。然后，线程负责处理请求并将响应返回给客户端。在客户端方案中，我们可以通过多线程调用多个互斥的 API 调用，以节省时间。

- 高效利用 CPU：对于多核处理器来说，如果只使用一个核而不使用多线程，那么这显然会加重这个核的负担。通过创建多个线程，每个线程运行在单独的核上，这样就可以充分利用 CPU 资源。以这种方式分担负担（也就是常说的“针对多核进行优化”）可以提高性能。这对于长时间运行和复杂的计算很有用，使用分而治之（Divide-and-Conquer）策略可以更快地执行计算。
- 推测性方法：这适用于涉及多个算法的应用场景。例如，对于输入的数字集合来说，我们希望尽快获得排序的集合。要想知道哪一个算法排序最快，唯一方式是将输入的数字集合传递给所有算法，并且以并行方式运行这些算法，然后接收最先完成排序的算法，其余的都取消。

1.4　并行编程的优缺点

多线程导致并行，而并行也有自己的编程优势和陷阱。在掌握了并行编程的基本概念之后，了解其优缺点也很重要。

以下是并行编程的优点。

- 增强的性能：由于任务分布在并行运行的线程之间，因此可以获得更好的性能。
- 改进的 GUI 响应速度：由于任务执行非阻塞 I/O，这意味着 GUI 线程始终可以自由接收用户输入，这样可以提高响应速度。
- 任务可以同时和并行发生：由于任务是并行运行的，因此可以同时运行不同的编程逻辑。
- 通过更好地利用 CPU 和内存资源可以更好地利用缓存存储。任务可以在不同的内核上运行，从而确保最大化吞吐量。

当然，并行编程也具有以下缺点。

- 复杂的调试和测试过程：如果没有良好的多线程工具支持，那么调试线程并不容易，因为不同的线程是并行运行的。
- 上下文切换开销：每个线程都在分配给它的时间上工作。一旦时间片到期，就会进行上下文切换，这本身也浪费资源。
- 发生死锁的可能性很高：如果多个线程在一个共享资源上工作，则需要应用锁（Lock）来实现线程安全；如果多个线程同时锁定并等待共享资源，则可能导致死锁（Deadlock）。
- 编程有一定的难度：与同步版本相比，使用代码分支的并行程序可能很难编写。

- 不可预测的结果：由于并行编程依赖于 CPU 内核，因此在不同配置的计算机上可能会获得不同的结果。

程序员应该始终了解，并行编程是一个相对的概念，对别人有用的东西可能对你不起作用。因此，建议你自己实现该方法并进行验证。

1.5 小　　结

本章详细讨论了并行编程的应用场景、优点和缺点。在过去的几十年中，计算机系统已经从单核处理器发展到多核处理器（单核处理器已经基本被淘汰），芯片中的硬件也已启用超线程（HT），从而大大提高了现代系统的性能。

在着手进行并行编程之前，最好先了解与操作系统相关的基本概念，例如进程、任务以及多线程与多任务之间的区别。

在第 2 章中，我们将把讨论的重点完全放在任务并行库（TPL）及其相关的实现上。但是，在现实世界中，仍有许多遗留代码依赖于较早的构造，因此，对这些构造有所了解仍然是必要的，它也会对我们的编程有所帮助。

1.6 牛 刀 小 试

（1）多线程是并行编程的超集。

A．正确

B．错误

（2）在启用了超线程的单处理器双核计算机中，将有多少个内核？

A．2

B．4

C．8

D．32

（3）当应用程序退出时，所有前台线程也会被杀死。不需要单独的逻辑来关闭应用程序出口上的前台线程。

A．正确

B．错误

（4）当线程尝试访问尚未拥有/创建的控件时，会引发哪个异常？

A．ObjectDisposedException

B．InvalidOperationException

C．CrossThreadException

D．InvalidThreadedException

（5）以下哪一项提供取消支持和进度报告？

A．Thread

B．BackgroundWorker

C．ThreadPool

D．CancellationReporting

第 2 章　任务并行性

第 1 章详细阐释了并行编程的概念，本章将继续讨论任务并行库（TPL）和任务并行性。

作为编程框架，.NET 的主要目标之一是通过将所有常见的任务包装为 API 来简化开发人员的工作。如前文所述，线程从.NET 的最早版本开始就已经存在，但是它们最初非常复杂，并且涉及许多开销。Microsoft 引入了许多新的并行原语（Primitive），它们使从头开始编写、调试和维护并行程序变得更加容易，而不必考虑与传统线程相关的复杂问题。

本章将讨论以下主题。

- 创建和启动任务。
- 从完成的任务中获取结果。
- 取消任务。
- 等待正在运行的任务。
- 处理任务异常。
- 将异步编程模型（Asynchronous Programming Model，APM）模式转换为任务。
- 将基于事件的异步模式（Event-Based Asynchronous Pattern，EAP）转换为任务。
- 有关任务的更多信息。
- 工作窃取队列。

2.1　技 术 要 求

要完成本章，你应该对 C#和一些高级概念（如委托）有很好的理解。

本章所有源代码都可以在以下 GitHub 存储库中找到。

https://github.com/PacktPublishing/Hands-On-Parallel-Programming-with-C-8-and-.NET-Core-3/tree/master/Chapter02

2.2　任　　务

任务（Task）是.NET 中的抽象，提供异步单位，就像 JavaScript 中的承诺（Promise）

一样。在.NET 的初始版本中，我们只能依赖线程（线程可以直接创建或使用 ThreadPool 类创建）。ThreadPool 类在线程上提供了一个托管抽象层，但是开发人员仍然需要依靠 Thread 类来进行更好的控制。

我们可以通过 Thread 类创建的线程访问底层对象，可以等待线程、取消线程或将它移至前台或后台。但是，在实际程序运行时，我们也需要线程来连续执行工作，这就需要我们编写很多代码，而这些代码很难维护。此外，Thread 类也是不可托管的，这给内存和 CPU 带来了沉重负担。

因此，我们需要一个更好的方案，既充分利用 Thread 类的优点，又规避它的困难，于是任务应运而生。从技术上讲，任务不过是对线程的包装，并且这个线程还是通过 ThreadPool 创建的，但是任务提供了诸如等待、取消和继续之类的特性，这些特性可在任务完成后运行。

任务具有以下重要特性。

- 任务由 TaskScheduler（任务调度程序）执行，默认的调度程序仅在 ThreadPool（线程池）上运行。
- 可以从任务中返回值。
- 与 ThreadPool 或线程不同，任务会在完成时通知你。
- 可以使用 ContinueWith()构造连续运行的任务。
- 可以通过调用 Task.Wait()等待任务的执行，这将阻塞调用线程，直到任务完成为止。
- 与传统线程或 ThreadPool 相比，任务使代码的可读性更高。它们还为在 C# 5.0 中引入异步编程构造铺平了道路。
- 当一个任务从另一任务启动时，可以建立它们之间的父子关系。
- 可以将子任务异常传播到父任务。
- 可以使用 CancellationToken 类取消任务。

2.3　创建和启动任务

程序员可以通过多种方式使用任务并行库（TPL）创建和运行任务。本节将尝试解释清楚所有这些方法，并在可能的情况下进行比较分析。

首先，需要添加对 System.Threading.Tasks 命名空间的引用：

```
using System.Threading.Tasks;
```

我们将尝试使用以下方法来创建任务。

- System.Threading.Tasks.Task 类。
- System.Threading.Tasks.Task.Factory.StartNew 方法。
- System.Threading.Tasks.Task.Run 方法。
- System.Threading.Tasks.Task.Delay 方法。
- System.Threading.Tasks.Task.Yield 方法。
- System.Threading.Tasks.Task.FromResult<T>方法。
- System.Threading.Tasks.Task.FromException 和 System.Threading.Tasks.Task.FromException<T>方法。
- System.Threading.Tasks.Task.FromCancelled 和 System.Threading.Tasks.Task.FromCancelled<T>方法。

2.3.1 System.Threading.Tasks.Task 类

Task 类是作为 ThreadPool 线程异步执行工作的一种方式，它采用的是基于任务的异步模式（Task-Based Asynchronous Pattern，TAP）。非通用 Task 类不会返回结果，因此，每当需要从任务中返回值时，就需要使用通用版本 Task<T>。在调用 Start 方法之前，通过 Task 类创建的任务不会被调度运行。

可以使用 Task 类以各种方式创建任务，下面就来进行详细介绍。

1. 使用 Lambda 表达式语法

在以下代码中，我们通过调用 Task 构造函数并传递包含要执行的方法的 lambda 表达式来创建任务：

```
Task task = new Task(()=> PrintNumber10Times());
task.Start();
```

2. 使用操作委托

在下面的代码中，我们通过调用 Task 构造函数并传递一个包含要执行的方法的委托来创建任务：

```
Task task = new Task (new Action (PrintNumber10Times));
task.Start();
```

3. 使用委托

在以下代码中，我们通过调用 Task 构造函数并传递包含要执行的方法的匿名委托来创建任务：

```
Task task = new Task (delegate {PrintNumber10Times ();});
task.Start();
```

对于上述 3 种方法来说，其输出都将如图 2-1 所示。

```
1111111111
```

图 2-1

也就是说，上述 3 种方法其实都在做同样的事情，它们只是语法不同。

提示：

只能对以前未运行的任务调用 Start 方法。如果需要返回已经完成的任务，则需要创建一个新任务并对它调用 Start 方法。

2.3.2　System.Threading.Tasks.Task.Factory.StartNew 方法

使用 TaskFactory 类的 StartNew 方法也可以创建任务。在这种方法中，创建的任务将安排在 ThreadPool 内执行，然后将该任务的引用返回给调用方。

以下将详细介绍使用 Task.Factory.StartNew 方法创建任务的多种方式。

1．使用 Lambda 表达式语法

在以下代码中，我们通过在 TaskFactory 上调用 StartNew()方法并传递一个包含要执行的方法的 lambda 表达式来创建 Task：

```
Task.Factory.StartNew(()=> PrintNumber10Times());
```

2．使用操作委托

在以下代码中，我们通过在 TaskFactory 上调用 StartNew()方法并传递要执行的委托包装方法来创建 Task：

```
Task.Factory.StartNew(new Action(PrintNumber10Times));
```

3．使用委托

在以下代码中，我们通过在 TaskFactory 上调用 StartNew()方法并传递要执行的 delegate 包装方法来创建 Task：

```
Task.Factory.StartNew(delegate {PrintNumber10Times();});
```

同样，上述 3 种方法都做同样的事情，它们只是语法不同。

2.3.3　System.Threading.Tasks.Task.Run 方法

使用 Task.Run 方法也可以创建任务。该方法的原理和 StartNew 方法一样，并将返回 ThreadPool 线程。

以下将详细介绍使用 Task.Run 方法创建任务的多种方式。

1．使用 Lambda 表达式语法

在以下代码中，我们通过在 Task 上调用静态 Run()方法并传递包含要执行的方法的 lambda 表达式来创建 Task：

```
Task.Run(()=> PrintNumber10Times());
```

2．使用操作委托

在以下代码中，我们通过在 Task 上调用静态 Run()方法并传递包含我们要执行的方法的委托来创建 Task：

```
Task.Run(new Action(PrintNumber10Times));
```

3．使用委托

在以下代码中，我们通过在 Task 上调用静态 Run()方法并传递包含我们要执行的方法的 delegate 来创建 Task：

```
Task.Run(delegate {PrintNumber10Times();});
```

同样，上述 3 种方法的作用是一样的。

2.3.4　System.Threading.Tasks.Task.Delay 方法

使用 Task.Delay 方法也可以创建一个任务，不过这个任务有点特别，就像它的名字 Delay（延迟）所揭示的那样，该任务将在指定的时间间隔后完成，或者可以由用户使用 CancellationToken 类随时取消。在以前，一般是使用 Thread 类的 Thread.Sleep()方法创建阻塞结构以等待其他任务。但是，这种方法的问题在于它仍然使用 CPU 资源并同步运行。Task.Delay 同样可以等待任务，但是它不需要利用 CPU 周期，所以它提供了更好的选择。此外，它还可以异步运行：

```
Console.WriteLine("What is the output of 20/2. We will show result in 2 seconds.");
Task.Delay(2000);
```

```
Console.WriteLine("After 2 seconds delay");
Console.WriteLine("The output is 10");
```

上述代码向用户询问一个问题，然后等待 2 s，最后再给出答案。在那 2 s 内，主线程不必等待，可以执行其他任务来改善用户体验。该代码以系统时钟异步运行，一旦时间一到，余下的代码就会被执行。

上述代码的输出如图 2-2 所示。

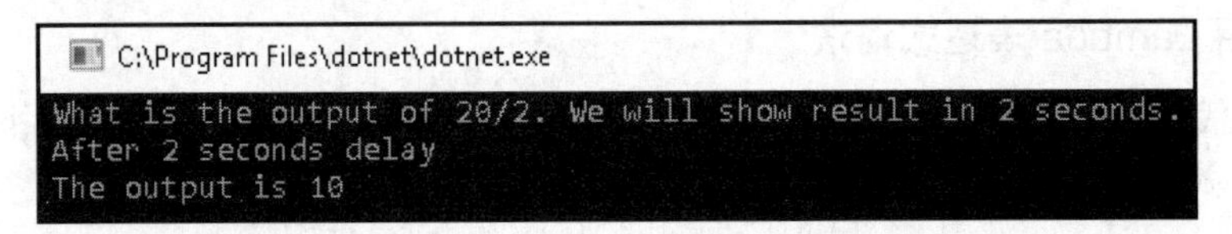

图 2-2

在了解可用于创建任务的其他方法之前，我们不妨先来讨论 C# 5.0 中引入的两个异步编程结构，即 async 和 await 关键字。

async 和 await 是代码标记，使我们可以更轻松地编写异步程序。在第 9 章“基于任务的异步编程基础”中，将深入探讨这些关键字。

async 的意思是异步，await 的意思是等待，顾名思义，我们可以使用 await 关键字等待任何异步调用。一旦执行线程在方法内部遇到 await 关键字，它就会返回 ThreadPool，将该方法的其余部分标记为继续委托，并开始执行其他排队的任务。异步任务完成后，来自 ThreadPool 中的所有可用线程都会完成该方法的其余部分。

2.3.5　System.Threading.Tasks.Task.Yield 方法

Task.Yield 是创建 await 任务的另一种方法。调用方不能直接访问底层任务，而是在涉及与程序执行有关的异步编程的某些场景中使用该底层任务。它更像是一个 JavaScript 中的 Promise（承诺），而不是一项任务。在 JavaScript 中，Promise 表示的是一种非阻塞异步执行的抽象概念。

使用 Task.Yield，我们可以强制让方法成为异步的，并将控制权返回给操作系统。当该方法的其余部分在以后的某个时间执行时，它仍可能作为异步代码运行。使用以下代码可以实现相同的效果：

```
await Task.Factory.StartNew(() => {},
    CancellationToken.None,
    TaskCreationOptions.None,
    SynchronizationContext.Current != null?
    TaskScheduler.FromCurrentSynchronizationContext():
    TaskScheduler.Current);
```

上述方法可用于使 UI 应用程序做出响应，方式是在长时间运行的任务中不时提供对 UI 线程的控制。但是，这对于 UI 应用程序来说并非首选方法，还有更好的替代方法。具体来说，在传统的 WinForms 中，可以使用 Application.DoEvents()的形式，而在 WPF 中，则可以使用 Dispatcher.Yield(DispatcherPriority.ApplicationIdle) 的形式，代码如下：

```
private async static void TaskYield()
{
    for (int i = 0; i < 100000; i++)
    {
        Console.WriteLine(i);
        if (i % 1000 == 0)
        await Task.Yield();
    }
}
```

对于控制台或 Web 应用程序来说，当我们运行代码并将断点应用于 Task.Yield 时，将看到随机的 ThreadPool 线程切换上下文以运行代码。以下我们将通过屏幕截图解释在各个阶段控制执行的各种线程。

图 2-3 显示了在程序流中同时执行的所有线程。可以看到，当前线程 ID 为 1664。

图 2-3

如果按 F5 键并让断点获得另一个 i 值，则可以看到该代码正在由另一个 ID 为 10244 的线程执行，如图 2-4 所示。

图 2-4

在第 11 章“编写并行和异步代码的单元测试用例”中，我们将学习有关线程窗口和调试技术的更多信息。

2.3.6 System.Threading.Tasks.Task.FromResult<T>方法

FromResult<T>是在.NET Framework 4.5 中才被引入的方法，这种方法的作用被大大低估了。我们可以通过这种方法返回已完成的任务并显示结果，具体如下：

```
static void Main(string[] args)
{
    StaticTaskFromResultUsingLambda();
}
private static void StaticTaskFromResultUsingLambda()
```

```
{
    Task<int> resultTask = Task.FromResult<int>( Sum(10));
    Console.WriteLine(resultTask.Result);
}
private static int Sum (int n)
{
    int sum=0;
    for (int i = 0; i < 10; i++)
    {
        sum += i;
    }
    return sum;
}
```

从上述代码中可以看到，我们实际上已经转换了一个同步 Sum 方法，通过使用 Task.FromResult<int>类以异步方式返回结果。

测试驱动开发（Test-Driven Development，TDD）中经常使用这种方法来模拟异步方法，并且在异步方法内部也经常使用这种方法来根据条件返回默认值。在第 11 章“编写并行和异步代码的单元测试用例”中，将详细解释这些方法。

2.3.7 System.Threading.Tasks.Task.FromException 和 System.Threading.Tasks.Task.FromException<T>方法

System.Threading.Tasks.Task.FromException 和 System.Threading.Tasks.Task.FromException<T>方法创建的任务已预定义了异常，并可用于抛出异步任务中的异常。在测试驱动开发（TDD）中经常使用这种方法。在第 11 章“编写并行和异步代码的单元测试用例”中，将详细解释这些方法，具体如下：

```
return Task.FromException<long>(
new FileNotFoundException("Invalid File name."));
```

在上述代码中可以看到，我们将 FileNotFoundException 包装为任务并将其返回给调用方（Caller）。

2.3.8 System.Threading.Tasks.Task.FromCanceled 和 System.Threading.Tasks.Task.FromCanceled<T>方法

System.Threading.Tasks.Task.FromCanceled 和 System.Threading.Tasks.Task.FromCanceled<T>方法用于创建通过取消令牌（CancellationToken）取消后完成的任务，具体如下：

```
CancellationTokenSource source = new CancellationTokenSource();
var token = source.Token;
source.Cancel();
Task task = Task.FromCanceled(token);
Task<int> canceledTask = Task.FromCanceled<int>(token);
```

在上述代码中，我们先使用 CancellationTokenSource 类创建了一个取消令牌，然后根据该令牌创建了一个任务。这里要注意的重要事项是，必须先使用“source.Cancel();”取消令牌，然后才能通过 Task.FromCanceled 方法使用令牌。

如果要从异步方法中返回值，则此方法很有用。此外，在测试驱动开发（TDD）中也经常使用这种方法。

2.4　从完成的任务中获取结果

为了从任务中返回值，任务并行库（TPL）提供了我们之前定义的所有类的通用变体，具体如下所示。

- ❑ Task<T>。
- ❑ Task.Factory.StartNew<T>。
- ❑ Task.Run<T>。

在任务完成后，应该能够通过访问 Task.Result 属性从中获得结果。可以使用一些代码示例来理解这一点。

以下我们将创建各种任务，并尝试在完成时从中返回值：

```
using System;
using System.Threading.Tasks;
namespace Ch02
{
    class _2GettingResultFromTasks
    {
        static void Main(string[] args)
        {
            GetResultsFromTasks();
            Console.ReadLine();
        }
        private static void GetResultsFromTasks()
        {
            var sumTaskViaTaskOfInt = new Task<int>(() => Sum(5));
            sumTaskViaTaskOfInt.Start();
```

```
        Console.WriteLine($"Result from sumTask is
         {sumTaskViaTaskOfInt.Result}" );
        var sumTaskViaFactory = Task.Factory.StartNew<int>(() =>
         Sum(5));
        Console.WriteLine($"Result from sumTask is
         {sumTaskViaFactory.Result}");
        var sumTaskViaTaskRun = Task.Run<int>(() => Sum(5));
        Console.WriteLine($"Result from sumTask is
         {sumTaskViaTaskRun.Result}");
        var sumTaskViaTaskResult = Task.FromResult<int>(Sum(5));
        Console.WriteLine($"Result from sumTask is
         {sumTaskViaTaskResult.Result}");
    }
    private static int Sum(int n)
    {
        int sum = 0;
        for (int i = 0; i < n; i++)
        {
            sum += i;
        }
        return sum;
    }
  }
}
```

在上述代码中可以看到，我们已经使用通用变体创建了任务。完成后，可以使用 Result 属性获取结果，如图 2-5 所示。

```
C:\Program Files\dotnet\dotnet.exe
Result from sumTask is 10
Result from sumTask is 10
Result from sumTask is 10
Result from sumTask is 10
```

图 2-5

在 2.5 节中将学习如何取消任务。

2.5 取消任务

任务并行库（TPL）的另一个重要功能是为开发人员提供现成的数据结构，以取消正在运行的任务。那些拥有经典线程开发经验的程序员应该深有体会，过去想要使用自定义逻辑使线程支持取消有多么困难，但是现在情况不再如此。.NET Framework 提供了以下两个类来支持任务取消。

- CancellationTokenSource：此类负责创建取消令牌，并将取消请求传递给通过源创建的所有令牌。
- CancellationToken：侦听器使用该类来监视请求的当前状态。

要创建可以取消的任务，需要执行以下步骤。

（1）创建 System.Threading.CancellationTokenSource 类的实例，该实例将通过 Token 属性提供 System.Threading.CancellationToken。

（2）在创建任务时传递令牌。

（3）必要时，在 CancellationTokenSource 上调用 Cancel()方法。

接下来将详细介绍如何创建令牌以及如何将其传递给任务。

2.5.1　创建令牌

可以使用以下代码创建令牌：

```
CancellationTokenSource tokenSource = new CancellationTokenSource();
CancellationToken token - tokenSource.Token;
```

在上述代码中，首先使用 CancellationTokenSource 构造函数创建了 tokenSource，然后使用 tokenSource 的 Token 属性获得了令牌。

2.5.2　使用令牌创建任务

现在可以通过将 CancellationToken 作为第二个参数传递给任务构造函数来创建任务，具体如下：

```
var sumTaskViaTaskOfInt = new Task<int>(() => Sum(5), token);
var sumTaskViaFactory = Task.Factory.StartNew<int>(() => Sum(5), token);
var sumTaskViaTaskRun = Task.Run<int>(() => Sum(5), token);
```

在经典线程模型中，程序员曾经的做法是在不确定的线程上调用 Abort()方法。如果资源是不可托管的，那么这将突然停止线程，从而泄漏内存。

在使用 TPL 的情况下，我们可以调用 Cancel()方法，这是一个取消令牌源，它将依次在令牌上设置 IsCancellationRequested 属性。任务正在执行的底层方法将监视此属性，如果已设置此属性，则应正常退出。

有多种方式可以监视令牌源是否已请求取消。

- ❑ 轮询令牌上 IsCancellationRequested 属性的状态。
- ❑ 注册请求取消的回调。

2.5.3 通过 IsCancellationRequested 属性轮询令牌的状态

通过 IsCancellationRequested 属性轮询令牌的状态的方式在涉及递归方法的场景中非常方便，或者，如果有通过循环包含的长时间运行的计算逻辑，那么这种方式同样很适用。在我们的方法或循环中，可以编写以一定的最佳间隔轮询 IsCancellationRequested 属性的代码。如果已设置该属性，则可以通过调用 token 类的 ThrowIfCancellationRequested 方法来中断循环。

以下代码是通过轮询令牌取消任务的示例：

```
private static void CancelTaskViaPoll()
{
    CancellationTokenSource cancellationTokenSource =
     new CancellationTokenSource();
    CancellationToken token = cancellationTokenSource.Token;
    var sumTaskViaTaskOfInt = new Task(() =>
     LongRunningSum(token), token);
    sumTaskViaTaskOfInt.Start();
    // 等待用户按下按键以取消任务
    Console.ReadLine();
    cancellationTokenSource.Cancel();
}
private static void LongRunningSum(CancellationToken token)
{
    for (int i = 0; i < 1000; i++)
    {
        // 模拟长时间运行
        Task.Delay(100);
        if (token.IsCancellationRequested)
            token.ThrowIfCancellationRequested();
    }
}
```

在上述代码中，先通过 CancellationTokenSource 类创建了一个取消令牌，然后通过传递令牌创建了一个任务。该任务执行一个长时间运行的方法 LongRunningSum（仅仅是一个模拟），该方法将持续轮询令牌的 IsCancellationRequested 属性。如果用户在 LongRunningSum 方法完成之前调用了 cancelTokenSource.Cancel()，则会抛出异常。

 提示：

轮询（Polling）不会带来任何明显的性能开销，并且可以根据程序员的要求使用。当你可以完全控制任务执行的工作时（例如，如果它是你自己编写的核心逻辑），可以考虑使用它。

2.5.4　注册请求取消的回调

注册请求取消的方式使用了一个 Callback（回调）委托，当底层令牌请求取消时，调用该委托。应该将其与被阻塞的操作一起使用，以使其无法以常规方式检查 CancellationToken 的值。

来看下列代码，该代码从远程 URL 下载文件：

```
private static void DownloadFileWithoutToken()
{
    WebClient webClient = new WebClient();
    webClient.DownloadStringAsync(new
     Uri("http://www.google.com"));
    webClient.DownloadStringCompleted += (sender, e) =>
     {
        if (!e.Cancelled)
            Console.WriteLine("Download Complete.");
        else
            Console.WriteLine("Download Cancelled.");
     };
}
```

从上述代码中可以看到，一旦调用了 WebClient 的 DownloadStringAsync 方法，控制权就会离开用户。尽管 WebClient 类允许用户通过 webClient.CancelAsync()方法取消任务，但是我们对何时调用它却没有任何控制。

因此，可以修改上述代码以使用 Callback 委托，以便用户可以更好地控制任务取消，具体如下：

```
static void Main(string[] args)
{
    CancellationTokenSource cancellationTokenSource = new
     CancellationTokenSource();
    CancellationToken token = cancellationTokenSource.Token;
    DownloadFileWithToken(token);
    // 取消令牌之前的随机延迟
```

```
    Task.Delay(2000);
    cancellationTokenSource.Cancel();
    Console.ReadLine();
 }
private static void DownloadFileWithToken(CancellationToken token)
{
    WebClient webClient = new WebClient();
    // 注册回调委托
    // 用户取消令牌时即调用
    token.Register(() => webClient.CancelAsync());
    webClient.DownloadStringAsync(new
     Uri("http://www.google.com"));
    webClient.DownloadStringCompleted += (sender, e) => {
    // 等待 3 s，这样就有足够的时间取消任务
    Task.Delay(3000);
    if (!e.Cancelled)
        Console.WriteLine("Download Complete.");
    else
    Console.WriteLine("Download Cancelled.");};
}
```

可以看到，在此修改版本中，我们传递了取消令牌（CancellationToken），并通过 Register 方法订阅了取消回调。

用户一旦调用了 cancelestTokenSource.Cancel()方法，它就会通过调用 webClient.CancelAsync()方法取消下载操作。

提示：

CancellationTokenSource 也可与旧版 ThreadPool.QueueUserWorkItem 配合使用。

以下是创建 CancellationTokenSource 的代码，可以将其传递给 ThreadPool 以支持取消：

```
// 创建令牌源
CancellationTokenSource cts = new CancellationTokenSource();
// 将令牌传递给可取消的操作
ThreadPool.QueueUserWorkItem(new WaitCallback(DoSomething), cts.Token);
```

本节详细讨论了取消任务的各种方法。在任务可能变得多余的情况下，取消任务确实可以节省大量的 CPU 时间。

例如，在 1.3 节“适用并行编程技术的场景”中，我们假设了一种应用场景，使用不同的算法对数字列表进行排序，尽管所有算法都会返回相同的结果（数字排序列表），

但我们仅对最快的结果感兴趣。所以，我们将接收第一个（最快）算法的结果，并取消其余算法以提高系统性能。

在 2.6 节中将讨论如何等待正在运行的任务。

2.6 等待正在运行的任务

在前面的示例中，我们调用了 Task.Result 属性从已完成的任务中获取结果，这将阻塞调用线程，直到结果可用为止。TPL 为我们提供了另一种等待一个或多个任务的方式。

TPL 中提供了多种可用于等待一个或多个任务的 API。具体如下所示。

- Task.Wait。
- Task.WaitAll。
- Task.WaitAny。
- Task.WhenAll。
- Task.WhenAny。

接下来将详细介绍这些 API。

2.6.1 Task.Wait

Task.Wait 是一个实例方法，可用于等待单个任务。我们可以指定调用方在任务完成之前等待的最长时间，然后解除自身超时限制。

通过将取消令牌传递给方法，我们还可以完全控制已取消的监视事件。在线程已完成、被取消或抛出一个异常之前，调用方法将被阻塞。

```
var task = Task.Factory.StartNew(() => Console.WriteLine("Inside Thread"));
// 阻塞当前线程，直至任务完成
task.Wait();
```

Wait 方法有 5 个重载版本。

- Wait()：无限期地等待任务完成。调用线程被阻塞，直到了线程完成。
- Wait(CancellationToken)：无限期地等待任务完成执行，或者等待取消令牌被取消。
- Wait(int)：等待任务在指定的时间段（以 ms 为单位）内完成执行。
- Wait(TimeSpan)：等待任务在指定的时间间隔内完成执行。
- Wait(int, CancellationToken)：等待任务在指定的时间段（以 ms 为单位）内完成执行，或等待取消令牌被取消。

2.6.2　Task.WaitAll

Task.WaitAll 是在 Task 类中定义的静态方法，用于等待多个任务。任务将作为数组传递给方法，并且调用程序将被阻塞，直到所有任务都完成。

Task.WaitAll 方法还支持超时和取消令牌。使用此方法的一些示例代码如下：

```
Task taskA = Task.Factory.StartNew(() =>
 Console.WriteLine("TaskA finished"));
Task taskB = Task.Factory.StartNew(() =>
 Console.WriteLine("TaskB finished"));
Task.WaitAll(taskA, taskB);
Console.WriteLine("Calling method finishes");
```

上述代码的输出如图 2-6 所示。

```
TaskB finished
TaskA finished
Calling method finishes
```

图 2-6

可以看到，当 TaskA 和 TaskB 这两个任务都完成执行时，将执行“Console.WriteLine ("Calling method finishes");”语句。

当我们需要来自多个源的数据（每个源都有一个任务），并且想要合并来自所有任务的数据以便在 UI 上显示它们时，即可使用上述示例。

2.6.3　Task.WaitAny

Task.WaitAny 是 Task 类中定义的另一个静态方法。就像 Task.WaitAll 一样，Task.WaitAny 也可用于等待多个任务，但是，只要将作为数组传递给该方法的任务中有任何任务执行完毕，调用方就不会被阻塞。相比之下，Task.WaitAll 则需要等待所有任务均完成。

与其他方法一样，WaitAny 也支持超时和取消令牌。

使用 Task.WaitAny 方法的一些示例代码如下：

```
Task taskA = Task.Factory.StartNew(() =>
 Console.WriteLine("TaskA finished"));
Task taskB = Task.Factory.StartNew(() =>
 Console.WriteLine("TaskB finished"));
```

```
Task.WaitAny(taskA, taskB);
Console.WriteLine("Calling method finishes");
```

在上述代码中，我们启动了两个任务，并使用 WaitAny 等待它们。此方法将阻塞当前线程。一旦有任何任务完成，调用线程就会被解除阻塞。

当我们需要的数据可从不同来源获得并且需要尽快获得时，即可使用上述示例。在本示例中，我们创建了向不同来源发出请求的任务。一旦有任何任务完成，就可解除调用线程的阻塞并从完成的任务中获取结果。

2.6.4　Task.WhenAll

Task.WhenAll 是 Task.WaitAll 方法的非阻塞变体。它返回一个代表所有指定任务的等待操作的任务。与 WaitAll 阻塞调用线程不同，WhenAll 可以在异步方法中等待，从而释放了调用线程以执行其他操作。使用此方法的示例代码如下：

```
Task taskA = Task.Factory.StartNew(() =>
 Console.WriteLine("TaskA finished"));
Task taskB = Task.Factory.StartNew(() =>
 Console.WriteLine("TaskB finished"));
Task.WhenAll(taskA, taskB);
Console.WriteLine("Calling method finishes");
```

上述代码与 Task.WaitAll 的工作方式相同，区别在于调用线程可以返回 ThreadPool 中而不会被阻塞。

2.6.5　Task.WhenAny

Task.WhenAny 是 WaitAny 的非阻塞变体。它返回一个封装了在单个底层任务上等待操作的任务。与 WaitAny 不同的是，它不会阻塞调用线程。调用线程可以在异步方法中调用等待。使用此方法的示例代码如下：

```
Task taskA = Task.Factory.StartNew(() =>
 Console.WriteLine("TaskA finished"));
Task taskB = Task.Factory.StartNew(() =>
 Console.WriteLine("TaskB finished"));
Task.WhenAny(taskA, taskB);
Console.WriteLine("Calling method finishes");
```

同样，上述代码与 Task.WaitAny 的工作方式相同，区别在于调用线程可以返回 ThreadPool 中而不会被阻塞。

本节讨论了如何编写高效的代码，在不需要代码分支的情况下使用多个线程。尽管在必要时会并行执行，但这些代码看起来还是同步的。

2.7 节将讨论如何处理任务异常。

2.7　处理任务异常

异常处理是并行编程的最重要方面之一。所有优秀的整洁代码实践者都致力于高效地处理异常。这在并行编程中变得尤为重要，因为线程或任务中任何未处理的异常都可能导致应用程序突然崩溃。

幸运的是，任务并行库（TPL）提供了一种很好的、高效的设计来处理和管理异常。任务中发生的任何未处理的异常都将被延迟，然后传播到使用 Join 方法加入的线程，后者负责观察任务中的异常。

任务内发生的任何异常始终包含在 AggregateException 类下，并返回给观察异常的调用方。如果调用方正在等待单个任务，则 AggregateException 类的 InnerException 属性将返回原始异常；但是，如果调用方正在等待多个任务（如 Task.WaitAll、Task.WhenAll、Task.WaitAny 或 Task.WhenAny），则任务发生的所有异常都将作为集合返回给调用方。可通过 InnerException 属性访问它们。

接下来将讨论处理任务内部异常的各种方法。

2.7.1　处理来自单个任务的异常

在下面的代码中，我们创建了一个简单的任务，尝试将数字除以 0，从而引发 DivideByZeroException 异常。该异常将返回给调用方，并在 catch 块内处理。由于这是一项任务，因此将异常对象包装在 AggregateException 对象的 InnerException 属性下：

```
class _4HandlingExceptions
{
    static void Main(string[] args)
    {
        Task task = null;
        try
          {
                task = Task.Factory.StartNew(() =>
                {
                    int num = 0, num2 = 25;
```

```
                var result = num2 / num;
            });
        task.Wait();
      }
      catch (AggregateException ex)
      {
        Console.WriteLine($"Task has finished with
         exception {ex.InnerException.Message}");
      }
      Console.ReadLine();
   }
}
```

运行上述代码，其输出如图 2-7 所示。

```
C:\Program Files\dotnet\dotnet.exe
Task has finished with exception Attempted to divide by zero.
```

图 2-7

2.7.2　处理来自多个任务的异常

现在，我们将创建多个任务并尝试从中抛出异常，然后了解如何列出来自调用方的不同任务中的不同异常：

```
static void Main(string[] args)
{
    Task taskA = Task.Factory.StartNew(()=> throw
     new DivideByZeroException());
    Task taskB = Task.Factory.StartNew(()=> throw
     new ArithmeticException());
    Task taskC = Task.Factory.StartNew(()=> throw
     new NullReferenceException());
    try
    {
        Task.WaitAll(taskA, taskB, taskC);
    }
    catch (AggregateException ex)
    {
        foreach (Exception innerException in ex.InnerExceptions)
        {
            Console.WriteLine(innerException.Message);
```

```
        }
    }
    Console.ReadLine();
}
```

运行上述代码，其输出如图 2-8 所示。

```
C:\Program Files\dotnet\dotnet.exe
Attempted to divide by zero.
Overflow or underflow in the arithmetic operation.
Object reference not set to an instance of an object.
```

图 2-8

在上述代码中，我们创建了 3 个引发不同异常的任务，并使用 Task.WaitAll 等待所有线程。如你所见，可以通过调用 WaitAll 来观察异常，而不仅仅是通过启动任务来观察，这就是为什么我们将 WaitAll 包装在 try 块中的原因。当所有传递给它的任务因抛出异常而出错并且执行了相应的 catch 块时，将返回 WaitAll 方法。通过遍历 AggregateException 类的 InnerExceptions 属性，我们可以找到源自所有任务的所有异常。

2.7.3　使用回调函数处理任务异常

找出这些异常的另一种方法是使用回调函数来访问和处理源自任务的异常：

```
static void Main(string[] args)
{
    Task taskA = Task.Factory.StartNew(() => throw
     new DivideByZeroException());
    Task taskB = Task.Factory.StartNew(() => throw
     new ArithmeticException());
    Task taskC = Task.Factory.StartNew(() => throw
     new NullReferenceException());
    try
    {
        Task.WaitAll(taskA, taskB, taskC);
    }
    catch (AggregateException ex)
    {
        ex.Handle(innerException =>
        {
            Console.WriteLine(innerException.Message);
```

```
            return true;
        });
    }
    Console.ReadLine();
}
```

在 Visual Studio 中运行上述代码，其输出如图 2-9 所示。

```
C:\Program Files\dotnet\dotnet.exe
Attempted to divide by zero.
Overflow or underflow in the arithmetic operation.
Object reference not set to an instance of an object.
```

图 2-9

在上述代码中可以看到，我们没有在 innerException 上进行集成，而是订阅了 AggregateException 上的 Handle 回调函数。对于抛出异常的所有任务都会触发此操作，我们可以返回 true，表明异常已得到妥善处理。

2.8　将 APM 模式转换为任务

传统的异步编程模型（Asynchronous Programming Model，APM）使用了 IAsyncResult 接口来创建异步方法，其设计模式使用了两个方法，即 BeginMethodName 和 EndMethodName。现在，我们来尝试了解程序从同步到 APM，再到任务的过程。

以下是一种从文本文件读取数据的同步方法：

```
private static void ReadFileSynchronously()
{
    string path = @"Test.txt";
    // 打开流并读取内容
    using (FileStream fs = File.OpenRead(path))
    {
        byte[] b = new byte[1024];
        UTF8Encoding encoder = new UTF8Encoding(true);
        fs.Read(b, 0, b.Length);
        Console.WriteLine(encoder.GetString(b));
    }
}
```

上述代码中没有繁复的内容。首先，我们创建了一个 FileStream 对象并调用了 Read

方法，该方法以同步方式将磁盘文件读入缓冲区中，然后将缓冲区写入控制台中。我们使用 UTF8Encoding 类将缓冲区转换为字符串。

但是，这种方法的问题在于，在调用 Read 的那一刻，线程就会被阻塞，直到读取操作完成为止。I/O 操作由 CPU 使用 CPU 周期进行管理，因此让线程等待 I/O 操作完成没有任何意义。我们可以尝试了解 APM 的执行方式：

```
private static void ReadFileUsingAPMAsyncWithoutCallback()
        {
            string filePath = @"Test.txt";
            // 打开流并读取内容
            using (FileStream fs = new FileStream(filePath,
             FileMode.Open, FileAccess.Read, FileShare.Read,
             1024, FileOptions.Asynchronous))
            {
                byte[] buffer = new byte[1024];
                UTF8Encoding encoder = new UTF8Encoding(true);
                IAsyncResult result = fs.BeginRead(buffer, 0,
                 buffer.Length, null, null);
                Console.WriteLine("Do Something here");
                int numBytes = fs.EndRead(result);
                fs.Close();
                Console.WriteLine(encoder.GetString(buffer));
            }
        }
```

在上述代码中可以看到，我们已用异步版本（即 BeginRead）替换了同步 Read 方法。编译器遇到 BeginRead 时，就会向 CPU 发送一条指令以开始读取文件，并且该线程被解除阻塞。在调用 EndRead 等待 Read 操作完成并收集结果之前，我们可以用相同的方法执行其他任务，然后再次阻塞线程。

尽管我们也阻塞了线程以获取结果，但这是一种简单而有效的制作响应式应用程序的方式。如果你不愿意使用同一方法调用 EndRead（这会阻塞线程），还可以使用重载（Overload）。重载将接受一个回调方法，在读取操作完成时，该方法会被自动调用，以避免阻塞线程。此方法的签名如下：

```
public override IAsyncResult BeginRead(
       byte[] array,
       int offset,
       int numBytes,
       AsyncCallback userCallback,
       object stateObject)
```

在上述示例中，我们看到了从同步方法转换为 APM 的方式。接下来，我们将把 APM 实现转换为任务。示例如下：

```
private static void ReadFileUsingTask()
        {
            string filePath = @"Test.txt";
            // 打开流并读取内容
            using (FileStream fs = new FileStream(filePath, FileMode.Open,
             FileAccess.Read, FileShare.Read, 1024,
             FileOptions.Asynchronous))
            {
                byte[] buffer = new byte[1024];
                UTF8Encoding encoder = new UTF8Encoding(true);
                // 启动将异步读取文件的任务
                var task = Task<int>.Factory.FromAsync(fs.BeginRead,
                 fs.EndRead, buffer, 0, buffer.Length,null);
                Console.WriteLine("Do Something while file is read
                 asynchronously");
                // 等待任务完成
                task.Wait();
                Console.WriteLine(encoder.GetString(buffer));
            }
        }
```

在上述代码中可以看到，我们用 Task<int>.Factory.FromAsync 替换了 BeginRead 方法。这是实现基于任务的异步模式（Task-based Asynchronous Pattern，TAP）的一种方式。该方法将返回一个任务，该任务在后台运行，这意味着在此期间我们可以继续使用同一方法执行其他工作，然后再次阻塞线程以使用 task.Wait()获得结果。这就是我们可以轻松地将任何 APM 代码转换为 TAP 的方式。

2.9 将 EAP 模式转换为任务

基于事件的异步模式（Event-based Asynchronous Patterns，EAP）常用于创建组件以包装那些成本很高且很费时的操作。因此，有必要让它们异步执行。.NET Framework 中已使用此模式来创建组件，如 BackgroundWorker 和 WebClient。

实现此模式的方法将在后台异步执行长时间运行的任务，但会通过事件不断向用户通知其进度和状态，这就是为什么要将其称为基于事件的原因。

以下代码演示了使用 EAP 的组件的实现：

```
private static void EAPImplementation()
        {
            var webClient = new WebClient();
            webClient.DownloadStringCompleted += (s, e) =>
            {
                if (e.Error != null)
                    Console.WriteLine(e.Error.Message);
                else if (e.Cancelled)
                    Console.WriteLine("Download Cancel");
                else
                    Console.WriteLine(e.Result);
            };
            webClient.DownloadStringAsync(new
             Uri("http://www.someurl.com"));
        }
```

在上述代码中，我们订阅了 DownloadStringCompleted 事件，一旦 webClient 从 URL 中下载了文件，该事件就会被触发。可以看到，我们尝试使用 if-else 构造读取各种结果选项，如异常、取消和结果。

与异步编程模型（APM）相比，将基于事件的异步模式（EAP）转换为基于任务的异步模式（TAP）非常棘手，因为它需要对 EAP 组件的内部性质有充分的了解，并且需要将新代码插入正确的事件中才能使其正常工作。

现在来查看转换后的实现，代码如下：

```
private static Task<string> EAPToTask()
        {
            var taskCompletionSource = new TaskCompletionSource<string>();
            var webClient = new WebClient();
            webClient.DownloadStringCompleted += (s, e) =>
            {
                if (e.Error != null)
                    taskCompletionSource.TrySetException(e.Error);
                else if (e.Cancelled)
                    taskCompletionSource.TrySetCanceled();
                else
                    taskCompletionSource.TrySetResult(e.Result);
            };
            webClient.DownloadStringAsync(new
             Uri("http://www.someurl.com"));
            return taskCompletionSource.Task;
        }
```

将 EAP 转换为 TAP 的最简单方法是通过 TaskCompletionSource 类。我们已插入所有应用场景，并将异常、取消或结果设置为 TaskCompletionSource 类的实例。最后，将包装的实现作为任务返回给用户。

2.10　有关任务的更多信息

接下来，我们将阐释一些可能会派上用场的有关任务的重要概念。到目前为止，我们已经创建了独立的任务，但是，要创建更复杂的解决方案，有时还需要定义任务之间的关系。程序员可以通过创建子任务（Child Task）以及后续任务（Continuation Task）来执行此操作。

下面将通过示例来理解这些任务类型。

2.10.1　后续任务

后续任务的工作方式更像是 JavaScript 中的 Promise。当需要链接（Chain）多个任务时，即可使用它们。第二个任务在第一个任务完成并将第一个任务的结果或异常传递给子任务时开始。我们可以将多个任务链接在一起以创建一长串任务，或者也可以使用 TPL 提供的方法来创建选择性的延续链。TPL 为任务的延续提供了以下构造。

- Task.ContinueWith。
- Task.Factory.ContinueWhenAll。
- Task.Factory.ContinueWhenAll<T>。
- Task.Factory.ContinueWhenAny。
- Task.Factory.ContinueWhenAny<T>。

2.10.2　使用 Task.ContinueWith 方法继续执行任务

使用 TPL 提供的 ContinueWith 方法可以轻松执行后续任务。

可以通过以下示例来理解简单的任务链：

```
var task = Task.Factory.StartNew<DataTable>(() =>
        {
            Console.WriteLine("Fetching Data");
            return FetchData();
        }).ContinueWith(
```

```
            (e) => {
                var firstRow = e.Result.Rows[0];
                Console.WriteLine("Id is {0} and Name is {0}",
                 firstRow["Id"], firstRow["Name"]);
        });
```

在上述示例中，我们需要获取并显示数据。主任务（Primary Task）将调用 FetchData 方法。完成后，其结果将作为输入传递到后续任务，该任务负责打印数据。其输出如图 2-10 所示。

```
Fetching Data
Id is 1 and Name is 1
```

图 2-10

我们还可以链接多个任务，从而创建一个任务链，代码如下：

```
var task = Task.Factory.StartNew<int>(() => GetData()).
            .ContinueWith((i) => GetMoreData(i.Result)).
            .ContinueWith((j) => DisplayData(j.Result)));
```

可以通过传递 System.Threading.Tasks.TaskContinuationOptions 枚举值作为参数来控制何时运行后续任务。

System.Threading.Tasks.TaskContinuationOptions 枚举值包括以下内容。

- None：这是默认选项。当主任务完成时，该后续任务将运行。
- OnlyOnRanToCompletion：该后续任务将在主任务成功完成时运行，这意味着主任务没有被取消或出现故障。
- NotOnRanToCompletion：当主任务被取消或出现故障时，该后续任务将运行。
- OnlyOnFaulted：仅当主任务出现故障时，该后续任务才会运行。
- NotOnFaulted：仅当主任务没有出现故障时，该后续任务才会运行。
- OnlyOnCancelled：仅当主任务已被取消时，该后续任务才会运行。
- NotOnCancelled：仅当主任务未被取消时，该后续任务才会运行。

2.10.3 使用 Task.Factory.ContinueWhenAll 和 Task.Factory.ContinueWhenAll<T>继续执行任务

使用 Task.Factory.ContinueWhenAll 和 Task.Factory.ContinueWhenAll<T>可以等待多个任务，并链接一个仅在所有任务成功完成后才能运行的后续代码。

来看一个示例：

```
private async static void ContinueWhenAll()
        {
            int a = 2, b = 3;
            Task<int> taskA = Task.Factory.StartNew<int>(() => a * a);
            Task<int> taskB = Task.Factory.StartNew<int>(() => b * b);
            Task<int> taskC = Task.Factory.StartNew<int>(() => 2 * a * b);
            var sum = await Task.Factory.ContinueWhenAll<int>(new Task[]
              { taskA, taskB, taskC }, (tasks)
              =>tasks.Sum(t => (t as Task<int>).Result));
            Console.WriteLine(sum);
        }
```

在上述代码中，要计算 $a \times a + b \times b + 2 \times a \times b$。

我们将该任务分为 3 个单元，即 $a \times a$、$b \times b$ 和 $2 \times a \times b$。这些单元中的每一个都由 3 个不同的线程执行，即 taskA、taskB 和 taskC。 然后，我们等待所有任务完成并将它们作为第一个参数传递给 ContinueWhenAll 方法。

当所有线程完成执行后，执行后续委托，该委托由 ContinueWhenAll 方法的第二个参数指定。后续委托将所有线程的执行结果求和，然后将它们返回给调用方，调用方则在下一行中输出结果。

2.10.4　使用 Task.Factory.ContinueWhenAny 和 Task.Factory.ContinueWhenAny<T>继续执行任务

使用 Task.Factory.ContinueWhenAny 和 Task.Factory.ContinueWhenAny<T>可以等待多个任务，并链接一个在任何任务成功完成后都能运行的后续代码。

来看一个示例：

```
private static void ContinueWhenAny()
        {
            int number = 13;
            Task<bool> taskA = Task.Factory.StartNew<bool>(() =>
             number / 2 != 0);
            Task<bool> taskB = Task.Factory.StartNew<bool>(() =>
             (number / 2) * 2 != number);
            Task<bool> taskC = Task.Factory.StartNew<bool>(() =>
             (number & 1) != 0);
            Task.Factory.ContinueWhenAny<bool>(new Task<bool>[]
             { taskA, taskB, taskC }, (task) =>
```

```
            {
                Console.WriteLine((task as Task<bool>).Result);
            }
        );
    }
```

在上述代码中，有 3 种不同的逻辑来找出数字是否为奇数。

假设我们并不知道这些逻辑中的哪一种是最快的。为了计算结果，我们创建了 3 个任务，每个任务封装了不同的奇数查找逻辑，并同时运行它们。由于某个数字只能是奇数或偶数，因此所有线程的结果将是相同的，只是执行速度会有所不同。因此，仅获得第一个结果并丢弃其余结果是有意义的。这就是使用 ContinueWhenAny 方法要达到的效果。

2.10.5　父任务和子任务

线程之间可能发生的另一种类型的关系是父子关系。子任务被创建为父任务（Parent Task）主体内的嵌套任务。

子任务可以被创建为附加的（Attached）或分离的（Detached）。两种类型的任务都在父任务内部创建，并且默认情况下，创建的子任务是分离的。要将子任务指定为附加任务，可以将任务的 AttachedToParent 属性设置为 true。

在以下情况下可以考虑创建附加任务。

- 子任务中引发的所有异常都必须传播到父任务。
- 父任务的状态取决于子任务。
- 父任务需要等待子任务完成。

2.10.6　创建一个分离的子任务

创建分离类的代码如下：

```
Task parentTask = Task.Factory.StartNew(() =>
{
        Console.WriteLine(" Parent task started");
        Task childTask = Task.Factory.StartNew(() => {
            Console.WriteLine(" Child task started");
        });
        Console.WriteLine(" Parent task Finish");
    });
    // 等待父任务完成
```

```
    parentTask.Wait();
    Console.WriteLine("Work Finished");
```

可以看到，我们在任务主体内创建了另一个任务。默认情况下，子任务或嵌套任务创建为分离任务。可以通过调用 parentTask.Wait()等待父任务完成。

在如图 2-11 所示的输出中，可以看到父任务没有等待子任务完成而是自己先完成了，然后子任务才开始。

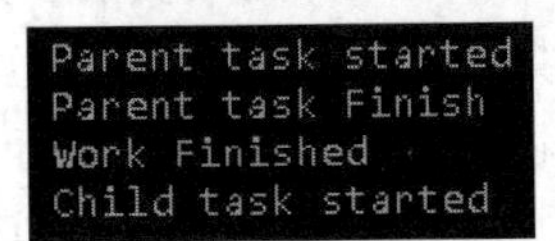

图 2-11

2.10.7　创建一个附加的任务

附加任务的创建与分离任务的创建类似。唯一区别是需要将任务的 AttachedParent 属性设置为 true。示例如下：

```
Task parentTask = Task.Factory.StartNew(() =>
        {
            Console.WriteLine(" Parent task started");
            Task childTask = Task.Factory.StartNew(() => {
                Console.WriteLine(" Child task started");
            },TaskCreationOptions.AttachedToParent);
            Console.WriteLine("Parent task Finish");
        });
        // 等待父任务完成
        parentTask.Wait();
        Console.WriteLine("Work Finished");
```

上述代码的输出如图 2-12 所示。

```
Parent task started
Parent task Finish
Child task started
Work Finished
```

图 2-12

在图 2-12 的输出中可以看到，父任务需要等到子任务执行完毕才完成。

本节讨论了有关任务的更高级方面的知识，包括在任务之间创建关系。2.11 节将介绍工作队列的概念，并解释任务如何处理它们，以此来深入研究任务的内部工作方式。

2.11　工作窃取队列

工作窃取（Work-Stealing）是一种针对线程池的性能优化技术。每个线程池维护一个进程内部创建的单个全局任务队列。在第 1 章“并行编程简介”中已经介绍过，线程池维护最佳数量的工作线程来执行任务。

ThreadPool 还维护着一个线程的全局队列（Global Queue）。在该队列中，所有工作项目将进行排队，然后分配到可用线程。由于这是单个队列，并且我们在多线程场景中工作，因此需要使用同步原语（Synchronization Primitive）来实现线程安全。在使用单个全局队列的情况下，同步会导致性能下降。

.NET Framework 可通过引入由线程管理的本地队列（Local Queue）的概念来解决此性能损失问题。每个线程都可以访问全局队列，并且还维护其自己的线程本地队列以存储工作项。父任务可以在全局队列内调度。

当任务执行并需要创建子任务时，可以在线程完成执行后立即将它们堆叠在本地队列中，稍后将使用先进先出（First In First Out，FIFO）算法进行处理。

图 2-13 描述了全局队列、本地队列、线程和线程池之间的关系。

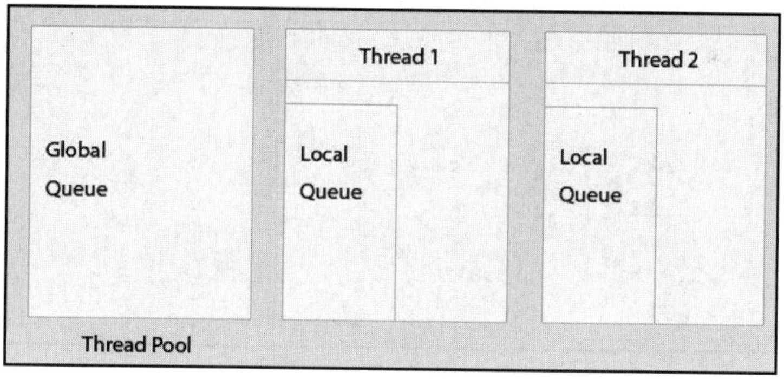

图 2-13

原　　文	译　　文	原　　文	译　　文
Global Queue	全局队列	Thread 2	线程 2
Thread 1	线程 1	Thread Pool	线程池
Local Queue	本地队列		

假设主线程创建了一组任务，所有这些任务都在全局队列中排队，然后根据线程池

中线程的可用情况，等待执行。图 2-14 描述了包含所有排队任务的全局队列。

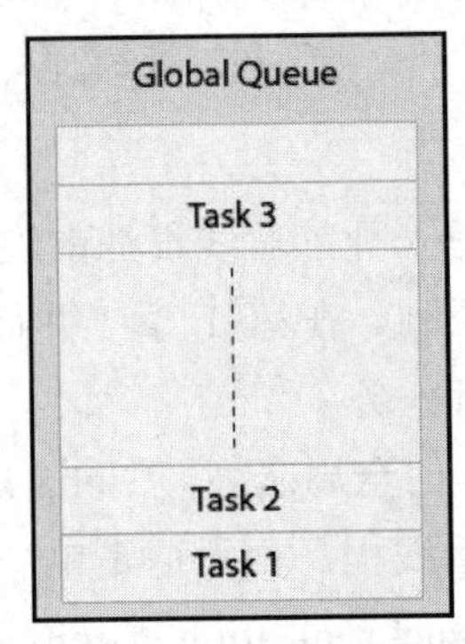

图 2-14

原　　文	译　　文	原　　文	译　　文
Global Queue	全局队列	Task 2	任务 2
Task 3	任务 3	Task 1	任务 1

假设任务 1 被安排在线程 1 上，任务 2 被安排在线程 2 上，以此类推，如图 2-15 所示。

Global Queue
Task 4
Task 3
Thread 1
Task 1
Thread 2
Task 2
Local Queues

图 2-15

原　　文	译　　文	原　　文	译　　文
Global Queue	全局队列	Task 1	任务 1
Task 4	任务 4	Thread 2	线程 2
Task 3	任务 3	Task 2	任务 2
Thread 1	线程 1	Local Queues	本地队列

如果任务 1 和任务 2 生成了更多任务，则新的任务将存储在线程的本地队列中，如图 2-16 所示。

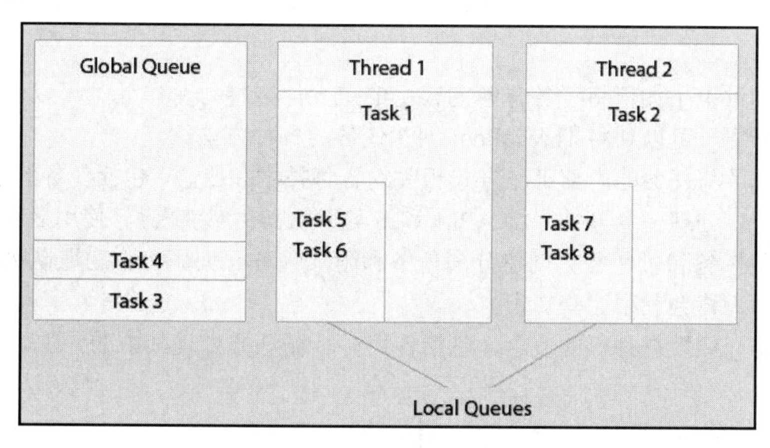

图 2-16

原　文	译　文	原　文	译　文
Global Queue	全局队列	Task 2	任务 2
Task 4	任务 4	Task 5	任务 5
Task 3	任务 3	Task 6	任务 6
Thread 1	线程 1	Task 7	任务 7
Task 1	任务 1	Task 8	任务 8
Thread 2	线程 2	Local Queues	本地队列

同样，如果这些子任务创建了更多任务，则它们将进入的是本地队列而不是全局队列。一旦线程 1 完成了任务 1，它就会查看其本地队列并选择最近的一个任务，也就是说，它采用的是后进先出（Last In First Out，LIFO）算法。最近一个任务很有可能仍在高速缓存中，因此不需要重新加载它。同样，这也可以提高性能。

一旦线程（T1）耗尽了其本地队列，它就会在全局队列中搜索。如果全局队列中没有任何项目，那么它将搜索其他线程（如 T2）的本地队列。该技术就是所谓的工作窃取，它是一种优化技术。这次它没有从 T2 选择最后一个任务（LIFO），因为最后一项可能仍在 T2 线程的缓存中。相反，它选择的是第一个任务（即采用 FIFO 算法），因为该线程很有可能已移出 T2 的缓存。

总之，工作窃取技术使缓存的任务可用于本地线程，而将缓存外的任务提供给其他线程，并以此来提高性能。

2.12　小　结

本章详细讨论了如何将任务分解为较小的单元，以便每个单元都可以由线程独立处理。我们还介绍了可以利用 ThreadPool 创建任务的各种方法。

本章阐释了与任务的内部工作方式相关的各种技术和概念，包括任务的创建或取消、等待任务运行、处理任务异常、将 APM 和 EAP 模式转换为任务、使用后续任务创建任务链、创建父任务和子任务、创建分离任务和附加任务、使用工作窃取队列等。在本书的其余部分中，将会利用这些知识。

第 3 章将介绍数据并行的概念，包括使用并行循环并处理其中的异常。

2.13　牛刀小试

（1）以下描述错误的是：

A．与 ThreadPool 类似，任务在完成时不会通知你

B．可以使用 ContinueWith()构造连续运行的任务

C．可以通过调用 Task.Wait()等待任务的执行，这将阻塞调用线程，直到任务完成为止

D．与传统线程或 ThreadPool 相比，任务使代码的可读性更高。它们还为在 C# 5.0 中引入异步编程构造铺平了道路

（2）使用 Task 类创建任务的方式不包括：

A．使用 Lambda 表达式语法

B．使用操作委托

C．使用请求委托

D．使用委托

（3）Task 类的通用变体不包括：

A．Task<T>

B．Task.Factory.StartNew<T>

C．Task.Run<T>

D．Task.Wait<T>

（4）在以下 Wait 方法的重载版本中，等待任务在指定的时间段（以 ms 为单位）内

完成执行的是：

A．Wait()

B．Wait(CancellationToken)

C．Wait(int)

D．Wait(TimeSpan)

（5）工作窃取技术从其他线程的本地队列窃取任务时，它采用的算法是：

A．先进先出

B．后进后出

C．先进后出

D．后进先出

第 3 章　实现数据并行

到目前为止，我们已经掌握了并行编程、任务和任务并行的基础知识。本章将讨论并行编程的另一个重要方面，即数据并行。

任务并行可以为每个参与线程创建一个单独的工作单元，而数据并行则可以创建一个公共任务，由源集合中每个参与的线程执行。

由于源集合已经分区，因此可以由多个线程同时对其进行处理。在这种情况下，理解数据并行对于从循环/集合中获得最佳性能非常重要。

本章将讨论以下主题。

- 从顺序循环到并行循环。
- 了解并行度。
- 在并行循环中创建自定义分区策略。
- 取消循环。
- 了解并行循环中的线程存储。

3.1　技术要求

要完成本章的学习，你应该熟悉任务并行库（TPL）和 C#。

本章所有源代码都可以在以下 GitHub 存储库中找到。

https://github.com/PacktPublishing/Hands-On-Parallel-Programming-with-C-8-and-.NET-Core-3/tree/master/Chapter03

3.2　从顺序循环到并行循环

TPL 通过 System.Threading.Tasks.Parallel 类支持数据并行，该类提供 For 和 Foreach 循环的并行实现。作为开发人员，你无须担心同步或创建任务，因为这是由并行类处理的。这种语法功能使你可以轻松地编写并行循环，其方式和编写顺序循环的方式类似。

以下是一个顺序 for 循环的示例，该循环通过将 trade 对象发布到服务器来预订交易：

```
foreach (var trade in trades)
{
    Book(trade);
}
```

由于上述循环是顺序的，因此完成循环所需的总时间为预订一笔交易所需的时间乘以交易总数。这意味着，尽管交易预订时间保持不变，但随着交易数量的增加，循环速度会变慢。

在这里，我们假设要处理大量订单（想象一下“双十一”淘宝和京东的订单数量）。由于我们将要在一台服务器上预订交易，并且所有服务器都支持多个请求，因此，将此循环从顺序循环（Sequential Loop）转换为并行循环（Parallel Loop）是有意义的，因为这将使我们获得显著的性能提升。

要将上述代码转换为并行循环，可进行如下修改：

```
Parallel.ForEach(trades, trade => Book(trade));
```

在运行并行循环时，TPL 会对源集合进行分区，以便循环可以同时在多个部分上执行。任务的分区由 TaskScheduler 类完成，该类在创建分区时会考虑系统资源和负载情况。我们还可以创建自定义分区程序（Custom Partitioner）或调度程序（Scheduler），在 3.4 节“在并行循环中创建自定义分区策略”中将会就此展开讨论。

如果分区单元是独立的，则数据并行性能更好。以最小的性能开销，我们还可以使用称为归约（Reduction）的技术来创建依赖项分区单元（Dependency Partitioning Unit），该技术可将一系列操作归约为一个标量值。

以下 3 种方法都可以将顺序代码转换为并行代码。

- 使用 Parallel.Invoke 方法。
- 使用 Parallel.For 方法。
- 使用 Parallel.ForEach 方法。

接下来将利用 Parallel 类演示数据并行的各种方式。

3.2.1 使用 Parallel.Invoke 方法

这是并行执行一组操作的最基本方式，并且也是并行 for 和 foreach 循环的基础形式。尽管 Parallel.Invoke 方法不能保证将以并行方式执行操作，但它可以接受一系列操作作为参数并执行它们。使用 Parallel.Invoke 时要记住以下要点。

- 不能保证并行。操作是并行执行还是顺序执行将取决于 TaskScheduler。
- Parallel.Invoke 不保证传递的操作的执行顺序。

- ❑ 它将阻塞调用线程，直到所有操作完成。

Parallel.Invoke 的语法如下：

```
public static void Invoke(
  params Action[] actions
)
```

可以传递一个操作或一个 lambda 表达式，示例如下：

```
try
{
    Parallel.Invoke(()=> Console.WriteLine("Action 1"),
    new Action(()=> Console.WriteLine("Action 2")));
}
catch(AggregateException aggregateException)
{
    foreach (var ex in aggregateException.InnerExceptions)
    {
        Console.WriteLine(ex.Message);
    }
}
Console.WriteLine("Unblocked");
Console.ReadLine();
```

Invoke 方法的行为类似于附加的子任务，因为它将被阻塞直到所有操作完成为止。所有异常都一起堆叠在 System.AggregateException 内部，并抛出给调用方。在上述代码中，由于没有异常，因此将看到如图 3-1 所示的输出。

图 3-1

我们可以使用 Task 类来实现类似的效果，当然，与 Parallel.Invoke 的工作方式相比，它可能看起来很复杂，具体如下：

```
Task.Factory.StartNew(()=> {
    Task.Factory.StartNew(()=> Console.WriteLine("Action 1"),
    TaskCreationOptions.AttachedToParent);
    Task.Factory.StartNew(new Action(()=> Console.WriteLine("Action 2"))
                        , TaskCreationOptions.AttachedToParent);
                        });
```

3.2.2　使用 Parallel.For 方法

Parallel.For 是顺序 for 循环的一种变体，不同之处在于其迭代是并行运行的。

Parallel.For 返回 ParallelLoopResult 类的实例，该类在循环完成执行后提供循环竞争状态。我们还可以检查 ParallelLoopResult 的 IsCompleted 和 LowestBreakIteration 属性，以了解该方法是否已完成或已取消，或者用户是否已调用 break。表 3-1 列出了可能的情况。

表 3-1　ParallelLoopResult 的 IsCompleted 和 LowestBreakIteration 属性取值

IsCompleted	LowestBreakIteration	原　因
true	N/A	运行至完成
false	Null	循环停止了预匹配
false	非零整数值	在循环中调用了 break

Parallel.For 方法的基本语法如下：

```
public static ParallelLoopResult For
{
    Int fromIncalme,
    Int toExclusiveme,
    Action<int> action
}
```

Parallel.For 方法的应用示例如下：

```
Parallel.For (1, 100, (i) => Console.WriteLine(i));
```

如果你不想取消、中断或维护任何线程本地状态，并且执行顺序也不重要，则此方法很有用。例如，假设要计算今天已创建的目录中的文件数，则可以使用以下代码：

```
int totalFiles = 0;
var files = Directory.GetFiles("C:\\");
Parallel.For(0, files.Length, (i) =>
    {
      FileInfo fileInfo = new FileInfo(files[i]);
      if (fileInfo.CreationTime.Day == DateTime.Now.Day)
       Interlocked.Increment(ref totalFiles);
    });
Console.WriteLine($"Total number of files in C: drive are {files.Count()}
and {totalFiles} files were created today.");
```

上述代码将迭代“C:”驱动器中的所有文件，并统计今天创建的所有文件。图 3-2

是笔者机器上的输出。

```
Total number of files in C: drive are 91 and  0 files were created today.
```

图 3-2

提示：

对于某些集合来说，顺序执行的工作速度更快，具体取决于循环的语法和正在执行的工作类型。

3.2.3　使用 Parallel.ForEach 方法

Parallel.ForEach 循环是 ForEach 循环的一种变体，区别在于其中的迭代可以按并行方式运行。

Parallel.ForEach 将对源集合进行分区，然后调度工作以运行多个线程。

Parallel.ForEach 在通用集合上工作，就像 for 循环一样，返回 ParallelLoopResult。

Parallel.ForEach 循环的基本语法如下：

```
Parallel.ForEach<TSource>(
    IEnumerable<TSource> Source,
    Action<TSource> body
)
```

现在来看一个示例。假设有一个需要监视的门户网站列表，并且需要更新其状态，则可以使用以下代码：

```
List<string> urls = new List<string>(){"www.google.com" ,
"www.yahoo.com","www.bing.com" };
Parallel.ForEach(urls, url =>
{
    Ping pinger = new Ping();
     Console.WriteLine($"Ping Url {url} status is {pinger.Send(url).Status}
      by Task {Task.CurrentId}");
});
```

在上述代码中，使用了 System.Net.NetworkInformation.Ping 类去 ping 部分网址，并向控制台显示状态。由于各部分是独立的，因此如果代码是并行的，并且顺序也不重要，则该方式可以实现出色的性能。

图 3-3 显示了上述代码的输出。

```
C:\Program Files\dotnet\dotnet.exe
Ping Url www.google.com status is Success by Task 1
Ping Url www.bing.com status is Success by Task 3
Ping Url www.yahoo.com status is Success by Task 2
```

图 3-3

如前文所述，单核处理器是不支持并行的，因此，并行设计可能会使应用程序在单核处理器上运行缓慢。我们可以通过使用并行度来控制在并行操作中可以使用多少个内核，接下来将对此展开详细介绍。

3.3　了解并行度

到目前为止，我们已经介绍了数据并行设计在系统的多个内核上以并行方式运行循环所带来的优势，一言以蔽之，就是它可以有效利用可用的 CPU 资源。

聪明的程序员应该意识到，我们可以使用另一个重要概念来控制要在循环中创建多少个任务。这个概念称为并行度（Degree of Parallelism）。

并行度是一个整数，这个数字指定并行循环可以创建的最大任务数。可以通过名为 MaxDegreeOfParallelism 的属性设置并行度，该属性是 ParallelOptions 类的一部分。以下是 Parallel.For 的语法，其中可以传递 ParallelOptions 实例：

```
public static ParallelLoopResult For(
        int fromInclusive,
        int toExclusive,
        ParallelOptions parallelOptions,
        Action<int> body
)
```

以下是 Parallel.For 和 Parallel.ForEach 方法的语法，其中可以传递 ParallelOptions 实例：

```
public static ParallelLoopResult ForEach<TSource>(
        IEnumerable<TSource> source,
        ParallelOptions parallelOptions,
        Action<TSource> body
)
```

并行度的默认值为 64，这意味着并行循环最多可以利用系统中的 64 个处理器，方式就是创建 64 个任务。当然我们也可以修改此值以限制任务数。

现在通过一些示例来理解这个概念。

先来看一个将 MaxDegreeOfParallelism 设置为 4 的 Parallel.For 循环的示例：

```
Parallel.For(1, 20, new ParallelOptions { MaxDegreeOfParallelism = 4 },
index =>
            {
                Console.WriteLine($"Index {index} executing on Task Id
                 {Task.CurrentId}");
            });
```

上述代码的输出如图 3-4 所示。

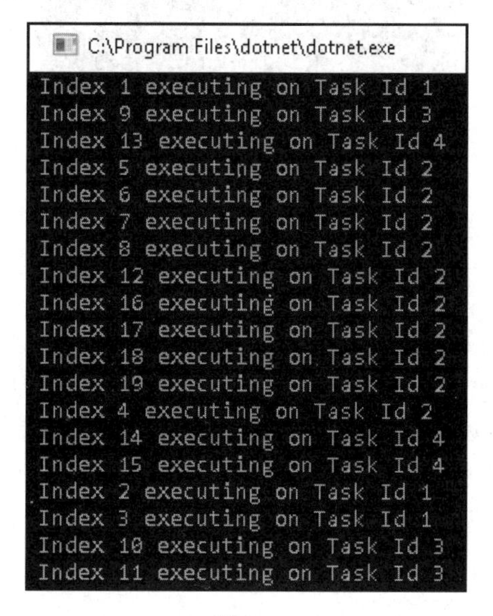

图 3-4

可以看到，Parallel.For 循环由任务 Id 1、Id 2、Id 3 和 Id 4 表示的 4 个任务执行。

以下是一个将 MaxDegreeOfParallelism 设置为 4 的 Parallel.ForEach 循环的示例：

```
var items = Enumerable.Range(1, 20);
Parallel.ForEach(items, new ParallelOptions { MaxDegreeOfParallelism = 4 },
item =>
            {
                Console.WriteLine($"Index {item} executing on Task Id
                 {Task.CurrentId}");
            });
```

上述代码的输出如图 3-5 所示。

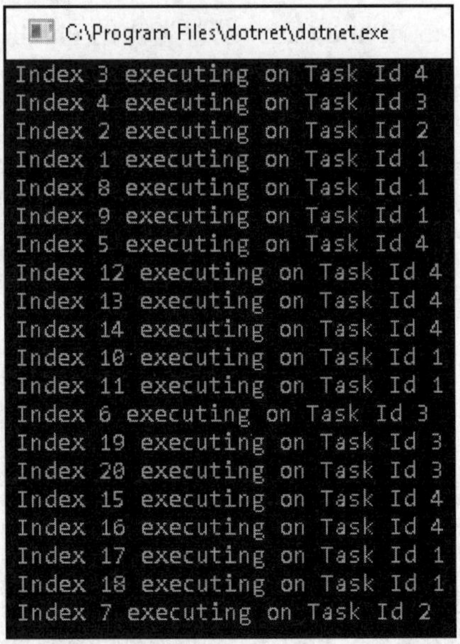

```
C:\Program Files\dotnet\dotnet.exe
Index 3 executing on Task Id 4
Index 4 executing on Task Id 3
Index 2 executing on Task Id 2
Index 1 executing on Task Id 1
Index 8 executing on Task Id 1
Index 9 executing on Task Id 1
Index 5 executing on Task Id 4
Index 12 executing on Task Id 4
Index 13 executing on Task Id 4
Index 14 executing on Task Id 4
Index 10 executing on Task Id 1
Index 11 executing on Task Id 1
Index 6 executing on Task Id 3
Index 19 executing on Task Id 3
Index 20 executing on Task Id 3
Index 15 executing on Task Id 4
Index 16 executing on Task Id 4
Index 17 executing on Task Id 1
Index 18 executing on Task Id 1
Index 7 executing on Task Id 2
```

图 3-5

可以看到，Parallel.ForEach 循环由任务 Id 1、Id 2、Id 3 和 Id 4 表示的 4 个任务执行。

对于高级应用场景来说，我们应该修改此设置，因为在高级应用场景中，正在运行的算法不能跨越一定数量的处理器。如果以并行方式运行多个算法，并且希望限制每个算法仅使用一定数量的处理器，那么也应该修改此设置。

接下来将通过介绍分区策略的概念来学习如何在集合中进行自定义分区。

3.4　在并行循环中创建自定义分区策略

分区（Partitioning）是数据并行中的另一个重要概念。为了在源集合中实现并行性，需要将其划分为较小的部分，称为范围（Range）或块（Chunk），这些部分可以由不同的线程同时访问。如果不进行分区，则循环将以串行方式执行。

分区程序可以分为以下两类（程序员也可以创建自定义分区程序）。

- 范围分区。
- 块分区。

接下来将详细讨论范围分区和块分区类型。

3.4.1　范围分区

范围分区类型的分区主要用于事先已知长度的集合。每个线程都有一个要处理的元素的范围或源集合的开始和结束索引。顾名思义，范围分区就是划分要处理的元素的范围。从每个线程执行其范围而不覆盖其他线程的意义上来说，这是最简单的分区形式，并且非常高效。尽管在创建范围时最初会损失一些性能，但它没有同步开销。

范围分区形式在每个范围中的元素数相同的情况下效果最好，因为这样它们将花费相似的时间来完成执行。

如果范围中包含不同数量的元素，则某些任务可能会提前完成并处于闲置状态，而其他任务可能在处理范围内还有许多待处理元素。

3.4.2　块分区

块分区类型的分区主要用于 LinkedList 一类的集合，这些集合的长度事先未知。块分区可提供更好的负载平衡功能，以防集合不均衡。

使用块分区时，每个线程都会拾取一个元素块，对其进行处理，然后返回以拾取另一个尚未被其他线程拾取的元素。块的大小取决于分区程序的实现，并且存在同步开销，以确保分配给两个线程的块不包含重复项。

可以更改 Parallel.ForEach 循环的默认分区策略来执行自定义块分区，示例如下：

```
var source = Enumerable.Range(1, 100).ToList();
OrderablePartitioner<Tuple<int,int>> orderablePartitioner=
Partitioner.Create(1, 100);
Parallel.ForEach(orderablePartitioner, (range, state) =>
            {
              var startIndex = range.Item1;
              var endIndex = range.Item2;
              Console.WriteLine($"Range execution finished on task
               {Task.CurrentId} with range
               {startRange}-{endRange}");
            });
```

在上述代码中，使用 OrderablePartitioner 类在一个项目范围（这里是 1～100）上创建了分块的分区程序。我们将分区程序传递给了 ForEach 循环，在此循环中，每个块都传递给线程并执行。其输出如图 3-6 所示。

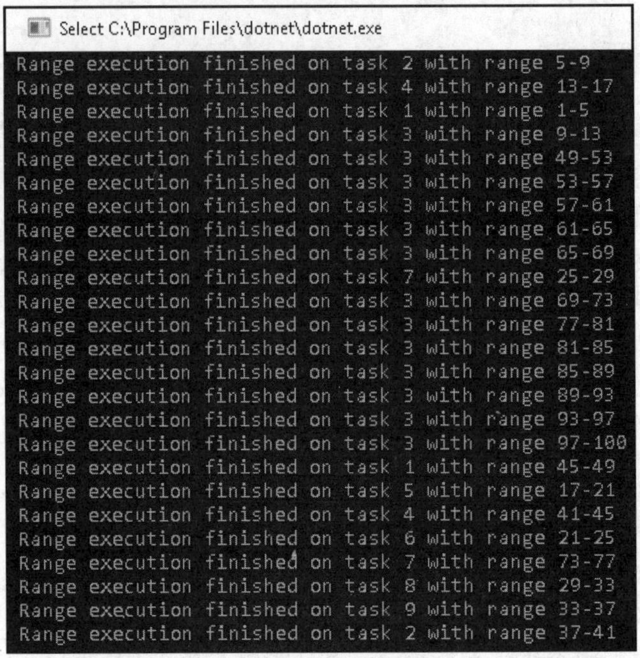

```
Select C:\Program Files\dotnet\dotnet.exe
Range execution finished on task 2 with range 5-9
Range execution finished on task 4 with range 13-17
Range execution finished on task 1 with range 1-5
Range execution finished on task 3 with range 9-13
Range execution finished on task 3 with range 49-53
Range execution finished on task 3 with range 53-57
Range execution finished on task 3 with range 57-61
Range execution finished on task 3 with range 61-65
Range execution finished on task 3 with range 65-69
Range execution finished on task 7 with range 25-29
Range execution finished on task 3 with range 69-73
Range execution finished on task 3 with range 77-81
Range execution finished on task 3 with range 81-85
Range execution finished on task 3 with range 85-89
Range execution finished on task 3 with range 89-93
Range execution finished on task 3 with range 93-97
Range execution finished on task 3 with range 97-100
Range execution finished on task 1 with range 45-49
Range execution finished on task 5 with range 17-21
Range execution finished on task 4 with range 41-45
Range execution finished on task 6 with range 21-25
Range execution finished on task 7 with range 73-77
Range execution finished on task 8 with range 29-33
Range execution finished on task 9 with range 33-37
Range execution finished on task 2 with range 37-41
```

图 3-6

在理解了并行循环的工作方式之后，我们可以讨论一些高级概念，以找到更多有关如何控制循环执行的信息，例如，如何根据需要停止循环。

3.5 取消循环

在顺序循环中，可以使用诸如 break 和 continue 之类的构造。break 用于跳出循环，它可以完成当前迭代并跳过其余部分，而 continue 的作用则是跳过当前迭代并移至迭代的余下部分。我们可以使用这些构造，是因为顺序循环由单个线程执行。在并行循环的情况下，由于它们在多个线程或任务上运行，因此无法使用 break 和 continue 关键字。

要中断并行循环，可以使用 ParallelLoopState 类；要取消循环，则可以使用 CancellationToken 和 ParallelOptions 类。

本节将讨论取消循环所需的选项。

- Parallel.Break。
- ParallelLoopState.Stop。
- CancellationToken。

3.5.1　使用 Parallel.Break

Parallel.Break 将尝试模仿顺序执行的结果。下面来看看如何摆脱并行循环。

在以下代码中，我们需要在数字列表中搜索一个特定的数字。当找到匹配项时，需要中断循环的执行：

```
var numbers = Enumerable.Range(1, 1000);
int numToFind = 2;
Parallel.ForEach(numbers, (number, parallelLoopState) =>
{
      Console.Write(number + "-");
      if (number == numToFind)
      {
           Console.WriteLine($"Calling Break at {number}");
           parallelLoopState.Break();
      }
});
```

在上述代码中，循环应该一直运行到发现数字 2 为止。在使用顺序循环的情况下，数字 2 在第二次迭代时就会跳出；而对于并行循环来说，由于迭代在多个任务上运行，因此它实际上输出的值要远多于 2 个，如图 3-7 所示。

```
Select C:\Program Files\dotnet\dotnet.exe
1-6-8-4-7-3-2-14-16-17-18-19-20-21-9-23-24-25-22-27-28-29-30-31-32-33-34-35-36-37-Calling Break at 2
39-5-38-40-15-10-12-13-26-11-
```

图 3-7

为了跳出循环，我们调用了 parallelLoopState.Break()，它试图模仿顺序循环中实际 break 关键字的行为。当任何处理器遇到 Break()方法时，它将在 ParallelLoopState 对象的 LowestBreakIteration 属性中设置一个迭代数，这将成为迭代的最大次数或可以执行的最后一次迭代。所有其他任务将继续迭代，直至达到此次数。

通过以并行方式运行迭代，顺序调用 Break()方法，可以进一步降低 LowestBreakIteration 的值，示例如下：

```
var numbers = Enumerable.Range(1, 1000);
Parallel.ForEach(numbers, (i, parallelLoopState) =>
{
   Console.WriteLine($"For i={i} LowestBreakIteration =
     {parallelLoopState.LowestBreakIteration} and
     Task id ={Task.CurrentId}");
```

```
    if (i >= 10)
    {
        parallelLoopState.Break();
    }
});
```

在 Visual Studio 中运行上述代码，其输出如图 3-8 所示。

```
C:\Program Files\dotnet\dotnet.exe
For i=3 LowestBreakIteration= and Task id =8
For i=7 LowestBreakIteration= and Task id =2
For i=5 LowestBreakIteration= and Task id =3
For i=6 LowestBreakIteration= and Task id =7
For i=1 LowestBreakIteration= and Task id =4
For i=4 LowestBreakIteration= and Task id =6
For i=8 LowestBreakIteration= and Task id =9
For i=2 LowestBreakIteration= and Task id =1
For i=9 LowestBreakIteration= and Task id =5
For i=18 LowestBreakIteration= and Task id =5
For i=19 LowestBreakIteration=17 and Task id =5
For i=11 LowestBreakIteration=17 and Task id =2
For i=20 LowestBreakIteration=10 and Task id =2
For i=13 LowestBreakIteration=10 and Task id =7
For i=10 LowestBreakIteration=10 and Task id =8
For i=22 LowestBreakIteration=9 and Task id =8
For i=12 LowestBreakIteration=9 and Task id =3
For i=17 LowestBreakIteration=9 and Task id =1
For i=14 LowestBreakIteration=9 and Task id =4
For i=16 LowestBreakIteration=9 and Task id =9
For i=15 LowestBreakIteration=9 and Task id =6
For i=21 LowestBreakIteration=9 and Task id =10
```

图 3-8

在本示例中，我们是在多核处理器上运行代码的。可以看到，由于代码正在多个 CPU 核心上执行，因此许多迭代的 LowestBreakIteration 都获得了空值。在迭代 19 中，一个核心调用 Break()方法，并将 LowestBreakIteration 的值设置为 17；在迭代 20 中，另一个核心调用 Break()方法，并将其进一步减少为 10；稍后，在迭代 22 中，另一个内核调用 Break()方法，并将数字进一步减少到 9。

3.5.2　使用 ParallelLoopState.Stop

如果你不想模仿顺序循环的结果，并且想尽快退出循环，可以考虑调用 ParallelLoopState.Stop。就像使用 Break()方法一样，所有以并行方式运行的迭代都将在循环退出之前完成，具体如下：

```
var numbers = Enumerable.Range(1, 1000);
Parallel.ForEach(numbers, (i, parallelLoopState) =>
```

```
        {
                Console.Write(i + " ");
                if (i % 4 == 0)
                {
                    Console.WriteLine($"Loop Stopped on {i}");
                    parallelLoopState.Stop();
                }
        });
```

在 Visual Studio 中运行上述代码，其输出如图 3-9 所示。

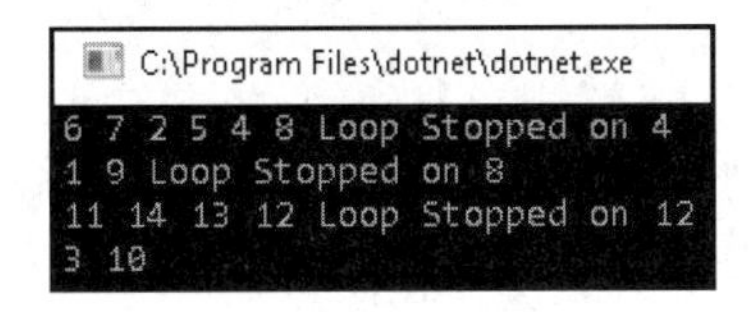

图 3-9

可以看到，一个 CPU 核心在迭代 4 上调用了 Stop 方法，另一个核心在迭代 8 上调用了 Stop 方法，而第三个核心则在迭代 12 上调用了 Stop 方法。当然，由于迭代 3 和迭代 10 已经被调度执行，因此它们仍执行。

3.5.3　使用 CancellationToken

与正常任务一样，也可以使用 CancellationToken 类来取消 Parallel.For 和 Parallel.ForEach 循环。当取消令牌时，循环将完成当前并行运行的迭代，但不会开始新的迭代。现有迭代完成后，并行循环将抛出 OperationCanceledException。

下面来看一个示例。首先，创建一个取消令牌源（CancellationTokenSource）：

```
CancellationTokenSource cancellationTokenSource = new
CancellationTokenSource();
```

然后，创建一个任务，该任务将在 5 s 后取消令牌：

```
Task.Factory.StartNew(()=>
{
    Thread.Sleep(5000);
    cancellationTokenSource.Cancel();
    Console.WriteLine("Token has been cancelled");
});
```

接下来，通过传递取消令牌来创建 ParallelOptions 对象：

```
ParallelOptions loopOptions = new ParallelOptions()
{
    CancellationToken = cancellationTokenSource.Token
};
```

运行一个循环（该循环包含持续时间在 5 s 以上的操作）：

```
try
{
    Parallel.For(0, Int64.MaxValue, loopOptions, index =>
    {
        Thread.Sleep(3000);
        double result = Math.Sqrt(index);
        Console.WriteLine($"Index {index}, result {result}");
    });
}
catch (OperationCanceledException)
{
    Console.WriteLine("Cancellation exception caught!");
}
```

在 Visual Studio 中运行上述代码，其输出如图 3-10 所示。

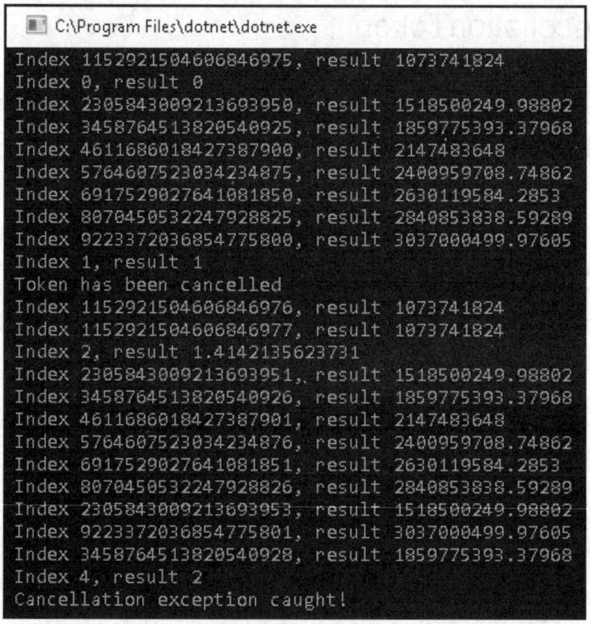

```
C:\Program Files\dotnet\dotnet.exe
Index 1152921504606846975, result 1073741824
Index 0, result 0
Index 2305843009213693950, result 1518500249.98802
Index 3458764513820540925, result 1859775393.37968
Index 4611686018427387900, result 2147483648
Index 5764607523034234875, result 2400959708.74862
Index 6917529027641081850, result 2630119584.2853
Index 8070450532247928825, result 2840853838.59289
Index 9223372036854775800, result 3037000499.97605
Index 1, result 1
Token has been cancelled
Index 1152921504606846976, result 1073741824
Index 1152921504606846977, result 1073741824
Index 2, result 1.4142135623731
Index 2305843009213693951, result 1518500249.98802
Index 3458764513820540926, result 1859775393.37968
Index 4611686018427387901, result 2147483648
Index 5764607523034234876, result 2400959708.74862
Index 6917529027641081851, result 2630119584.2853
Index 8070450532247928826, result 2840853838.59289
Index 2305843009213693953, result 1518500249.98802
Index 9223372036854775801, result 3037000499.97605
Index 3458764513820540928, result 1859775393.37968
Index 4, result 2
Cancellation exception caught!
```

图 3-10

可以看到，即使调用了取消令牌，已经调度的迭代仍将执行。了解这一要点，应该会对你根据程序要求取消循环有所帮助。

并行编程的另一个重要方面是存储的概念。3.6 节将就此展开讨论。

3.6　了解并行循环中的线程存储

默认情况下，所有并行循环都可以访问全局变量。但是，访问全局变量是有同步开销的，因此，尽可能使用线程范围的变量是有意义的。

在并行循环中，可以创建和使用线程局部变量（Thread Local Variable，也称为线程本地变量）或分区局部变量（Partition Local Variable，也称为分区本地变量）。

3.6.1　线程局部变量

线程局部变量就像特定任务的全局变量一样。它们的生命周期跨越了循环将要执行的迭代次数。

在下面的示例中，我们将使用 for 循环研究线程局部变量。对于 Parallel.For 循环来说，将创建多个任务来运行迭代。假设我们需要通过并行循环找出 60 个数字的总和。

在本示例中，假设有 4 个任务，每个任务有 15 次迭代。实现此目的的一种方法是创建一个全局变量。每次迭代之后，正在运行的任务应更新全局变量。这将需要同步开销。对于 4 个任务，每个任务将有 4 个专用的线程局部变量。变量将由任务更新，最后更新的值可以返回调用方程序中，然后通过该程序更新全局变量。

具体操作步骤如下。

（1）创建一个包含 60 个数字的集合，每个项目的值都等于其索引，代码如下：

```
var number = Enumerable.Range(1,60);
```

（2）创建一个完成后的操作（该操作将在任务完成所有分配的迭代后执行）。该方法将接收线程局部变量的最终结果，并将其累加到全局变量中，即 sumOfNumbers，代码如下：

```
long sumOfNumbers = 0;
Action<long> taskFinishedMethod = (taskResult) =>
{
    Console.WriteLine($"Sum at the end of all task iterations for
task
    {Task.CurrentId} is {taskResult}");
```

```
    Interlocked.Add(ref sumOfNumbers, taskResult);
};
```

（3）创建一个 for 循环。前两个参数分别是 startIndex 和 endIndex；第三个参数是一个委托，可以为线程局部变量提供种子值。这是任务需要执行的操作。在本示例中，只是将索引分配给 subtotal，这是我们的线程局部变量。

为了更好地理解，我们假设有一个任务 TaskA，它的迭代使用索引值 1～5。TaskA 的迭代将把索引值累加起来，即 1 + 2 + 3 + 4 + 5。此结果等于 15，它将作为任务的结果被返回并作为参数被传递给 taskFinishedMethod，具体如下：

```
Parallel.For(0,numbers.Count(),
                          ()=> 0,
                          (j, loop, subtotal) =>
                          {
                               subtotal += j;
                               return subtotal;
                          },
                          taskFinishedMethod
);
Console.WriteLine($"The total of 60 numbers is {sumOfNumbers}");
```

在 Visual Studio 中运行上述代码，其输出如图 3-11 所示。

```
C:\Program Files\dotnet\dotnet.exe
Sum at the end of all task iterations for task 4 is 21
Sum at the end of all task iterations for task 2 is 0
Sum at the end of all task iterations for task 1 is 1735
Sum at the end of all task iterations for task 3 is 14
The total of 60 numbers is 1770
```

图 3-11

需要注意的是，根据可用 CPU 核心的数量，上述代码在不同计算机上的输出结果可能会有所不同。

3.6.2　分区局部变量

分区局部变量和线程局部变量类似，区别在于它可用于分区。

如前文所述，ForEach 循环会将源集合划分为多个分区。每个分区都有自己的分区局部变量副本。在使用线程局部变量的情况下，每个线程只有一个变量副本。但是，在这里，每个线程可以有多个副本，因为在单个线程上可以运行多个分区。

首先，我们需要创建一个 ForEach 循环。第一个参数是源集合，它表示数字；第二个参数是为线程局部变量提供种子值的委托；第三个参数是需要由任务执行的操作。在本示例中，我们只是将索引分配给 subtotal，这是线程局部变量。

为了更好地理解，我们假设有一个任务 TaskA，它的迭代使用索引值 1～5。TaskA 的迭代将把索引值累加起来，即 1＋2＋3＋4＋5。此结果等于 15，它将作为任务的结果被返回并作为参数被传递给 taskFinishedMethod：

```
Parallel.ForEach<int, long>(numbers,
    ()=> 0,                          // 初始化局部变量的方法
    (j, loop, subtotal) =>           // 在每个迭代上执行的操作
    {
        subtotal += j;               // subtotal 是线程局部变量
        return subtotal;             // 值将被传递到下一次迭代
    },
    taskFinishedMethod);
Console.WriteLine($"The total of 60 numbers is {sumOfNumbers}");
```

同样，根据可用 CPU 核心的数量，上述代码在不同计算机上的输出结果可能会有所不同。

3.7　小　　结

本章详细介绍了使用任务并行库（TPL）实现数据并行的方式。我们首先介绍了如何使用 TPL 提供的一些内置方法（如 Parallel.Invoke、Parallel.For 和 Parallel.ForEach）将顺序循环转换为并行形式。接下来，我们讨论了如何通过设置并行度和分区策略来最大限度地利用可用的 CPU 资源。此外，我们还讨论了如何使用诸如 CancellationToken、Parallel.Break 和 ParallelLoopState.Stop 之类的内置结构来取消和跳出并行循环。最后，本章讨论了 TPL 中可用的各种线程存储选项。

TPL 提供了一些非常方便的功能，使用它们即可实现数据并行（通过 for 和 ForEach 循环的并行实现）。连同诸如 ParallelOptions 和 ParallelLoopState 之类的功能，我们可以在不损失大量同步开销的情况下，实现显著的性能优势和控制。

第 4 章将讨论并行库 PLINQ 的另一个令人兴奋的功能。

3.8　牛 刀 小 试

（1）以下哪一种方法不是在 TPL 中提供 for 循环的正确方法？

A．Parallel.Invoke

B．Parallel.While

C．Parallel.For

D．Parallel.ForEach

（2）以下哪一个不是默认的分区策略？

A．批量分区

B．范围分区

C．块分区

（3）并行度的默认值是多少？

A．1

B．64

C．256

D．1024

（4）Parallel.Break 将保证在执行后立即返回。

A．正确

B．错误

（5）一个线程可以看到另一个线程的线程局部值或分区局部值吗？

A．可以

B．不可以

第 4 章　使用 PLINQ

PLINQ 是语言集成查询（Language Integrate Query，LINQ）的并行实现（P 表示并行）。PLINQ 最初是在.NET Framework 4.0 中引入的，此后形成了丰富的功能。在 LINQ 之前，开发人员很难从各种数据源（如 XML 或数据库）中获取数据，因为每种数据源都需要不同的技能。LINQ 是一种语言语法，它依赖于.NET 委托和内置方法来查询或修改数据，而不必担心学习底层任务。

本章将从了解.NET 中的 LINQ 提供程序开始。由于 PLINQ 是程序员的首选，因此，我们将介绍其编程的各个方面以及与之相关的一些缺点。

最后，我们还将详细阐释影响 PLINQ 性能的因素。

本章将讨论以下主题。

- .NET 中的 LINQ 提供程序。
- 编写 PLINQ 查询。
- 在 PLINQ 中保持顺序。
- PLINQ 中的合并选项。
- 使用 PLINQ 抛出和处理异常。
- 组合并行和顺序 LINQ 查询。
- 取消 PLINQ 查询。
- 使用 PLINQ 进行并行编程时要考虑的事项。
- 影响 PLINQ 性能的因素。

4.1　技 术 要 求

要完成本章的学习，你应该熟悉任务并行库（TPL）和 C#。

本章所有源代码都可以在以下 GitHub 存储库中找到。

https://github.com/PacktPublishing/Hands-On-Parallel-Programming-with-C-8-and-.NET-Core-3/tree/master/Chapter04

4.2　.NET 中的 LINQ 提供程序

LINQ 是一组 API，可帮助我们更轻松地使用 XML、对象和数据库。LINQ 有许多提供程序（Provider），常用的提供程序如下。

- LINQ to objects：LINQ to objects 允许开发人员查询内存中的对象，如数组、集合、泛型类型等。它返回一个 IEnumerable，并支持诸如排序、筛选、分组和聚合函数之类的功能。其功能在 System.Linq 命名空间中被定义。
- LINQ to XML：LINQ to XML 或 XLINQ，允许开发人员查询或修改 XML 数据源。它在 System.Xml.Linq 命名空间中被定义。
- LINQ to ADO.NET：LINQ to ADO.NET 不是一组技术，而是允许开发人员查询或修改关系数据源（如 SQL Server、MySQL 或 Oracle）的一组技术。
- LINQ to SQL：这也称为 DLINQ。DLINQ 使用对象关系映射（Object Relational Mapping，ORM），并且是 Microsoft 所支持但未得到增强的旧技术。它仅与 SQL Server 一起使用，并允许用户将数据库表映射到.NET 类。它还具有一个适配器，其作用类似于数据库的开发人员接口。
- LINQ to database：这使开发人员可以查询或修改内存中的数据集。它可以与 ADO.NET 提供程序的任何数据库一起使用。
- LINQ to entities：这是最先进和最受欢迎的技术之一。它允许开发人员使用任何关系数据库，包括 SQL Server、Oracle、IBM Db2 和 MySQL。它也支持对象关系映射（ORM）。
- PLINQ：PLINQ 是对象的 LINQ 的并行实现。LINQ 查询按顺序执行，并且对于大量密集的计算操作而言可能确实很慢。PLINQ 通过安排一个任务计划在多个线程上运行（也可以选择在多个 CPU 核心上运行）来支持并行执行查询。

.NET 支持使用 AsParallel()方法实现 LINQ 到 PLINQ 的无缝转换。对于大量密集的计算操作来说，PLINQ 是一个很好的选择。它通过将源数据分成多个块（Chunk）来工作，这些块又由运行在多个内核上的不同线程执行。PLINQ 还支持 XLINQ 和 LINQ to objects。

4.3　编写 PLINQ 查询

要理解 PLINQ 查询，首先需要了解 ParallelEnumerable 类。

在理解了 ParallelEnumerable 类之后，我们将学习如何编写并行查询。

4.3.1　关于 ParallelEnumerable 类

在 System.Linq 命名空间和 System.Core 程序集中可以使用 ParallelEnumerable 类。

除了支持 LINQ 定义的大多数标准查询运算符（Query Operator）之外，ParallelEnumerable 类还包含许多支持并行执行的方法。

- AsParallel()：这是并行所需的种子方法。
- AsSequential()：通过更改并行行为来启用并行查询的顺序执行。
- AsOrdered()：默认情况下，PLINQ 不保留执行任务和返回结果的顺序。可以通过调用 AsOrdered()方法来保留此顺序。
- AsUnordered()：这是 ParallelQuery 的默认行为，可以被 AsOrdered()方法覆盖。通过调用此方法，可以将行为从有序更改为无序。
- ForAll()：使查询执行可以并行执行。
- Aggregate()：此方法可用于聚合并行查询中各种线程局部分区的结果。
- WithDegreesOfParallelism()：使用此方法时，可以指定用于并行查询执行的处理器的最大数量。
- WithParallelOption()：使用此方法可以缓冲由并行查询产生的结果。
- WithExecutionMode()：使用此方法可以强制并行执行查询，或者让 PLINQ 决定是否需要按顺序或并行执行查询。

本章后面将通过代码示例来介绍有关这些方法的更多信息。

值得一提的是，有一个非常方便的工具叫作 LINQPad。LINQPad 可以帮助程序员详细了解 LINQ/PLINQ 查询，因为它有 500 多个可用样本，并且能够连接到各种数据源。其下载地址如下：

https://www.linqpad.net/

4.3.2　编写第一个 PLINQ 查询

假设要查找所有可被 3 整除的数字。首先可以定义 100000 个数字的范围，代码如下：

```
var range = Enumerable.Range(1, 100000);
```

要查找所有可以被 3 整除的数字，可使用以下 LINQ 查询：

```
var resultList = range.Where(i => i%3 == 0).ToList();
```

以下是相同查询的并行版本，它使用了 AsParallel 方法，并且使用了方法语法：

```
var resultList = range.AsParallel().Where(i => i%3 == 0).ToList();
```

以下是在 LINQ 中使用查询语法选项的相同版本：

```
var resultList = (from i in range.AsParallel()
                  where i % 3 == 0
                  select i).ToList();
```

以下是完整代码：

```
var range = Enumerable.Range(1, 100000);
// 以下是顺序执行版本
var resultList = range.Where(i => i % 3 == 0).ToList();
Console.WriteLine($"Sequential: Total items are {resultList.Count}");
// 以下是使用.AsParallel 方法的并行版本
resultList = range.AsParallel().Where(i => i % 3 == 0).ToList();
resultList = (from i in range.AsParallel()
 where i % 3 == 0
 select i).ToList();
 Console.WriteLine($"Parallel: Total items are {resultList.Count}" );
Console.WriteLine($"Parallel: Total items are {resultList.Count}");
```

运行上述代码，其输出如图 4-1 所示。

```
C:\Program Files\dotnet\dotnet.exe
Sequential: Total items are 33333
Parallel: Total items are 33333
```

图 4-1

4.4 在并行执行时保持顺序

PLINQ 将按并行方式执行工作项，并且在默认情况下，它并不关心保留项目顺序以提高并行查询的性能。但是，有时候以与源集合中存在的项目相同的顺序执行项目是很重要的。例如，假设要向服务器发送多个请求，以块的形式下载文件，然后合并这些块以在客户端上重新创建文件。由于文件是分部分下载的，因此每个部分都需要以正确的顺序进行下载和合并。在并行执行项目时保留顺序对性能有直接影响，因为我们需要在整个分区中保留原始顺序，并确保合并项目时顺序保持一致。

4.4.1　使用 AsOrdered()方法

我们可以覆盖默认行为，并通过在源集合上使用 AsOrdered()方法来保持顺序。如果以后想要关闭保持顺序功能，可以调用 AsUnOrdered()方法。

来看一个示例：

```
var range = Enumerable.Range(1, 10);
Console.WriteLine("Sequential Ordered");
range.ToList().ForEach(i => Console.Write(i + "-"));
```

上述代码是顺序执行的，因此，运行它时将得到如图 4-2 所示的输出。

```
C:\Program Files\dotnet\dotnet.exe
Sequential Ordered
1-2-3-4-5-6-7-8-9-10-
```

图 4-2

可以使用 AsParallel()方法创建并行版本：

```
Console.WriteLine("Parallel Unordered");
var unordered = range.AsParallel().Select(i => i).ToList();
unordered.ForEach(i => Console.WriteLine(i));
```

上述代码是并行执行的，但在顺序上是一团乱麻，如图 4-3 所示。

```
Parallel UnOrdered
4-8-7-2-3-1-6-9-10-5-
```

图 4-3

如果要获得两全其美的效果，即有序并行执行，可以修改代码如下：

```
var range = Enumerable.Range(1, 10);
Console.WriteLine("Parallel Ordered");
var ordered = range.AsParallel().AsOrdered().Select(i => i).ToList();
ordered.ForEach(i => Console.WriteLine(i));
```

运行上述代码，其输出如图 4-4 所示。

```
Parallel Ordered
1-2-3-4-5-6-7-8-9-10-
```

图 4-4

可以看到，当调用 AsOrdered()方法时，它将在保持原始顺序的同时并行执行所有工作项，而在默认情况下，该顺序是不会被保持的。由于在执行的每个步骤中都还原了顺序，因此使用 AsOrdered()方法对性能的影响是巨大的。

4.4.2 使用 AsUnOrdered()方法

一旦在 PLINQ 上调用了 AsOrdered，查询就会按顺序执行。在某些情况下，我们希望在一定时期内按顺序执行查询，但在此之后更改为无序查询以提高性能。

假设要从一系列数字中生成前 100 个数字的平方。并行执行此操作的一种方法如下：

```
var range = Enumerable.Range(100, 10000);
var ordered = range.AsParallel().AsOrdered().Take(100).Select(i => i * i);
```

我们需要 AsOrdered()以获取前 100 个数字。问题在于，Select 查询也将按顺序执行。可以通过组合 AsOrdered()和 AsUnOrdered()来提高性能，具体如下：

```
var range = Enumerable.Range(100, 10000);
var ordered =
range.AsParallel().AsOrdered().Take(100).AsUnordered().Select(i => i *
i).ToList();
```

现在，上述代码将按顺序并行检索前 100 个项目。之后，查询将无序执行。

4.5 PLINQ 中的合并选项

如前文所述，当创建并行查询时，将对源集合进行分区，以便多个任务可以同时在各部分上工作。查询完成后，需要合并结果，以便将其提供给使用它的线程。

合并结果有多种方式，具体取决于查询运算符。可以使用 ParallelMergeOperation 枚举和 WithMergeOption()扩展方法来指定如何显式合并结果。

下面就来仔细查看可用的合并选项。

4.5.1 使用 NotBuffered 合并选项

使用 NotBuffered 合并选项时，并发任务的结果不被缓冲。一旦完成任何任务，它们就会将结果返回给使用线程，具体如下：

```
var range = ParallelEnumerable.Range(1, 100);
Stopwatch watch = null;
```

```
ParallelQuery<int> notBufferedQuery =
range.WithMergeOptions(ParallelMergeOptions.NotBuffered)
                                            .Where(i => i % 10 == 0)
                                            .Select(x => {
                                                Thread.SpinWait(1000);
                                                return x;
                                                   });
watch = Stopwatch.StartNew();
foreach (var item in notBufferedQuery)
{
    Console.WriteLine( $"{item}:{watch.ElapsedMilliseconds}");
}
Console.WriteLine($"\nNotBuffered Full Result returned in
{watch.ElapsedMilliseconds} ms");
```

运行上述代码，其输出如图 4-5 所示。

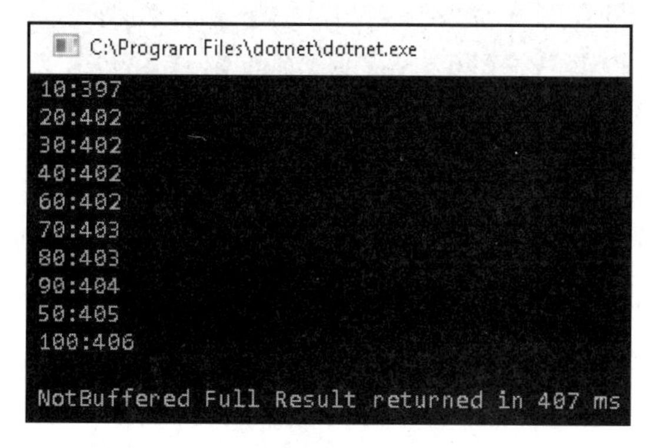

图 4-5

4.5.2　使用 AutoBuffered 合并选项

使用 AutoBuffered 合并选项时，并发任务的结果将被缓冲，并使缓冲区可定期用于使用它的线程。根据集合的大小，可能会返回多个缓冲区。设置此选项后，使用结果的线程需要等待更长的时间才能获得第一个结果。这也是默认选项。

来看以下示例代码：

```
var range = ParallelEnumerable.Range(1, 100);
Stopwatch watch = null;
ParallelQuery<int> query =
range.WithMergeOptions(ParallelMergeOptions.AutoBuffered)
                                        .Where(i => i % 10 == 0)
```

```
                                .Select(x => {
                                            Thread.SpinWait(1000);
                                            return x;
                                            });
watch = Stopwatch.StartNew();
foreach (var item in query)
{
    Console.WriteLine($"{item}:{watch.ElapsedMilliseconds}");
}
Console.WriteLine($"\nAutoBuffered Full Result returned in
{watch.ElapsedMilliseconds} ms");
watch.Stop();
```

运行上述代码，其输出如图 4-6 所示。

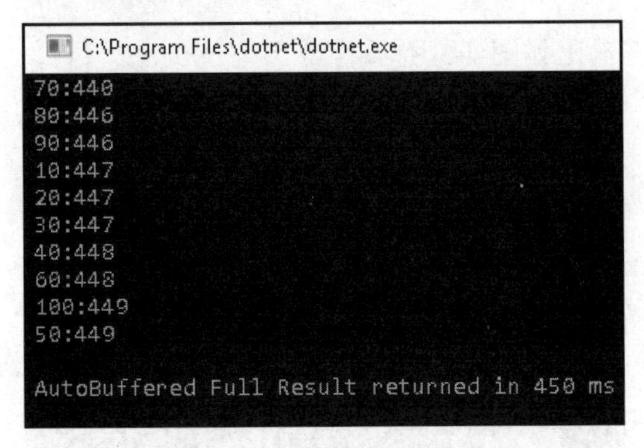

图 4-6

4.5.3　使用 FullyBuffered 合并选项

使用 FullyBuffered 合并选项时，并发任务的结果在进入使用它的线程之前被完全缓冲。尽管获得第一个结果所花费的时间会更长，但这可以提高整体性能：

```
var range = ParallelEnumerable.Range(1, 100);
Stopwatch watch = null;
ParallelQuery<int> fullyBufferedQuery =
range.WithMergeOptions(ParallelMergeOptions.FullyBuffered)
                                .Where(i => i % 10 == 0)
                                .Select(x => {
                                            Thread.SpinWait(1000);
                                            return x;
                                            });
```

```
watch = Stopwatch.StartNew();
foreach (var item in fullyBufferedQuery)
{
    Console.WriteLine($"{item}:{watch.ElapsedMilliseconds}");
}
Console.WriteLine($"\nFullyBuffered Full Result returned in
{watch.ElapsedMilliseconds} ms");
watch.Stop();
```

运行上述代码，其输出如图 4-7 所示。

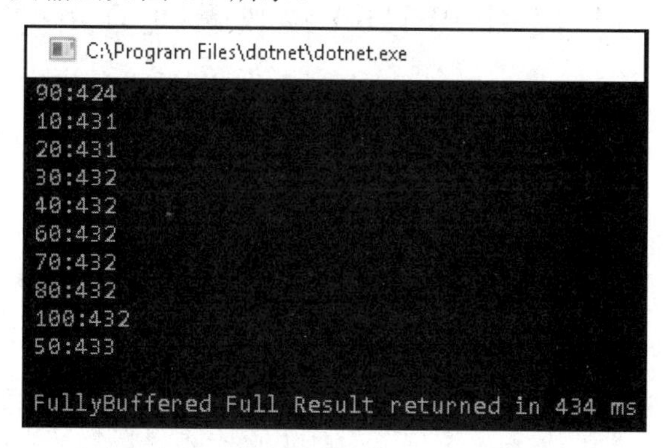

图 4-7

当然，并非所有查询运算符都支持全部的合并模式。运算符及其合并模式限制如表 4-1 所示。

表 4-1　运算符及其合并模式限制

运　算　符	限　　制
AsEnumerable	无
Cast	无
Concat	仅限包含数组或列表源的无序查询
DefaultIfEmpty	无
OfType	无
Reverse	仅限包含数组或列表源的无序查询
Select	无
SelectMany	无
Skip	无
Take	无
Where	无

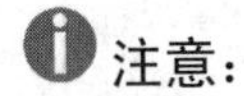

可以在以下网址中找到更详细的信息。

http://msdn.microsoft.com/en-us/library/dd997424(v=vs.110).aspx

除表 4-1 中的运算符外，ForAll()始终为 NotBuffered，而 OrderBy 始终为 FullyBuffered。如果在这些运算符上指定了任何自定义的合并选项，则它们都会被忽略。

4.6 使用 PLINQ 抛出和处理异常

就像其他并行原语一样，PLINQ 每当遇到异常时都会抛出 System.AggregateException 异常。其异常处理在很大程度上取决于程序员的设计。你可能希望程序尽快失败，或者也可能希望将所有异常都返回给调用方。

在下面的示例中，我们将并行查询包装在 try-catch 块中。当查询抛出异常时，它将传播回被包装在 System.AggregateException 中的调用方，具体如下：

```
var range = ParallelEnumerable.Range(1, 20);
ParallelQuery<int> query= range.Select(i => i / (i -
10)).WithDegreeOfParallelism(2);
try
{
    query.ForAll(i => Console.WriteLine(i));
}
catch (AggregateException aggregateException)
{
    foreach (var ex in aggregateException.InnerExceptions)
    {
        Console.WriteLine(ex.Message);
        if (ex is DivideByZeroException)
            Console.WriteLine("Attempt to divide by zero. Query
             stopped.");
    }
}
```

运行上述代码，其输出如图 4-8 所示。

还可以在委托中指定一个 try-catch 块，这将尽快给出有关错误情况的信息。

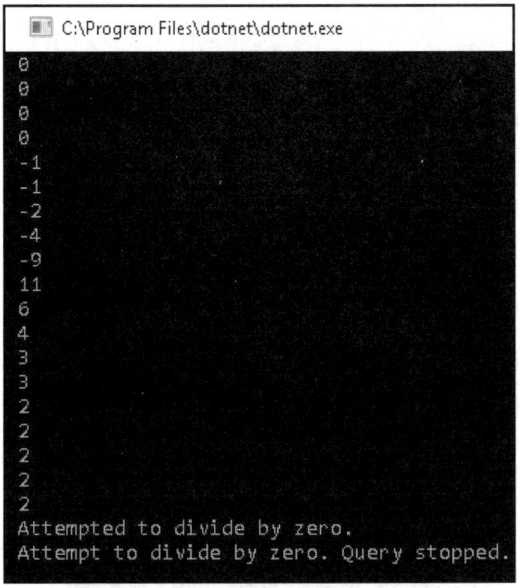

```
C:\Program Files\dotnet\dotnet.exe
0
0
0
0
-1
-1
-2
-4
-9
11
6
4
3
3
2
2
2
2
2
Attempted to divide by zero.
Attempt to divide by zero. Query stopped.
```

图 4-8

如果只想记录一个异常并在出现异常的情况下通过提供默认值作为查询结果来继续执行查询，也可以使用该方法：

```
var range = ParallelEnumerable.Range(1, 20);
Func<int, int> selectDivision = (i) =>
{
    try
    {
        return  i / (i - 10);
    }
    catch (DivideByZeroException ex)
    {
        Console.WriteLine($"Divide by zero exception for {i}");
        return -1;
    }
};
ParallelQuery<int> query = range.Select(i =>
selectDivision(i)).WithDegreeOfParallelism(2);
try
{
    query.ForAll(i => Console.WriteLine(i));
}
catch (AggregateException aggregateException)
```

```
{
    foreach (var ex in aggregateException.InnerExceptions)
    {
        Console.WriteLine(ex.Message);
        if (ex is DivideByZeroException)
            Console.WriteLine("Attempt to divide by zero. Query stopped.");
    }
}
```

运行上述代码，其输出如图 4-9 所示。

图 4-9

异常处理对于维持应用程序中的正确流程以及将错误情况通知给应用程序用户非常重要。通过适当的异常处理和日志记录，还可以对生产环境中的应用程序错误进行故障排除。

4.7 节将讨论如何合并并行查询和顺序查询。

4.7　组合并行和顺序 LINQ 查询

前文已经讨论过使用 AsParallel()创建并行查询。有时，我们也可能会希望顺序执行运算符，这时就可以使用 AsSequential()方法强制 PLINQ 按顺序运行。一旦将该方法应用于任何并行查询，此后的运算符就会都按顺序执行。

来看以下示例：

```
var range = Enumerable.Range(1, 1000);
range.AsParallel().Where(i => i % 2 == 0).AsSequential().Where(i => i % 8
== 0).AsParallel().OrderBy(i => i);
```

在本示例中，第一个 Where 类，即 Where(i => i%2 == 0)将并行执行；但是，第二个 Where 类，即 Where(i => i%8 == 0)将顺序执行；OrderBy 也将切换到并行执行模式。

图 4-10 对上述过程进行了说明。

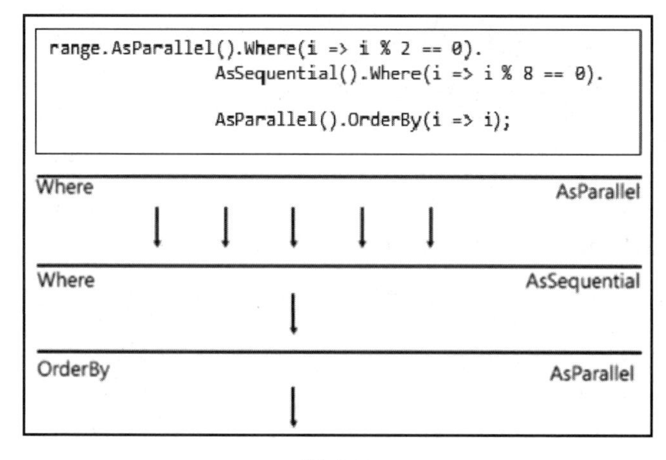

图 4-10

现在，你应该对如何组合同步和并行 LINQ 查询有一个很好的理解。

4.8 节将讨论如何取消 PLINQ 查询以节省 CPU 资源。

4.8　取消 PLINQ 查询

可以使用 CancellationTokenSource 和 CancellationToken 类取消 PLINQ 查询。

CancellationToken（取消令牌）将使用 WithCancellation 子句传递到 PLINQ 查询，然后可以调用 CancellationToken.Cancel 方法取消查询操作。在取消查询之后，将抛出 OperationCancelledException 异常。

具体操作步骤如下。

（1）创建取消令牌来源，具体如下：

```
CancellationTokenSource cs = new CancellationTokenSource();
// 创建一个立即启动的任务，并在 4 s 后取消令牌
```

```
    Task cancellationTask = Task.Factory.StartNew(() =>
            {
                Thread.Sleep(4000);
                cs.Cancel();
            });
```

（2）将 PLINQ 查询包装在 try 块中，具体如下：

```
try
        {
            var result = range.AsParallel()
              .WithCancellation(cs.Token)
              .Select(number => number)
              .ToList();
        }
```

（3）现在可以添加两个 catch 块：一个捕获 OperationCanceledException 异常；另一个则捕获 AggregateException 异常。该步骤对应的代码如下：

```
catch (OperationCanceledException ex)
        {
            Console.WriteLine(ex.Message);
        }
        catch (AggregateException ex)
        {
            foreach (var inner in ex.InnerExceptions)
            {
                Console.WriteLine(inner.Message);
            }
        }
```

（4）将范围取一个非常大的值，需要花费 4 s 以上的时间来执行，具体如下：

```
var range = Enumerable.Range(1,1000000);
```

（5）运行代码。4 s 后，将看到如图 4-11 所示的输出。

```
Select C:\Program Files\dotnet\dotnet.exe
The query has been canceled via the token supplied to WithCancellation.
```

图 4-11

并行编程也有其自身的问题，因此，4.9 节将介绍使用 PLINQ 编写并行代码时要注意的一些事项。

4.9　使用 PLINQ 进行并行编程时要考虑的事项

在大多数情况下，PLINQ 的性能比其非并行同类产品 LINQ 快得多。但是，它也存在一些性能开销，这与在并行化 LINQ 时进行的分区和合并有关。以下是使用 PLINQ 时需要考虑的一些事项。

- 并行执行并不意味着一定更快：并行化本身也需要开销，因此，除非你的源集合很大，或者操作需要大量的计算，否则按顺序执行这些操作更有意义。可以通过衡量顺序查询和并行查询的性能来做出明智的决定。
- 避免涉及原子性的 I/O 操作：在 PLINQ 内部应避免所有涉及写入文件系统、数据库、网络或共享内存位置的 I/O 操作，其原因在于，这些方法不是线程安全（Thread-Safe）的，因此使用它们可能会导致异常。一种解决方案是使用同步原语，但这也会大大降低性能。
- 查询并不一定总是并行运行的：PLINQ 中的并行化是由公共语言运行时（CLR）做出的决定。即使在查询中调用了 AsParallel()方法，它也不能保证采用并行路径，同样有可能顺序运行。

4.10　影响 PLINQ 性能的因素

PLINQ 的主要目的是通过拆分任务并按并行方式执行来加速查询执行的。但是，有很多因素都会影响 PLINQ 的性能。其中包括与分块和分区有关的同步开销，以及调度和收集线程结果的开销。

PLINQ 在理想的并行应用场景中表现最佳，那么，什么是 PLINQ 理想的并行应用场景呢？在理想的并行应用场景中，线程不必共享状态，也不必担心执行的顺序。但是，由于工作性质的原因，这样的理想应用场景并非总是可以实现的。我们需要了解可能影响 PLINQ 性能的因素。

4.10.1　并行度

由于 TPL 确保多个任务可以在多个内核上同时执行，因此我们可以使用更多数量的内核，从而显著提高性能。性能的提高可能不会是指数级的，并且在调整性能时，我们也应该尝试在具有多个内核的不同系统上运行并比较结果。

4.10.2 合并选项

在某些应用场景中，结果经常变化，并且用户希望尽快看到结果而无须等待，在这些情况下，合并选项可以显著改善用户体验。

PLINQ 的默认选项是缓冲结果，然后将其合并以返回用户。我们可以通过选择适当的合并选项来修改此行为。

4.10.3 分区类型

我们应始终检查分区的工作项目是否平衡。对于不平衡的工作项目，可以引入自定义分区以提高性能。

4.10.4 确定是保持顺序执行还是转向并行

我们应该始终计算出每个工作项以及整个操作的整体计算成本，以便可以决定是保持顺序执行还是转向并行。由于分区、调度等产生的额外开销，并行查询不一定是最快的。计算成本的公式为

计算成本=执行 1 个工作项目的成本×工作项目的总数

并行查询可以通过降低每项的计算成本来显著提高性能。但是，如果性能提升非常低，则按顺序执行查询仍是有意义的。

PLINQ 决定是采用顺序执行还是并行执行取决于查询中运算符的组合。简而言之，如果查询具有以下任何运算符，则 PLINQ 可能决定按顺序运行查询。

- Take、TakeWhile、Skip、SkipWhile、First、Last、Concat、Zip 或 ElementAt。
- 索引的 Where 和 Select，它们分别是 Where 和 Select 的重载。

以下代码演示了如何使用索引的 Where 和 Select：

```
IEnumerable<int> query =
    numbers.AsQueryable()
    .Where((number, index) => number <= index * 10);
IEnumerable<bool> query =
    range.AsQueryable()
    .Select((number, index) => number <= index * 10);
```

4.10.5 操作顺序

PLINQ 可为无序集合提供更好的性能，因为使集合按有序方式执行是会产生性能成

本的，该性能成本包括分区、调度和收集结果，以及调用 GroupJoin 和过滤器。作为开发人员，你应该考虑何时要使用 AsOrdered()。

4.10.6　使用 ForAll

调用 ToList()、ToArray()或在循环中枚举结果时，实际上是强制 PLINQ 将来自所有并行线程的结果合并为单个数据结构，这也会产生性能开销。因此，如果只想对一组项目执行某些操作，最好使用 ForAll()方法。

4.10.7　强制并行

PLINQ 不保证每次都以并行方式执行，它也可能决定保持顺序执行，具体取决于查询的类型。我们可以使用 WithExecutionMode 方法来对此进行控制。WithExecutionMode 是一种扩展方法，适用于 ParallelQuery 类型的对象。它采用 ParallelExecutionMode 作为参数，这是一个 enum 枚举值。ParallelExecutionMode 的默认值允许 PLINQ 确定最佳执行模式。我们可以使用 ForceParallelism 选项强制执行模式为并行，具体如下：

```
var range = Enumerable.Range(1, 10);
var squares = range.AsParallel().WithExecutionMode
(ParallelExecutionMode.ForceParallelism).Select(i => i * i);
squares.ToList().ForEach(i => Console.Write(i + "-"));
```

4.10.8　生成序列

本书使用了 Enumerable.Range()方法生成数字序列，其实也可以使用 ParallelEnumerable 类以并行方式生成数字。我们可以在 Enumerable 和 ParallelEnumerable 类之间做一个简单的测试比较，示例代码如下：

```
Stopwatch watch = Stopwatch.StartNew();
IEnumerable<int> parallelRange = ParallelEnumerable.Range(0, 5000).Select(i
=> i);
watch.Stop();
Console.WriteLine($"Time elapsed {watch.ElapsedMilliseconds}");
Stopwatch watch2 = Stopwatch.StartNew();
IEnumerable<int> range = Enumerable.Range(0, 5000);
watch2.Stop();
Console.WriteLine($"Time elapsed {watch2.ElapsedMilliseconds}");
Console.ReadLine();
```

运行上述代码，其输出如图 4-12 所示。

```
Time elapsed using ParallelEnumerable : 3
Time elapsed using Enumerable : 16
```

图 4-12

可以看到，在创建范围方面 ParallelEnumerable 比 Enumerable 快得多。

在类似的应用场景中，我们可能需要生成一个数字并重复一定的次数。对于这种情况，可以使用 ParallelEnumerable.Repeat()方法，具体如下：

```
IEnumerable<int> rangeRepeat = ParallelEnumerable.Repeat(1, 5000);
```

4.11 小 结

本章介绍了有关 LINQ 的基础知识，然后讨论了如何使用 PLINQ 编写并行查询。

善用 PLINQ 可以显著提升整个应用程序的性能，但是也要记住其注意事项。作为一名精通并行编程的程序员，你应该通过编写 LINQ 和 PLINQ 查询来比较它们的性能，然后做出最有利的选择。

在第 5 章中将学习如何在多个线程之间共享数据时使用同步原语来保持数据的一致性和状态。

4.12 牛 刀 小 试

（1）在以下 LINQ 提供的程序中，哪一个对关系对象有更好的支持？

A．LINQ to SQL

B．LINQ to entities

C．LINQ to database

D．LINQ to XML

（2）通过使用 AsParallel()，可以轻松地将 LINQ 转换为并行 LINQ。

A．正确

B．错误

（3）在 PLINQ 中，无法在有序和无序执行之间进行切换。

A．正确

B．错误

（4）以下哪一项可以缓冲并发任务的结果，并使缓冲区可定期用于使用它的线程？

A．FullyBuffered

B．AutoBuffered

C．NotBuffered

D．QueryBuffered

（5）如果在任务内执行以下代码，将抛出哪个异常？

```
int i = 5;
i = i / i -5;
```

A．AggregateException

B．DivideByZeroException

C．InvalidOperationException

D．DivideZeroException

第 2 篇

支持.NET Core 中并行性的数据结构

本篇将更深入地研究支持并行性、并发性和同步性的语言和框架构造。

本篇包括以下 3 章。

- 第 5 章：同步原语
- 第 6 章：使用并发集合
- 第 7 章：通过延迟初始化提高性能

第5章 同步原语

在第 4 章中讨论了并行编程潜在的问题，其中之一是同步开销。当将工作分解为多个工作项并由任务处理时，就需要同步每个线程的结果。我们讨论了线程局部存储和分区局部存储的概念，这些概念在某种程度上可用于解决此同步问题。但是，我们仍然需要同步线程，以便可以将数据写入共享内存位置处，并可以执行 I/O 操作。

本章将讨论.NET Framework 和 TPL 提供的同步原语。

本章将讨论以下主题。

- 同步原语。
- 互锁操作。
- 锁原语。
- 锁、互斥锁和信号量。
- 信号原语。
- 轻量级同步原语。
- 屏障和倒数事件。
- 使用 Barrier 和 CountDownEvent 案例研究。
- SpinWait。
- 自旋锁。

5.1 技术要求

要完成本章的学习，你应该熟悉任务并行库（TPL）。

本章所有源代码都可以在以下 GitHub 存储库中找到。

https://github.com/PacktPublishing/Hands-On-Parallel-Programming-with-C-8-and-.NET-Core-3/tree/master/Chapter05

5.2 关于同步原语

在了解同步原语之前，我们需要了解关键节（Critical Section）。所谓关键节，就是线程执行路径的一部分，必须对其进行保护以防止并发访问，进而维护某些不变性（Invariant）。关键节本身不是同步原语，但是它依赖于同步原语。

同步原语是基础平台（操作系统）提供的简单软件机制。它们有助于对内核进行多线程处理。同步原语在内部使用低级原子操作以及内存屏障（Memory Barrier）。这意味着同步原语的用户不必担心需要自己实现锁和内存屏障。

同步原语的一些常见示例是锁（Lock）、互斥锁（Mutex）、条件变量（Conditional Variable）和信号量（Semaphore）。

Monitor 是一个较高级别的同步工具，其内部将使用其他同步原语。

.NET Framework 提供了一系列同步原语，以处理线程之间的交互并避免潜在的竞争状况。同步原语可大致分为以下 5 类。

- 互锁操作。
- 锁。
- 信号。
- 轻量级同步类型。
- SpinWait。

接下来将详细讨论每个类别及其各自的底层原语。

5.3 互 锁 操 作

互锁（Interlocked）的类封装了同步原语，并被用于为线程间共享的变量提供原子操作（Atomic Operation）。另外，Interlocked 类提供诸如 Increment、Decrement、Add、Exchange 和 CompareExchange 之类的方法。

来看一个示例，以下代码尝试在并行循环内递增计数器：

```
Parallel.For(1, 1000, i =>
        {
            Thread.Sleep(100);
            _counter++;
        });
        Console.WriteLine($"Value for counter should be 999 and
         is {_counter}");
```

运行上述代码，将看到如图 5-1 所示的输出。

```
C:\Program Files\dotnet\dotnet.exe
Value for counter should be 999 and is 971
```

图 5-1

在图 5-1 中可以看到，期望值和实际值不匹配。其原因在于，线程之间存在竞争状况，之所以会出现这种状况，是因为线程要从某个变量中读取值，而该变量虽已写入期望值但尚未提交。

可以使用 Interlocked 类修改前面的代码，使其具有线程安全性，具体如下：

```
Parallel.For(1, 1000, i =>
        {
            Thread.Sleep(100);
            Interlocked.Increment(ref _counter);
        });
        Console.WriteLine($"Value for counter should be 999 and
         is {_counter}");
```

预期的输出如图 5-2 所示。

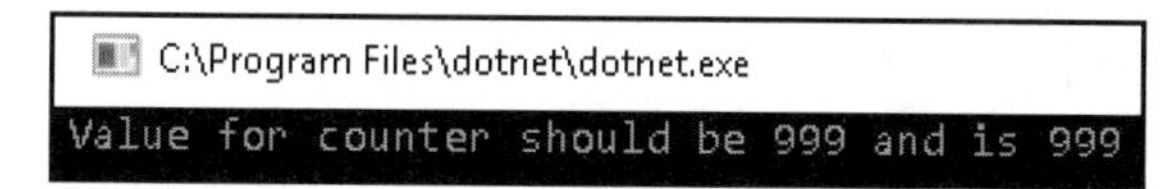

图 5-2

同样，我们可以使用 Interlocked.Decrement(ref_counter)以线程安全的方式减少该值。以下代码显示了完整的操作列表：

```
// _counter 变成 1
Interlocked.Increment(ref _counter);
// _counter 变成 0
Interlocked.Decrement(ref _counter);
// 加：_counter 变成 2
Interlocked.Add(ref _counter, 2);
// 减：_counter 变成 0
Interlocked.Add(ref _counter, -2);
// 读取 64 位字段
Console.WriteLine(Interlocked.Read(ref _counter));
// 交换 _counter 值为 10
Console.WriteLine(Interlocked.Exchange(ref _counter, 10));
// 检查 _counter 值是否为 10，如果是，则替换为 100
Console.WriteLine(Interlocked.CompareExchange(ref _counter, 100, 10));
// _counter 变成 100
```

除上述方法外，.NET Framework 4.5 中还添加了以下两个新方法。

- Interlocked.MemoryBarrier()。
- Interlocked.MemoryBarrierProcessWide()。

5.3.1 节将详细介绍有关.NET 内存屏障的更多信息。

5.3.1　.NET 中的内存屏障

线程模型在单核处理器和多核处理器上的工作方式是不同的。

在单核处理器上，只有一个线程获得 CPU 分片，而其他线程则轮流等待。这样可以确保每当线程访问内存（用于加载和存储）时，其顺序都是正确的。该模型也被称为顺序一致性模型（Sequential Consistency Model）。

对于多核处理器系统来说，多个线程同时运行。在这些系统中不能保证顺序一致性，因为硬件或即时（Just In Time，JIT）编译器都可能会重新排序内存指令以提高性能。此外，出于提升缓存性能、负载推测（Load Speculation）或延迟存储操作等目的，也可能会对内存指令进行重新排序。

负载推测的示例如下：

```
a = b;
```

存储操作的示例如下：

```
c = 1;
```

当编译器遇到加载和存储语句时，它们并不总是以与编写时相同的顺序执行。编译器会出于性能的原因对它们进行一些重新排序。所以，接下来我们将尝试理解更多关于重新排序的内容。

5.3.2　重新排序

对于给定的代码语句序列，如果有多个线程在同一代码上工作，则编译器可能选择按语句的接收顺序执行这些语句，也可能重新排序语句以提高性能。

来看下面的代码示例：

```
a = b;
c = 1;
```

在另一个线程中，上述代码可以重新排序并且按以下顺序执行：

```
c = 1;
a = b;
```

对于内存模型较弱的多核处理器（如 Intel Itanium 处理器），代码重新排序是一个问题。但是，由于顺序一致性模型，代码重新排序对单核处理器是没有影响的。代码将被重构，以便另一个线程可以利用或存储一条已经在内存中的指令。代码重新排序可以通过硬件或 JIT 编译器完成。为了保证代码重新排序，我们需要某种内存屏障。

5.3.3　内存屏障的类型

内存屏障的意义在于确保屏障之上或之下的任何代码语句都不会越过屏障，从而强制保证代码的顺序。内存屏障有以下 3 种类型。

- 存储（写入）内存屏障：存储内存屏障（简称写屏障）可确保不让任何存储操作跨屏障移动。它对加载操作没有影响，这些操作仍然可以重新排序。实现此效果的等效 CPU 指令为 SFENCE，其中 S 表示 Store（存储），FENCE 表示屏障，如图 5-3 所示。
- 加载（读取）内存屏障：加载内存屏障（简称读屏障）可确保不让任何加载操作跨屏障移动，它对存储操作没有影响。实现此效果的等效 CPU 指令为 LFENCE，其中 L 表示 Load（加载），FENCE 表示屏障，如图 5-4 所示。

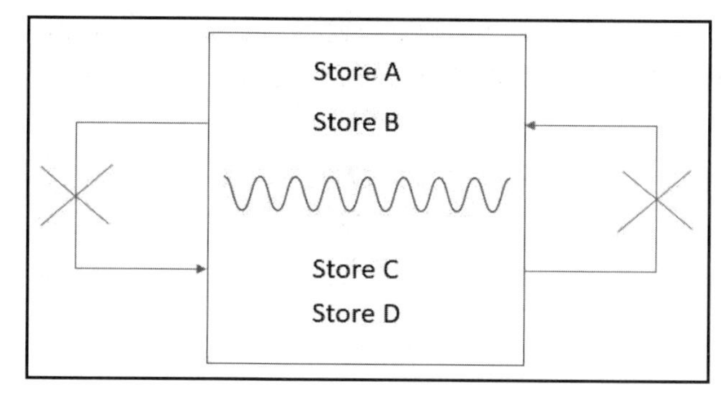

图 5-3

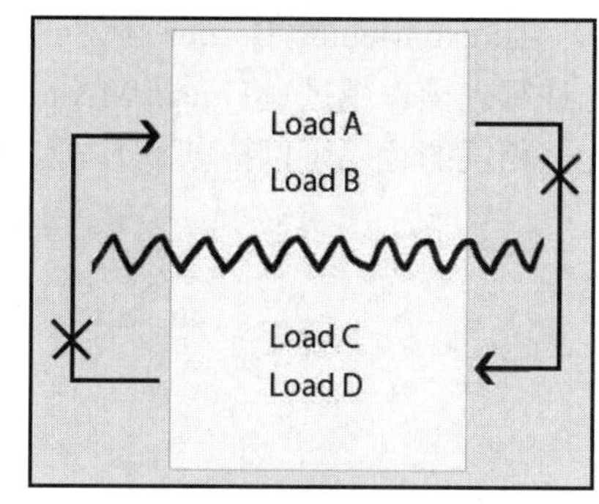

图 5-4

- 全能型内存屏障（Full Memory Barrier）：全能型内存屏障可确保不让存储或加载操作跨内存屏障移动，从而确保排序。达到此效果的等效 CPU 指令是 MFENCE，其中 M 表示 Memory（内存），FENCE 表示屏障。

  全能型内存屏障的行为通常由.NET 同步结构实现，如下所示。

  - Task.Start、Task.Wait 和 Task.Continuation。
  - Thread.Sleep、Thread.Join、Thread.SpinWait、Thread.VolatileRead 和 Thread.VolatileWrite。
  - Thread.MemoryBarrier。
  - Lock、Monitor.Enter 和 Monitor.Exit。

➢ Interlocked 类操作。

半屏障（读屏障和写屏障都属于半屏障）由 Volatile 关键字和 Volatile 类方法提供。

.NET Framework 使用诸如 Lazy<T>和 LazyInitializer 之类的 Volatile 字段提供了一些内置模式。在第 7 章“通过延迟初始化提高性能”中将进一步讨论这些问题。

5.3.4 避免使用构造对代码进行重新排序

程序员应该避免使用 Thread.MemoryBarrier 重新排序，示例如下：

```
static int a = 1, b = 2, c = 0;
private static void BarrierUsingTheadBarrier()
{
    b = c;
    Thread.MemoryBarrier();
    a = 1;
}
```

Thread.MemoryBarrier 将创建一个全能型屏障，该屏障既不允许读取操作越过，也不允许写入操作越过。Thread.MemoryBarrier 已被包装在 Interlocked.MemoryBarrier 内，因此，相同的代码可以按以下方式编写：

```
private static void BarrierUsingInterlockedBarrier()
        {
            b = c;
            Interlocked.MemoryBarrier();
            a = 1;
        }
```

如果要创建进程范围和系统范围的屏障，可以考虑使用.NET Core 2.0 中引入的 Interlocked.MemoryBarrierProcessWide。在 Windows API 上，它包装在 FlushProcessWriteBuffer 中，而在 Linux 内核上，则包装在 sys_membarrier 中：

```
private static void BarrierUsingInterlockedProcessWideBarrier()
{
    b = c;
    Interlocked.MemoryBarrierProcessWide();
    a = 1;
}
```

上述示例展示了如何创建进程范围的屏障。

接下来，需要了解什么是锁原语。

5.4 锁 原 语

锁可用于限制对受保护资源的访问，使受保护资源仅可被单个线程或一组线程访问。为了能够有效地实现锁，我们需要确定可以通过锁原语（Lock Primitive）进行保护的适当的关键节。

5.4.1 锁的工作方式

当将锁应用于共享资源时，需要执行以下步骤。

（1）一个线程或一组线程通过获取锁来访问共享资源。

（2）其他无法访问锁的线程进入等待状态。

（3）一旦有线程释放了锁，另一个线程就会获取该锁，并开始执行。

要理解锁原语，需要了解各种线程状态以及诸如阻塞（Blocking）和自旋（Spinning）之类的概念。

5.4.2 线程状态

在线程生命周期的任何时候，都可以使用线程的 ThreadState 属性查询线程状态。线程可以处于以下任意一种状态。

- Unstarted（未启动）：该线程已由公共语言运行时（CLR）创建，但尚未在该线程上调用 System.Threading.Thread.Start 方法。
- Running（正在运行）：线程已经通过调用 Thread.Start 方法启动。它不等待任何挂起的操作。
- WaitSleepJoin：由于通过调用线程调用 Wait()、Sleep()或 Join()方法，导致该线程处于阻塞状态。
- StopRequested：线程已被请求停止。
- Stopped（已停止）：线程已停止执行。
- AbortRequested：已在线程上调用 Abort()方法，但是该线程尚未被中止，因为它正在等待 ThreadAbortException，后者将尝试终止该线程。
- Aborted（已中止）：线程已被中止。
- SuspendRequested：由于线程已经调用 Suspend 方法被请求挂起。
- Suspended（已挂起）：线程已被挂起。

- Background（后台）：正在后台执行线程。

图 5-5 描绘了线程从其初始状态 UnStarted 到其最终状态 Stopped 的过程。

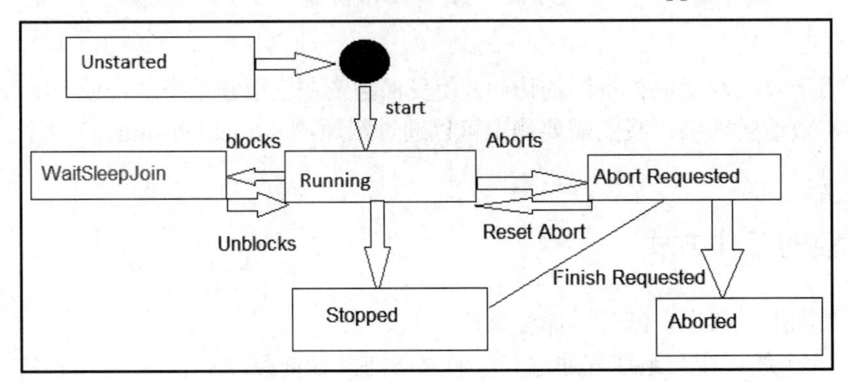

图 5-5

原　　文	译　　文	原　　文	译　　文
start	启动	Aborts	中止
blocks	加锁	Reset Abort	重置中止
Unblocks	解锁	Finish Requested	完成请求

当通过公共语言运行时（CLR）创建线程时，该线程处于 Unstarted 状态。当外部线程在其上调用 Thread.Start()方法时，它将从 Unstarted 状态过渡到 Running 状态。从 Running 状态，线程可以转换为以下状态。

- WaitSleepJoin。
- AbortRequested。
- Stopped。

当某个线程处于 WaitSleepJoin 状态时，该线程被称为已阻塞。由于被阻塞的线程正在等待满足某些外部条件，因此该线程的执行被暂停。要满足的外部条件可能是某些 CPU 绑定的 I/O 操作或某些其他线程导致的。一旦被阻塞，则该线程就会立即产生 CPU 时间片，直至满足阻塞条件后才使用处理器时间片。此时，线程已被解除阻塞。阻塞和取消阻塞都会产生性能开销，因为这需要 CPU 执行上下文切换（Context Switching）。

线程可以在以下任何事件中取消阻塞。

- 阻塞条件已经满足。
- 在被阻塞的线程上调用 Thread.Interrupt。
- 使用 Thread.Abort 中止线程。
- 达到指定的超时条件。

5.4.3　阻塞与自旋

阻塞的线程在指定的时间内放弃了处理器时间片，这样，处理器时间片就可被用于其他线程，从而提高了性能。但是，这也会增加上下文切换的开销。在线程必须阻塞相当长的时间的情况下，这是很好的选择。但如果等待时间很短，则在不放弃处理器时间片的情况下进行自旋是很有意义的。例如，以下代码可简单进行无限循环：

```
while(!done);
```

这只是一个空的 while 循环，用于检查布尔变量。等待结束后，变量将被设置为 false，循环也会跳出。尽管这浪费了处理器时间，但是如果等待时间不是很长，那么它仍可以显著提高性能。.NET Framework 提供了一些特殊的构造，如 SpinWait 和 SpinLock，稍后将会对此展开详细讨论。

接下来将通过代码示例来了解一些锁原语。

5.5　锁、互斥锁和信号量

锁（Lock）和互斥锁（Mutex）是仅允许一个线程访问受保护资源的锁结构。锁是一种快捷实现，它使用另一个称为 Monitor 的更高级别的同步类。

信号量（Semaphore）也是一种锁结构，它允许指定数量的线程访问受保护的资源。锁只能同步一个进程内部的访问，但是如果我们需要访问系统级资源或共享内存，则实际上需要同步多个进程之间的访问。

互斥锁允许我们通过提供内核级锁来跨进程同步对资源的访问。

表 5-1 对这些构造的功能进行了比较。

表 5-1　锁、互斥锁和信号量

同 步 原 语	分配的线程数	跨 进 程
Lock	1	×
Mutex	1	√
Semaphore	多	√
SemaphoreSlim	多	×

从表 5-1 中可以看到，Lock 和 Mutex 仅允许单线程访问共享资源，而 Semaphore 和 SemaphoreSlim 则允许多个线程访问共享的资源；另外，Lock 和 SemaphoreSlim 仅在进程

内部起作用，而 Mutex 和 Semaphore 则支持跨进程。

5.5.1　锁

来看以下代码示例，该代码尝试将数字写入文本文件中：

```
var range = Enumerable.Range(1, 1000);
Stopwatch watch = Stopwatch.StartNew();
    for (int i = 0; i < range.Count(); i++)
    {
        Thread.Sleep(10);
        File.AppendAllText("test.txt", i.ToString());
    }
    watch.Stop();
    Console.WriteLine($"Total time to write file is
     {watch.ElapsedMilliseconds}");
```

运行上述代码，其输出如图 5-6 所示。

C:\Program Files\dotnet\dotnet.exe
Total time to write file is 11949

图 5-6

在上述代码中，任务由 1000 个工作项组成，每个工作项大约需要 10 ms 才能执行。任务花费的时间是 1000 乘以 10，即 10000 ms。我们还必须考虑执行 I/O 所花费的时间，因此总时间为 11949。

现在我们可以尝试使用 AsParallel()和 AsOrdered()子句并行化此任务，具体如下：

```
range.AsParallel().AsOrdered().ForAll(i =>
{
    Thread.Sleep(10);
    File.AppendAllText ("test.txt", i.ToString());
});
```

当尝试运行上述代码时，将得到以下 System.IO.IOException 异常：

```
'The process cannot access the file …\test.txt' because it is being used
by another process.'
```

上述异常提示信息的意思是，该进程无法访问文件…\test.txt，因为它正在被另一个进程使用。这里实际发生的情况是，该文件是具有关键节的共享资源，因此仅允许原子操作。

使用并行代码时，很可能会遇到以下情况：多个线程实际上正在尝试写入文件中并导致异常。我们需要确保代码尽可能快地并行运行，但在写入文件中时也要保持原子性。因此，需要使用 lock 语句修改上述代码。

首先，声明一个 static 引用类型变量。在本示例中，可以采用 object 类型的变量。之所以需要一个引用类型变量，是因为该锁只能被应用于堆内存，具体如下：

```
static object _locker = new object();
```

接下来，修改 ForAll()方法内部的代码以包含一个 lock，具体如下：

```
range.AsParallel().AsOrdered().ForAll(i =>
    {
        lock (_locker)
        {
            Thread.Sleep(10);
            File.WriteAllText("test.txt", i.ToString());
        }
    });
```

现在，当运行上述这段代码时，就不会抛出任何异常，但是任务执行的时间却比顺序执行还要长，如图 5-7 所示。

```
C:\Program Files\dotnet\dotnet.exe
Total time to write file is 12464
```

图 5-7

这里出了什么问题呢？锁通过确保只允许一个线程访问脆弱代码来确保原子性，但这也带来了阻塞等待释放锁的线程的开销，我们称其为哑锁（Dumb Lock）。可以对程序稍作修改，仅锁定关键节以提高性能，同时保持原子性，具体如下：

```
range.AsParallel().AsOrdered().ForAll(i =>
    {
        Thread.Sleep(10);
        lock (_locker)
        {
            File.WriteAllText("test.txt", i.ToString());
        }
    });
```

运行上述代码，其输出如图 5-8 所示。

```
Select C:\Program Files\dotnet\dotnet.exe
Total time to write file is 2065
```

图 5-8

可以看到，通过将同步与并行混合在一起，我们获得了可观的性能提升。

可以使用另一个锁原语（即 Monitor 类）来获得类似的结果。

锁实际上实现的是包裹在 try-catch 块中的 Monitor.Enter()和 Monitor.Exit()的简写语法。因此，上述代码也可以改写为如下形式：

```
range.AsParallel().AsOrdered().ForAll(i =>
{
    Thread.Sleep(10);
    Monitor.Enter(_locker);
    try
    {
        File.WriteAllText("test.txt", i.ToString());
    }
    finally
    {
        Monitor.Exit(_locker);
    }
});
```

运行上述代码，其输出如图 5-9 所示。

```
C:\Program Files\dotnet\dotnet.exe
Total time to write file is 2181
```

图 5-9

5.5.2 互斥锁

前面的代码对于单实例应用程序非常有效，因为任务在进程内部运行，而锁实际上在进程内部锁定了内存屏障。

现在考虑另一种情况，如果我们运行该应用程序的两个实例，则这两个应用程序都将拥有自己的静态数据成员副本，因此将锁定各自的内存屏障，这将允许每个进程的一个线程实际进入关键节并尝试写入文件中，但是，这将导致以下 System.IO.IOException 异常：

```
'The process cannot access the file …\test.txt' because it is being used
by another process.'
```

上述异常提示信息的意思在 5.5.1 节中已经解释过，它表示该进程无法访问文件…\test.txt，因为它正在被另一个进程使用。

为了能够对共享资源应用锁，我们可以使用 Mutex 类在内核级别应用锁。像 Lock 一样，Mutex 仅允许一个线程访问受保护的资源，但是它也可以跨进程起作用，因此，每个系统仅允许一个线程访问受保护的资源，而与执行的进程数无关。

Mutex 可以被命名或不命名。未命名的 Mutex 就像 Lock 一样，不能跨进程使用。

首先，我们来创建一个未命名的 Mutex，代码如下：

```
private static Mutex mutex = new Mutex();
```

然后，修改上述并行代码，以便可以像 Lock 一样使用 Mutex，具体如下：

```
range.AsParallel().AsOrdered().ForAll(i =>
        {
            Thread.Sleep(10);
            mutex.WaitOne();
            File.AppendAllText("test.txt", i.ToString());
            mutex.ReleaseMutex();
        });
```

运行上述代码，其输出如图 5-10 所示。

```
C:\Program Files\dotnet\dotnet.exe
Total time to write file is 2425
```

图 5-10

在使用 Mutex 类的情况下，可以调用 WaitHandle.WaitOne()方法来锁定关键节，并调用 ReleaseMutex()来解锁关键节。关闭或处理互斥锁也会自动释放它。

上述程序运行良好，但是如果尝试在多个实例上运行，那么它将抛出 IOException 异常。因此，可以创建一个命名互斥锁 namedMutex，代码如下：

```
private static Mutex namedMutex = new Mutex(false,"ShaktiSinghTanwar");
```

在互斥锁上调用 WaitOne()方法时，可以指定一个超时（可选项），这样，它在未收到信号时，将等待指定的时间，然后才解除阻塞。示例如下：

```
namedMutex.WaitOne(3000);
```

上述互斥锁如果没有收到信号，那么它将等待 3 s，然后再解除阻塞。

提示：

Lock 和 Mutex 只能从获得它们的线程释放。

5.5.3 信号量

Lock、Mutex 和 Monitor 仅允许一个线程访问受保护的资源。但是，有时候，我们也需要允许多个线程能够访问共享资源。例如，资源池（Resource Pooling）和节流（Throttling）的应用场景都需要让多个线程能够访问共享资源。

与 Lock 或 Mutex 不同，Semaphore 是线程不可知的，这意味着任何线程都可以调用 Semaphore 的释放。就像互斥锁一样，信号量也可以跨进程工作。

典型的 Semaphore 构造函数如图 5-11 所示。

```
Semaphore semaphore = new Semaphore()
    ▲ 1 of 3 ▼ Semaphore(int initialCount, int maximumCount)
    Initializes a new instance of the Semaphore class, specifying the initial number of entries and the maximum number of concurrent entries.
    initialCount: The initial number of requests for the semaphore that can be granted concurrently.
```

图 5-11

在图 5-11 中可以看到，它接收两个参数，即 initialCount（用于指定最初允许进入的线程数）和 maximumCount（用于指定可以进入的线程总数）。

假设有一个远程服务，每个客户端只允许 3 个并发连接，并且要花费 1 s 来处理一个请求。现在来看以下示例：

```
private static void DummyService(int i)
        {
            Thread.Sleep(1000);
        }
```

这里有一个方法，其中包含 1000 个需要使用参数调用服务的工作项。我们需要以并行方式处理任务，但同时还要确保对该服务的调用每次不超过 3 个，可以通过创建最大数量为 3 的 Semaphore 来实现此目的，代码如下：

```
Semaphore semaphore = new Semaphore(3,3);
```

现在，我们可以使用以下 Semaphore 编写一些代码，该代码可以模拟并行发出 1000 个请求，但一次只能发出 3 个请求：

```
range.AsParallel().AsOrdered().ForAll(i =>
         {
             semaphore.WaitOne();
```

```
        Console.WriteLine($"Index {i} making service call using
         Task {Task.CurrentId}" );
        // 模拟 HTTP 调用
        CallService(i);
        Console.WriteLine($"Index {i} releasing semaphore using
          Task {Task.CurrentId}");
        semaphore.Release();
    });
```

运行上述代码，其输出如图 5-12 所示。

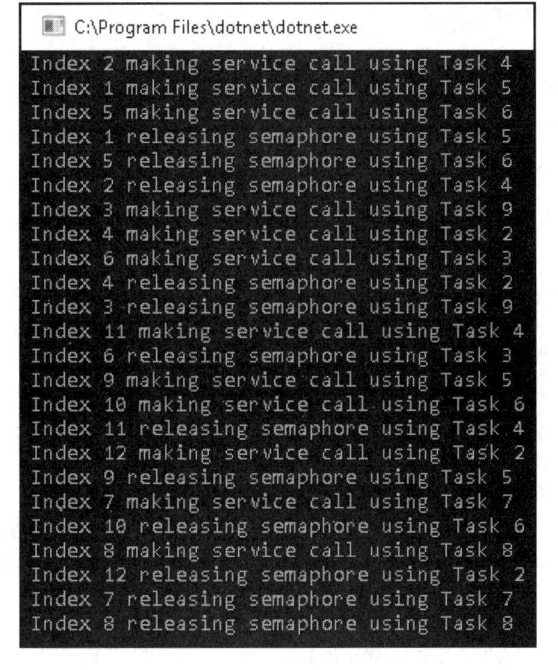

图 5-12

可以看到，有 3 个线程进入并调用服务，而其他线程则等待释放锁。线程一释放锁，就会立即有另一个线程进入，但前提是任何时候在关键节中都只能有 3 个线程。

信号量有两种类型，即局部和全局。

1．局部信号量

局部信号量（Local Semaphore）是对于使用它的应用程序而言的，因此它也被称为本地信号量。不带名称创建的任何信号量都将创建为局部信号量，代码如下：

```
Semaphore semaphore = new Semaphore(1,10);
```

2．全局信号量

全局信号量（Global Semaphore）对于操作系统来说是全局的，因为它应用了内核级或系统级的锁原语。使用名称创建的任何信号量都将创建为全局信号量，代码如下：

```
Semaphore semaphore = new Semaphore(1,10,"Globalsemaphore");
```

提示：

如果仅使用一个线程创建信号量，那么它的作用和 Lock 是一样的。

5.5.4 ReaderWriterLock

顾名思义，ReaderWriterLock 类定义的是一个读写锁，该锁一次支持多个读取器和一个写入器。这在有许多线程频繁读取共享资源但很少更新的情况下非常方便。.NET Framework 提供了两个读写锁类，即 ReaderWriterLock 和 ReaderWriterLockSlim。

ReaderWriterLock 现在几乎已过时，因为它可能引起潜在的死锁、性能降低、复杂的递归规则以及锁的升级或降级。

稍后将详细讨论 ReaderWriterLockSlim。

5.6 信号原语

并行编程的一个重要方面是任务协调。在创建任务时，你可能会遇到生产者/消费者（Producer/Consumer）场景，其中一个线程（消费者）正在等待另一个线程（生产者）更新共享资源。由于消费者不知道生产者何时更新共享资源，因此它将继续轮询共享资源，这可能导致竞争状况。在处理这些情况时，轮询的效率非常低。最好使用.NET Framework 提供的信号原语（Signaling Primitive）。在使用信号原语的情况下，消费者线程将暂停，直到它从生产者线程接收到信号为止。

现在就来讨论一些常见的信号原语，如 Thread.Join、WaitHandles 和 EventWaitHandlers。

5.6.1 Thread.Join

Thread.Join 是使线程等待来自另一个线程的信号的最简单方法。Thread.Join 本质上是阻塞的，这意味着调用方线程将被阻塞，直到加入的线程完成为止。也可以指定一个超时（可选项），一旦超时时间到，就会允许被阻塞的线程脱离其阻塞状态。

在以下代码中，我们创建一个子线程来模拟长时间运行的任务。完成后，子线程将更新局部变量（也就是 result）中的输出。该程序应该将结果 10 打印到控制台。具体代码如下：

```
int result = 0;
Thread childThread = new Thread(() =>
{
    Thread.Sleep(5000);
    result = 10;
});
childThread.Start();
Console.WriteLine($"Result is {result}");
```

运行上述代码，其输出如图 5-13 所示。

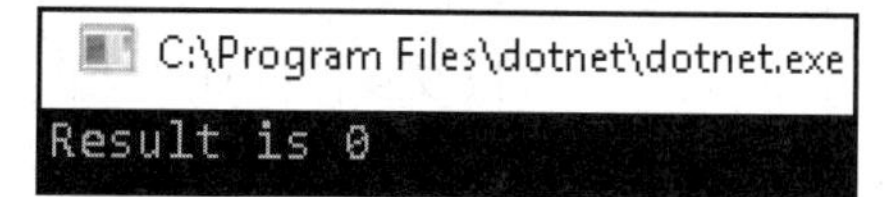

图 5-13

我们期望的结果是 10，但图 5-13 却显示结果为 0。这是因为应该写入值的主线程在子线程完成执行之前运行。要解决该问题，可以阻塞主线程直至子线程完成。因此，可以通过在子线程上调用 Join()方法来完成此操作，具体如下：

```
int result = 0;
Thread childThread = new Thread(() =>
{
    Thread.Sleep(5000);
    result = 10;
});
childThread.Start();
childThread.Join();
Console.WriteLine($"Result is {result}");
```

现在再次运行上述代码，在等待 5 s 之后（在此期间主线程被阻塞），即可看到如图 5-14 所示的输出，这正是我们期望的结果。

C:\Program Files\dotnet\dotnet.exe
Result is 10

图 5-14

5.6.2 EventWaitHandle

System.Threading.EventWaitHandle 类表示线程的同步事件。它可以用作 AutoResetEvent 和 ManualResetEvent 类的基类。

可以通过调用 Set()或 SignalAndWait()方法来发出 EventWaitHandle 信号。EventWaitHandle 类没有任何线程要求，因此可以由任何线程发出信号。

接下来将进一步了解 AutoResetEvent 和 ManualResetEvent。

5.6.3 AutoResetEvent

AutoResetEvent 是指自动重置的 WaitHandle 类。重置后，它们允许一个线程通过创建的屏障。一旦线程通过，它们就会再次被设置，从而阻塞线程直到下一个信号。

在下面的示例中，我们试图以线程安全的方式找出 10 个数字的总和，而不使用锁。

首先，创建一个 AutoResetEvent，其初始状态为无信号，也就是 false。这意味着所有线程都应等待，直至收到信号为止。如果将初始状态设置为有信号，也就是 true，那么第一个线程将通过而其他线程则等待一个信号，代码如下：

```
AutoResetEvent autoResetEvent = new AutoResetEvent(false);
```

接下来，使用 autoResetEvent.Set()方法创建一个每秒发出 10 次信号的 signalingTask，代码如下：

```
Task signallingTask = Task.Factory.StartNew(() => {
    for (int i = 0; i < 10; i++)
    {
        Thread.Sleep(1000);
        autoResetEvent.Set();
    }
});
```

声明一个变量 sum 并将其初始化为 0，代码如下：

```
int sum = 0;
```

创建一个并行的 for 循环，该循环创建 10 个任务。每个任务将立即启动并等待信号进入，从而阻塞 autoResetEvent.WaitOne()语句。每秒之后，信号任务将发送一个信号，一个线程将进入并更新 sum，代码如下：

```
Parallel.For(1, 10, (i) => {
    Console.WriteLine($"Task with id {Task.CurrentId} waiting for
```

```
     signal to enter");
    autoResetEvent.WaitOne();
    Console.WriteLine($"Task with id {Task.CurrentId} received
     signal to enter");
    sum += i;
});
```

运行上述代码，其输出如图 5-15 所示。

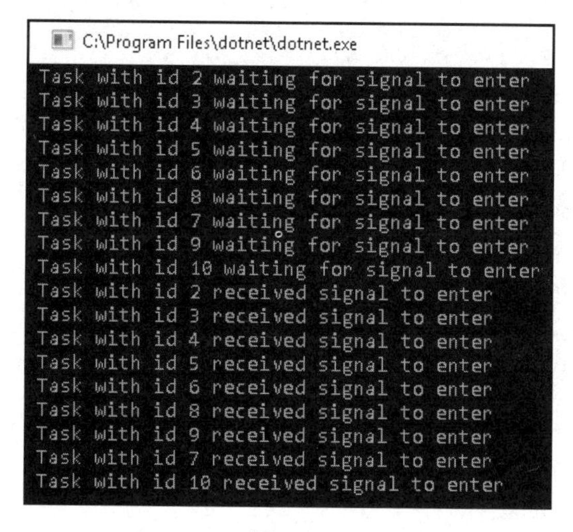

图 5-15

可以看到，所有 10 个任务最初都被阻塞，并在接收到信号后每秒释放一个任务。

5.6.4 ManualResetEvent

ManualResetEvent 是指需要手动重置的等待句柄。与 AutoResetEvent（每个信号仅允许一个线程通过）不同，ManualResetEvent 允许线程保持通过，直到它再次被设置为止。可以通过一个简单的例子来理解这一点。

在下面的示例中，我们需要以并行方式分 5 批调用 15 个服务，每一批之间有 2 s 的延迟。进行服务调用时，需要确保系统已连接到网络。为了模拟网络状态，我们将创建两项任务：一项任务发出信号使网络断开（off）；另一项任务发出信号使网络连通（on）。

首先，将创建一个手动重置事件，其初始状态为 off（也就是 false），代码如下：

```
ManualResetEvent manualResetEvent = new ManualResetEvent(false);
```

接下来，将创建两个任务，通过每 2 s 触发一次网络 off 事件（阻塞所有网络调用）

和每 5 s 触发一次网络 on 事件（允许所有网络调用通过）来模拟网络的连通和断开，代码如下：

```
Task signalOffTask = Task.Factory.StartNew(() => {
            while (true)
            {
                Thread.Sleep(2000);
                Console.WriteLine("Network is down");
                manualResetEvent.Reset();
            }
        });
        Task signalOnTask = Task.Factory.StartNew(() => {
            while (true)
            {
                Thread.Sleep(5000);
                Console.WriteLine("Network is Up");
                manualResetEvent.Set();
            }
        });
```

在上述代码中可以看到，我们每 5 s 使用 manualResetEvent.Set()发出一个手动重置事件的信号。使用 manualResetEvent.Reset()每 2 s 将其关闭一次。

以下代码进行实际的服务调用：

```
for (int i = 0; i < 3; i++)
        {
            Parallel.For(0, 5, (j) => {
                Console.WriteLine($"Task with id {Task.CurrentId} waiting
                 for network to be up");
                manualResetEvent.WaitOne();
                Console.WriteLine($"Task with id {Task.CurrentId} making
                 service call");
                DummyServiceCall();
            });
            Thread.Sleep(2000);
        }
```

从上述代码中可以看到，我们创建了一个 for 循环，该循环在每次迭代中创建 5 个任务，两次迭代之间的睡眠间隔为 2 s。

在进行服务调用之前，我们通过调用 manualResetEvent.WaitOne();等待网络连通。

运行上述代码，其输出如图 5-16 所示。

```
C:\Program Files\dotnet\dotnet.exe
Task with id 4 waiting for network to be up
Task with id 3 waiting for network to be up
Task with id 5 waiting for network to be up
Task with id 6 waiting for network to be up
Task with id 7 waiting for network to be up
Network is down
Network is Up
Task with id 7 making service call
Task with id 5 making service call
Task with id 3 making service call
Task with id 4 making service call
Task with id 6 making service call
Network is down
Task with id 14 waiting for network to be up
Task with id 17 waiting for network to be up
Task with id 16 waiting for network to be up
Task with id 15 waiting for network to be up
Task with id 18 waiting for network to be up
Network is down
Network is Up
Task with id 18 making service call
Task with id 15 making service call
Task with id 14 making service call
Task with id 16 making service call
Task with id 17 making service call
Network is down
Task with id 25 waiting for network to be up
Task with id 26 waiting for network to be up
Task with id 27 waiting for network to be up
Task with id 28 waiting for network to be up
Task with id 29 waiting for network to be up
Network is down
Network is Up
Task with id 29 making service call
Task with id 28 making service call
Task with id 25 making service call
Task with id 26 making service call
Task with id 27 making service call
Network is down
Network is Up
Network is down
Network is down
Network is Up
```

图 5-16

可以看到，有 5 个任务已经启动并立即被阻塞，以等待网络连通。5 s 后，当网络连通时，我们使用 Set()方法发出信号，所有 5 个线程都将通过并进行服务调用。for 循环的每次迭代都会重复此过程。

5.6.5　WaitHandle

System.Threading.WaitHandle 是从 MarshalByRefObject 类继承的类，并被用于同步应用程序中运行的线程。

阻塞（Blocking）和发出信号（Signaling）将被用于使用 WaitHandle 同步线程。

调用 WaitHandle 类的任何方法都可以阻塞线程，而释放线程则取决于选择的 Signaling 构造的类型。

WaitHandle 类有以下方法。

- WaitOne：阻塞调用线程，直至它从正在等待的 WaitHandle（等待句柄）接收到一个信号为止。
- WaitAll：阻塞调用线程，直至它从正在等待的所有 WaitHandle（等待句柄）接收到信号为止。

WaitAll 的签名如下：

```
public static bool WaitAll (System.Threading.WaitHandle[]
waitHandles, TimeSpan timeout, bool exitContext);
```

以下示例使用两个线程来模拟两个不同的服务调用。这两个线程将并行执行，但是在将 sum 值打印到控制台之前将等待 WaitHandle.WaitAll(waitHandles)，具体如下：

```
static int _dataFromService1 = 0;
static int _dataFromService2 = 0;
private static void WaitAll()
{
    List<WaitHandle> waitHandles = new List<WaitHandle>
        {
            new AutoResetEvent(false),
            new AutoResetEvent(false)
        };
    ThreadPool.QueueUserWorkItem(new WaitCallback
     (FetchDataFromService1), waitHandles.First());
    ThreadPool.QueueUserWorkItem(new WaitCallback
     (FetchDataFromService2), waitHandles.Last());
    // 等待所有线程（waitHandles）调用.Set()方法
    // 即等待从两个服务返回的数据
    WaitHandle.WaitAll(waitHandles.ToArray());
    Console.WriteLine($"The Sum is
     {_dataFromService1 + _dataFromService2}");
}
private static void FetchDataFromService1(object state)
{
    Thread.Sleep(1000);
    _dataFromService1 = 890;
    var autoResetEvent = state as AutoResetEvent;
    autoResetEvent.Set();
```

```
}
private static void FetchDataFromService2(object state)
{
    Thread.Sleep(1000);
    _dataFromService2 = 3;
    var autoResetEvent = state as AutoResetEvent;
    autoResetEvent.Set();
}
```

运行上述代码，其输出如图 5-17 所示。

```
C:\Program Files\dotnet\dotnet.exe
The Sum is 893
```

图 5-17

- WaitAny：阻塞调用线程，直至它从正在等待的任何 WaitHandle（等待句柄）接收到信号为止。

WaitAny 方法的签名如下：

```
public static int WaitAny (System.Threading.WaitHandle[] waitHandles);
```

以下示例使用两个线程来执行项目搜索。这两个线程将按并行方式执行，并且程序在将项目索引打印到控制台之前，将在 WaitHandle.WaitAny(waitHandles)方法中等待任何线程完成执行。

我们有两种方法，即二分搜索（Binary Search）和线性搜索（Linear Search），它们分别使用二分算法和线性算法来执行搜索。我们希望从这两种方法之一获得尽可能快的结果。也就是说，谁更快就使用谁的结果。可以通过使用 AutoResetEvent 发出信号来实现此目的，结果将存储在 findIndex 和 WinnerAlgo 全局变量中，具体如下：

```
static int findIndex = -1;
static string winnerAlgo = string.Empty;
private static void BinarySearch(object state)
{
    dynamic data = state;
    int[] x = data.Range;
    int valueToFind = data.ItemToFind;
    AutoResetEvent autoResetEvent = data.WaitHandle
     as AutoResetEvent;

    // 使用.NET 框架内置的二分搜索算法进行搜索
    int foundIndex = Array.BinarySearch(x, valueToFind);
```

```
    // 将结果存储为全局变量
    Interlocked.CompareExchange(ref findIndex, foundIndex, -1);
    Interlocked.CompareExchange(ref winnerAlgo, "BinarySearch",
     string.Empty);
    // 发出信号事件
    autoResetEvent.Set();
}

public static void LinearSearch( object state)
{
    dynamic data = state;
    int[] x = data.Range;
    int valueToFind = data.ItemToFind;
    AutoResetEvent autoResetEvent = data.WaitHandle as
AutoResetEvent;
    int foundIndex = -1;
    // 使用 for 循环线性搜索项目
    for (int i = 0; i < x.Length; i++)
    {
        if (valueToFind == x[i])
        {
            foundIndex = i;
        }
    }
    // 将结果存储为全局变量
    Interlocked.CompareExchange(ref findIndex, foundIndex, -1);
    Interlocked.CompareExchange(ref winnerAlgo, "LinearSearch",
     string.Empty);
    // 发出信号事件
    autoResetEvent.Set();
}
```

以下代码使用 ThreadPool 并行调用这两种算法：

```
private static void AlgoSolverWaitAny()
{
    WaitHandle[] waitHandles = new WaitHandle[]
    {
    new AutoResetEvent(false),
    new AutoResetEvent(false)
    };
    var itemToSearch = 15000;
    var range = Enumerable.Range(1, 100000).ToArray();
    ThreadPool.QueueUserWorkItem(new WaitCallback
```

```
    (LinearSearch),new {Range = range,ItemToFind =
    itemToSearch, WaitHandle= waitHandles[0] });

   ThreadPool.QueueUserWorkItem(new WaitCallback(BinarySearch),
    new { Range = range, ItemToFind =
    itemToSearch, WaitHandle = waitHandles[1] });
   WaitHandle.WaitAny(waitHandles);
   Console.WriteLine($"Item found at index {findIndex} and faster
    algo is {winnerAlgo}" );
}
```

- SignalAndWait：此方法用于在等待句柄上调用 Set()，并为另一个等待句柄调用 WaitOne。在多线程环境中，可以利用此方法一次释放一个线程，然后重置以等待下一个线程。

SignalAndWait 方法的签名如下：

```
public static bool SignalAndWait (System.Threading.WaitHandle toSignal,
System.Threading.WaitHandle toWaitOn);
```

5.7 轻量级同步原语

.NET Framework 还提供了轻量级的同步原语，其性能比同类原语更好。它们尽可能避免依赖内核对象（如等待句柄），因此它们仅在进程内部工作。当线程的等待时间很短时，应使用这些原语。轻量级同步原语可以分为两类，本节将详细讨论它们。

5.7.1 Slim 锁

Slim 的原意是“苗条、纤细”，Slim 锁就是传统同步原语的轻量级实现，可以通过减少开销来提高性能。

表 5-2 显示了传统同步原语及其相应的 Slim 版本。

表 5-2 传统同步原语和相应的 Slim 版本

传统同步原语	Slim 版本
ReaderWriterLock	ReaderWriterLockSlim
Semaphore	SemaphoreSlim
ManualResetEvent	ManualResetEventSlim

接下来将详细介绍这些 Slim 锁。

5.7.2 ReaderWriterLockSlim

ReaderWriterLockSlim 是 ReaderWriterLock 的轻量级实现。它代表一种可用于管理受保护资源的锁，其具体管理方式是，允许多个线程共享受保护资源的读访问权限，而仅允许一个线程拥有写访问权限。

以下示例使用 ReaderWriterLockSlim 来保护一个列表，有 3 个 Reader 线程共享该列表的读取权限，但只有一个 Writer 线程有写入权限：

```
static ReaderWriterLockSlim _readerWriterLockSlim = new
ReaderWriterLockSlim();
static List<int> _list = new List<int>();
private static void ReaderWriteLockSlim()
{
    Task writerTask = Task.Factory.StartNew( WriterTask);
    for (int i = 0; i < 3; i++)
    {
        Task readerTask = Task.Factory.StartNew(ReaderTask);
    }
}
static void WriterTask()
{
    for (int i = 0; i < 4; i++)
    {
        try
            {
            _readerWriterLockSlim.EnterWriteLock();
            Console.WriteLine($"Entered WriteLock on Task
{Task.CurrentId}");
            int random = new Random().Next(1, 10);
            _list.Add(random);
            Console.WriteLine($"Added {random} to list on Task
{Task.CurrentId}");
            Console.WriteLine($"Exiting WriteLock on Task
{Task.CurrentId}");
            }
        finally
            {
            _readerWriterLockSlim.ExitWriteLock();
            }
        Thread.Sleep(1000);
    }
}
static void ReaderTask()
```

```
{
    for (int i = 0; i < 2; i++)
    {
        _readerWriterLockSlim.EnterReadLock();
        Console.WriteLine($"Entered ReadLock on Task {Task.CurrentId}");
        Console.WriteLine($"Items: {_list.Select(j=>j.ToString
()).Aggregate((a, b) =>
         a + "," + b)} on Task {Task.CurrentId}");
        Console.WriteLine($"Exiting ReadLock on Task {Task.CurrentId}");
        _readerWriterLockSlim.ExitReadLock();
        Thread.Sleep(1000);
    }
}
```

运行上述代码，其输出如图 5-18 所示。

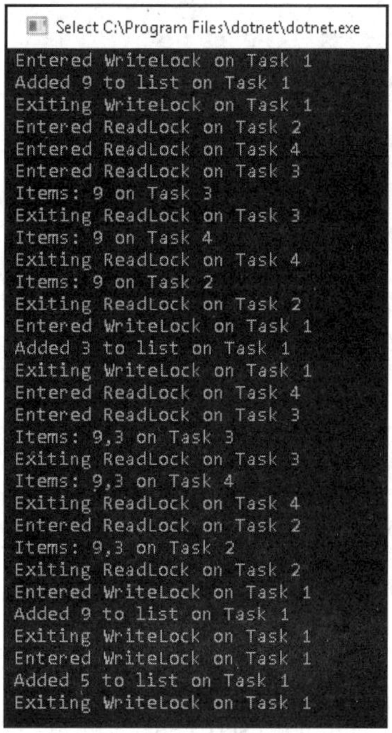

```
Select C:\Program Files\dotnet\dotnet.exe
Entered WriteLock on Task 1
Added 9 to list on Task 1
Exiting WriteLock on Task 1
Entered ReadLock on Task 2
Entered ReadLock on Task 4
Entered ReadLock on Task 3
Items: 9 on Task 3
Exiting ReadLock on Task 3
Items: 9 on Task 4
Exiting ReadLock on Task 4
Items: 9 on Task 2
Exiting ReadLock on Task 2
Entered WriteLock on Task 1
Added 3 to list on Task 1
Exiting WriteLock on Task 1
Entered ReadLock on Task 4
Entered ReadLock on Task 3
Items: 9,3 on Task 3
Exiting ReadLock on Task 3
Items: 9,3 on Task 4
Exiting ReadLock on Task 4
Entered ReadLock on Task 2
Items: 9,3 on Task 2
Exiting ReadLock on Task 2
Entered WriteLock on Task 1
Added 9 to list on Task 1
Exiting WriteLock on Task 1
Entered WriteLock on Task 1
Added 5 to list on Task 1
Exiting WriteLock on Task 1
```

图 5-18

5.7.3 SemaphoreSlim

SemaphoreSlim 是 Semaphore 的轻量级实现。它限制了多个线程对受保护资源的访问。以下是 5.5.3 节“信号量”中 Semaphore 程序的 Slim 版：

```
private static void ThrottlerUsingSemaphoreSlim()
        {
            var range = Enumerable.Range(1, 12);
            SemaphoreSlim semaphore = new SemaphoreSlim(3, 3);
            range.AsParallel().AsOrdered().ForAll(i =>
            {
                try
                {
                    semaphore.Wait();
                    Console.WriteLine($"Index {i} making service call using
Task {Task.CurrentId}");
                    // 模拟 HTTP 调用
                    CallService(i);
                    Console.WriteLine($"Index {i} releasing semaphore using
Task {Task.CurrentId}");
                }
                finally
                {
                    semaphore.Release();
                }
            });
        }
        private static void CallService(int i)
        {
            Thread.Sleep(1000);
        }
```

在上述代码中可以看到，除了用 SemaphoreSlim 替换 Semaphore 类，还使用了 Wait()方法替换 WaitOne()方法，因为本示例将允许多个线程通过，所以 Wait()方法更有意义。

另一个重要的区别是，SemaphoreSlim 始终是作为局部信号量创建的，这与 Semaphore 不同，Semaphore 也可以创建为全局信号量。

5.7.4　ManualResetEventSlim

ManualResetEventSlim 是 ManualResetEvent 的轻量级实现。与 ManualResetEvent 相比，它具有更好的性能和更少的开销。

可以使用以下语法创建一个 ManualResetEventSlim 对象，就像 ManualResetEvent 一样：

```
ManualResetEventSlim manualResetEvent = new ManualResetEventSlim(false);
```

与其他 Slim 版本一样，不要忘记用 Wait()方法替换 WaitOne()方法。

你可以按上面介绍的要点修改 5.6.4 节“ManualResetEvent”中的示例代码，看看新的 ManualResetEventSlim 是否能正常工作。

5.8 屏障和倒数事件

.NET Framework 具有一些内置的信号原语，可以帮助我们同步多个线程，而无须编写大量同步逻辑。所有同步由已提供的数据结构在内部处理。在此介绍两个非常重要的信号原语，即 CountDownEvent（倒数事件）和 Barrier（屏障）。

- CountDownEvent：System.Threading.CountDownEvent 类引用一个事件，该事件在其计数变为 0 时发出信号。
- Barrier：Barrier 类允许多个线程运行，而无须主线程控制它们。它创建了一个屏障，参与线程必须等待直至所有线程到达。对于需要并行且分阶段进行的工作，Barrier 的工作非常有效。

5.9 使用 Barrier 和 CountDownEvent 的案例研究

假设我们需要从动态托管的两个服务中获取数据。在从服务 1 获取数据之前，我们需要托管它。提取数据后，需要将其关闭。只有在关闭服务 1 时，才能启动服务 2 并从中获取数据。我们还需要尽快获取数据。现在来编写一些代码以满足这种应用场景的要求。

首先，创建包含 5 个参与线程的 Barrier，代码如下：

```
static Barrier serviceBarrier = new Barrier(5);
```

然后，创建两个 CountdownEvent，当有 6 个线程通过它时将触发服务的启动或关闭。为什么是 6 个呢？因为前面创建的 5 个 Worker 任务将参与其中，另外还有一个任务将管理服务的启动或关闭，代码如下：

```
static CountdownEvent serviceHost1CountdownEvent = new CountdownEvent(6);
static CountdownEvent serviceHost2CountdownEvent = new CountdownEvent(6);
```

最后，创建另一个计数为 5 的 CountdownEvent。这是指在事件发送信号之前可以通过的线程数。当所有 Worker 任务完成执行时，CountdownEvent 将触发，代码如下：

```
static CountdownEvent finishCountdownEvent = new CountdownEvent(5);
```

以下是 serviceManagerTask 实现：

```
Task serviceManager = Task.Factory.StartNew(() =>
        {
```

```
            // 阻塞直至由任何线程设置了服务名称
            while (string.IsNullOrEmpty(_serviceName))
                Thread.Sleep(1000);
            string serviceName = _serviceName;
            HostService(serviceName);
            // 现在给其他线程发送信号以继续调用服务 1
            serviceHost1CountdownEvent.Signal();
            // 等待 Worker 任务完成服务 1 调用
            serviceHost1CountdownEvent.Wait();
            // 阻塞直至由任何线程设置了服务名称
            while (_serviceName != "Service2")
                Thread.Sleep(1000);
            Console.WriteLine($"All tasks completed for service
{serviceName}.");
            // 关闭当前并启动另一个服务
            CloseService(serviceName);
            HostService(_serviceName);
            // 现在给其他线程发送信号以继续调用服务 2
            serviceHost2CountdownEvent.Signal();
            serviceHost2CountdownEvent.Wait();
            // 等待 Worker 任务完成服务 2 调用
            finishCountdownEvent.Wait();
            CloseService(_serviceName);
            Console.WriteLine($"All tasks completed for service
{_serviceName}.");
        });
```

以下是 Worker 任务执行的方法：

```
    private static void GetDataFromService1And2(int j)
    {
        _serviceName = "Service1";
        serviceHost1CountdownEvent.Signal();
        Console.WriteLine($"Task with id {Task.CurrentId} signalled
countdown event and waiting for service to start");
        // 等待任务启动
        serviceHost1CountdownEvent.Wait();
        Console.WriteLine($"Task with id {Task.CurrentId} fetching data
from service ");
        serviceBarrier.SignalAndWait();
        // 改变服务名称
        _serviceName = "Service2";
        // 信号倒数事件
```

```
            serviceHost2CountdownEvent.Signal();
            Console.WriteLine($"Task with id {Task.CurrentId} signalled
countdown event and waiting for service to start");
            serviceHost2CountdownEvent.Wait();
            Console.WriteLine($"Task with id {Task.CurrentId} fetching data
from service ");
            serviceBarrier.SignalAndWait();
            // 信号倒数事件
            finishCountdownEvent.Signal();
      }
// 最后生成 Worker 任务
 for (int i = 0; i < 5; ++i)
            {
                  int j = i;
                  tasks[j] = Task.Factory.StartNew(() =>
                  {
                        GetDataFromService1And2(j);
                  });
            }
            Task.WaitAll(tasks);
            Console.WriteLine("Fetch completed");
```

运行上述代码，其输出如图 5-19 所示。

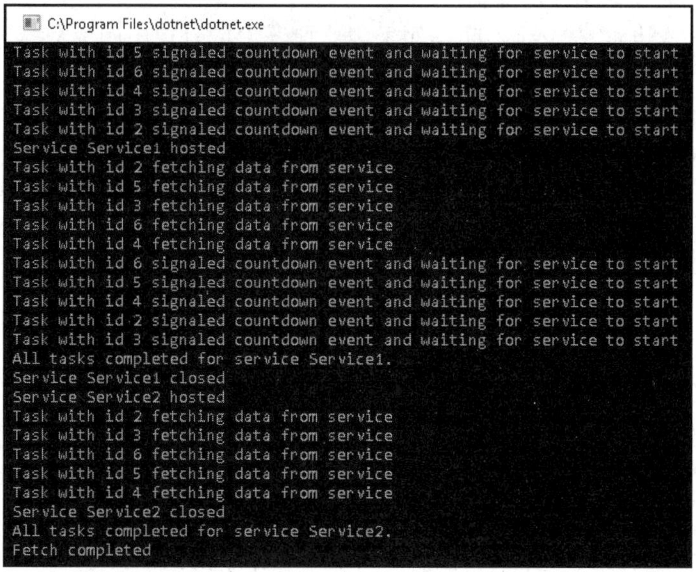

```
C:\Program Files\dotnet\dotnet.exe
Task with id 5 signaled countdown event and waiting for service to start
Task with id 6 signaled countdown event and waiting for service to start
Task with id 4 signaled countdown event and waiting for service to start
Task with id 3 signaled countdown event and waiting for service to start
Task with id 2 signaled countdown event and waiting for service to start
Service Service1 hosted
Task with id 2 fetching data from service
Task with id 5 fetching data from service
Task with id 3 fetching data from service
Task with id 6 fetching data from service
Task with id 4 fetching data from service
Task with id 6 signaled countdown event and waiting for service to start
Task with id 5 signaled countdown event and waiting for service to start
Task with id 4 signaled countdown event and waiting for service to start
Task with id 2 signaled countdown event and waiting for service to start
Task with id 3 signaled countdown event and waiting for service to start
All tasks completed for service Service1.
Service Service1 closed
Service Service2 hosted
Task with id 2 fetching data from service
Task with id 3 fetching data from service
Task with id 6 fetching data from service
Task with id 5 fetching data from service
Task with id 4 fetching data from service
Service Service2 closed
All tasks completed for service Service2.
Fetch completed
```

图 5-19

需要指出的是，阻塞也是有性能成本的，因为它涉及上下文切换。

接下来将介绍自旋技术，该技术可以帮助消除上下文切换的开销。

5.10 SpinWait

在 5.4.3 节“阻塞与自旋”中已经介绍过，如果等待的时间很短，那么采用自旋技术要比阻塞更有效，因为自旋减少了与上下文切换和转换相关的内核开销。

可以按以下方式创建一个 SpinWait 对象：

```
var spin = new SpinWait();
```

然后，无论何时需要自旋，都可以调用以下命令：

```
spin.SpinOnce();
```

5.11 自 旋 锁

如果等待的时间很短，则锁和互锁原语可能会大大降低性能。自旋锁（SpinLock）提供了一种轻量级的低级替代选项。

SpinLock 是一种值类型，因此，如果想要在多个地方使用同一对象，则需要通过引用传递它。出于性能原因，即使 SpinLock 甚至还没有获得锁，它也会产生线程的时间片，以便垃圾收集器（Garbage Collector）可以有效地工作。

默认情况下，SpinLock 不支持线程跟踪——线程跟踪是指确定哪个线程已获取锁。当然，你也可以打开此功能。建议仅将线程跟踪功能用于调试，而不要用于生产环境，因为它会降低性能。

要使用自旋锁，可以先创建一个 SpinLock 对象，具体如下：

```
static SpinLock _spinLock = new SpinLock();
```

然后创建一个将由各种线程调用的方法并更新全局静态列表，具体如下：

```
static List<int> _itemsList = new List<int>();
        private static void SpinLock(int number)
        {
            bool lockTaken = false;
            try
            {
```

```
                Console.WriteLine($"Task {Task.CurrentId} Waiting for
lock");
                _spinLock.Enter(ref lockTaken);
                Console.WriteLine($"Task {Task.CurrentId} Updating list");
                _itemsList.Add(number);
            }
            finally
            {
                if (lockTaken)
                {
                    Console.WriteLine($"Task {Task.CurrentId} Exiting
Update");
                    _spinLock.Exit(false);
                }
            }
        }
```

可以看到，上述锁是使用_spinLock.Enter(ref lockTaken) 方法获取的，而释放则使用的是_spinLock.Exit(false)。这两个语句之间的所有操作都将在所有线程之间同步执行。

现在可以在并行循环中调用上述方法：

```
Parallel.For(1, 5, (i) => SpinLock(i));
```

如果使用锁原语，则其同步输出如图 5-20 所示。

```
Task 2 Waiting for lock
Task 3 Waiting for lock
Task 4 Waiting for lock
Task 1 Waiting for lock
Task 2 Updting list
Task 2 Exiting Update
Task 4 Updting list
Task 4 Exiting Update
Task 1 Updting list
Task 1 Exiting Update
Task 3 Updting list
Task 3 Exiting Update
```

图 5-20

根据经验，如果任务很小，则可以通过使用自旋来完全避免上下文切换。

5.12　小　　结

本章详细阐释了.NET Core 提供的同步原语。如果要编写并行代码并确保正确（即使有多个线程在运行），则必须使用同步原语。同步原语会带来性能开销，因此，建议尽量使用其相应的 Slim 版本。

本章还介绍了信号原语，当线程需要处理某些外部事件时，可以非常方便地使用它们。

此外，本章还讨论了屏障和倒数事件，这有助于程序员避免代码同步问题，并且无须编写额外的代码。

最后，简要介绍了一些自旋技术（即 SpinLock 和 SpinWait），使用这些技术可以消除由于阻塞而产生的性能开销。

在第 6 章中将学习由.NET Core 提供的各种数据结构。这些数据结构将自动同步并支持并行。

5.13　牛刀小试

（1）以下哪一项可用于跨进程同步？

A．Lock

B．Interlocked.Increment

C．Interlocked.MemoryBarrierProcessWide

D．Thread.MemoryBarrier

（2）以下哪一项不是有效的内存屏障？

A．读取内存屏障

B．半内存屏障

C．全能型内存屏障

D．读取并执行内存屏障

（3）不能从以下哪一种状态中恢复线程？

A．WaitSleepJoin

B．Suspended

C．Aborted

D．Stopped

（4）一个未命名的信号量可以在哪里提供同步？

A．在进程中

B．跨进程

C．跨线程

D．以上都可以

（5）以下哪一项支持跟踪线程？

A．SpinWait

B．SpinLock

C．SemaphoreSlim

D．WaitHandle

第 6 章　使用并发集合

在第 5 章中，我们看到了一些并行编程的实现。在这些编程实现中，需要保护资源，以防止多个线程同时访问资源。

同步原语的实现需要一定的技巧。一般来说，共享资源是一个可以由多个线程读写的集合，由于可以通过多种方式（如通过使用 Enumerate、Read、Write、Sort 或 Filter 等）访问集合，因此，使用原语编写包含托管同步的自定义集合变得比较困难。有鉴于此，我们始终需要线程安全（Thread-Safe）的集合。

本章将学习 C#中可用于并行开发的各种编程结构。

本章将讨论以下主题。

- 并发集合详解。
- 多生产者-消费者应用场景。
- 使用 ConcurrentDictionary<TKey, TValue>。

6.1　技术要求

要完成本章的学习，你应该熟悉任务并行库（TPL）和 C#。

本章所有源代码都可以在以下 GitHub 存储库中找到。

https://github.com/PacktPublishing/Hands-On-Parallel-Programming-with-C-8-and-.NET-Core-3/tree/master/Chapter06

6.2　并发集合详解

从.NET Framework 4 开始，许多线程安全集合被添加到.NET 库中。还添加了一个新的命名空间 System.Threading.Concurrent。这包括以下结构。

- IProducerConsumerCollection<T>。
- BlockingCollection<T>。
- ConcurrentDictionary<TKey, TValue>。

当使用上述结构时，不需要任何同步，并且读取和更新都可以原子方式完成。

就集合而言，线程安全并不是一个全新的概念。所谓线程安全，就是指在拥有共享数据的多条线程并行执行的程序中，代码会通过同步机制保证各个线程都可以正确执行，而不会出现数据污染等意外情况。

因此，线程安全的概念可谓早已有之，即使是使用诸如 ArrayList 和 Hashtable 之类的早期的集合，Synchronized 属性也已被公开，这使得以线程安全的方式访问这些集合成为可能。但是，它们也带来了性能上的损失，因为为了使集合具有线程安全性，整个集合在每次读取或更新操作时都被包装在一个锁中。

并发集合（Concurrent Collection）包装轻量级的 Slim 同步原语，如 SpinLock、SpinWait、SemaphoreSlim 和 CountDownEvent 等，因此使它们在内核上的负担减轻了。如前文所述，在等待时间很短的情况下，自旋比阻塞要有效得多。此外，如果等待时间变长，也可以使用适当的内置算法，将轻量级锁转换为内核锁。

6.2.1　关于 IProducerConsumerCollection<T>

顾名思义，IProducerConsumerCollection<T>是生产者（Producer）和消费者（Consumer）集合，是为它们的通用同类对象（如 Stack<T>和 Queue<T>）提供有效的无锁替代的集合。任何生产者或消费者集合都必须允许用户添加项目和删除项目。

.NET Framework 提供 IProducerConsumerCollection<T>接口，该接口表示线程安全的队列、堆栈和包。以下是实现该接口的类。

- ConcurrentQueue<T>。
- ConcurrentStack<T>。
- ConcurrentBag<T>。

IProducerConsumerCollection<T>接口提供两种重要的方法，即 TryAdd 和 TryTake。

TryAdd 的语法如下：

```
bool TryAdd(T item);
```

TryAdd 方法可以添加一个项目并返回 true。如果添加项目有任何问题，它将返回 false。

TryTake 的语法如下：

```
bool TryTake(out T item);
```

TryTake 方法可以删除一个项目并返回 true。如果删除项目有任何问题，它将返回 false。

6.2.2　使用 ConcurrentQueue<T>

并发队列可用于解决应用程序编程中的生产者/消费者应用场景的问题。在生产者/消费者编程模式中，有一个或多个线程产生数据，另外还有一个或多个线程消耗数据。这导致线程之间的竞争状况。可以通过以下方法解决此问题。

- 使用队列。
- 使用 ConcurrentQueue<T>。

基于哪个线程（生产者/消费者）负责添加/使用数据，生产者-消费者模式也可以分为以下两种类型。

- 纯生产者-消费者模式：在该模式中，一个线程只能扮演一种角色，即添加（生产）数据或使用（消费）数据，而不能既添加数据又使用数据。
- 混合生产者-消费者模式：在该模式中，任何线程都可以既添加数据又使用数据。

我们可以先尝试使用队列解决生产者-消费者应用场景的问题。

6.2.3　使用队列解决生产者-消费者问题

在使用队列解决生产者-消费者问题示例中，我们将使用在 System.Collections 命名空间中定义的队列创建生产者和消费者。在该应用场景中，将有多个任务尝试读取或写入队列，我们需要确保读取和写入均是原子的。具体步骤如下。

（1）创建 queue，并用一些数据填充它，代码如下：

```
Queue<int> queue = new Queue<int>();
for (int i = 0; i < 500; i++)
{
    queue.Enqueue(i);
}
```

（2）声明一个变量 sum，它将保留最终结果，代码如下：

```
int sum = 0;
```

（3）创建一个并行循环，该循环将使用多个任务从队列中读取项目，并以线程安全的方式将总和添加到先前声明的 sum 变量中，代码如下：

```
Parallel.For(0, 500, (i) =>
{
    int localSum = 0;
    int localValue;
```

```
    while (queue.TryDequeue(out localValue))
    {
        Thread.Sleep(10);
        localSum += localValue;
    }
    Interlocked.Add(ref sum, localSum);
});
Console.WriteLine($"Calculated Sum is {sum} and should be
{Enumerable.Range(0, 500).Sum()}");
```

运行上述程序，将获得如图 6-1 所示的输出。可以看到，由于在尝试并发读取的任务之间发生了竞争状况，因此结果与预期不符。从 0 累加到 500（不含 500）的整数和应该是 124750，但计算出的结果却是 125599。

图 6-1

因此，为了使上面的程序是线程安全的，可以按以下方式修改并行循环代码，给关键节加锁：

```
Parallel.For(0, 500, (i) =>
{
    int localSum = 0;
    int localValue;
    Monitor.Enter(_locker);
    while (cq.TryDequeue(out localValue))
    {
        Thread.Sleep(10);
        localSum += localValue;
    }
    Monitor.Exit(_locker);
    Interlocked.Add(ref sum, localSum);
});
```

类似地，在更复杂的情况下，我们需要将所有读/写点同步到公开给并行代码的队列中。运行上述代码，其输出如图 6-2 所示。

C:\Program Files\dotnet\dotnet.exe
Calculated Sum is 124750 and should be 124750

图 6-2

可以看到，程序现在可以正常运行，获得预期的结果。但是，它存在额外的同步开销，在频繁读取或写入的情况下，甚至可能导致死锁。

6.2.4　使用并发队列解决问题

如果使用队列解决生产者-消费者问题不能取得令人满意的效果，可以考虑通过使用 System.Collections.Concurrent.ConcurrentQueue 类来解决问题。该类是队列的线程安全版本。

现在可以使用并发队列来修改前述代码，具体如下：

```
private static void ProducerConsumerUsingConcurrentQueues()
{
    // 创建队列
    ConcurrentQueue<int> cq = new ConcurrentQueue<int>();
    // 填充队列
    for (int i = 0; i < 500; i++){
        cq.Enqueue(i);
    }
    int sum = 0;
    Parallel.For(0, 500, (i) =>
    {
        int localSum = 0;
        int localValue;
        while (cq.TryDequeue(out localValue))
        {
            Thread.Sleep(10);
            localSum += localValue;
        }
        Interlocked.Add(ref sum, localSum);
    });
    Console.WriteLine($"outerSum = {sum}, should be {Enumerable.Range(0,
500).Sum()}");
}
```

可以看到，与之前的代码相比，我们只是使用 ConcurrentQueue<int>替换了有同步开销的 Queue<int>。使用 ConcurrentQueue 不必担心其他同步原语。

运行上述代码，其输出如图 6-3 所示。

```
C:\Program Files\dotnet\dotnet.exe
Calculated Sum is 124750 and should be 124750
```

图 6-3

与 Queue<T>一样，ConcurrentQueue<T>的工作模式也是先进先出（First In First Out，FIFO）。

6.2.5 Queue<T>与 ConcurrentQueue<T>性能对比

在以下应用场景中都可以考虑使用 ConcurrentQueue，因为在这些情况下，与 Queue<T>相比，ConcurrentQueue<T>具有一定的性能优势。

- 在纯生产者-消费者应用场景中：每个项目的处理时间都很短。
- 在纯生产者-消费者应用场景中：只有一个专用的生产者线程或只有一个专用的消费者线程。
- 在纯生产者-消费者和混合生产者-消费者应用场景中：处理速度为 500 FLOPS 或以上。FLOPS 是指每秒浮点运算（Floating-Point Operations Per Second）。

在混合生产者-消费者应用场景中，应在并发队列上使用队列，以缩短每个项目的处理时间，进而提高性能。

6.2.6 使用 ConcurrentStack<T>

ConcurrentStack<T>是 Stack<T>的并发版本，并实现了 IProducerConsumerCollection<T>接口。我们可以将项目压入堆栈中或从堆栈中弹出项目，堆栈将按后进先出（Last In First Out，LIFO）模式工作。它不涉及内核级锁定，而是依靠自旋（Spinning）和比较交换（Compare-And-Swap，CAS）无锁算法来消除任何争用。

以下是 ConcurrentStack<T>类的一些重要方法。

- Clear：从集合中删除所有元素。
- Count：返回集合中元素的数量。
- IsEmpty：如果集合为空，则返回 true。
- Push (T item)：向集合中添加元素。
- TryPop (out T result)：从集合中移除一个元素，如果该元素被移除，则返回 true；否则，返回 false。
- PushRange (T [] items)：向集合中添加一系列项；该操作是按原子方式执行的。
- TryPopRange (T [] items)：从集合中删除一系列项目。

现在来看看如何创建并发堆栈实例。

6.2.7 创建并发堆栈

可以按以下方式创建并发堆栈实例并添加项目：

```
ConcurrentStack<int> concurrentStack = new ConcurrentStack<int>();
concurrentStack.Push (1);
concurrentStack.PushRange(new[] { 1,2,3,4,5});
```

也可以按以下方式从堆栈中获取项目：

```
int localValue;
concurrentStack.TryPop(out localValue)
concurrentStack.TryPopRange (new[] { 1,2,3,4,5});
```

以下是创建并发堆栈、添加项目，以及按并行方式迭代项目的完整代码：

```
private static void ProducerConsumerUsingConcurrentStack()
{
    // 创建队列
    ConcurrentStack<int> concurrentStack = new ConcurrentStack<int>();
    // 填充队列
    for (int i = 0; i < 500; i++){
        concurrentStack.Push(i);
    }
    concurrentStack.PushRange(new[] { 1,2,3,4,5});
    int sum = 0;
    Parallel.For(0, 500, (i) =>
    {
        int localSum = 0;
        int localValue;
        while (concurrentStack.TryPop(out localValue))
        {
            Thread.Sleep(10);
            localSum += localValue;
        }
        Interlocked.Add(ref sum, localSum);
    });
    Console.WriteLine($"outerSum = {sum}, should be 124765");
}
```

运行上述代码，其输出如图 6-4 所示。

```
C:\Program Files\dotnet\dotnet.exe
outerSum = 124765, should be 124765
```

图 6-4

6.2.8 使用 ConcurrentBag<T>

ConcurrentBag<T>是无序集合，这与 ConcurrentStack 和 ConcurrentQueues 都有所不同，因为后两者在存储和检索项目时会对其进行排序。

ConcurrentBag<T>已针对同一线程既充当生产者又充当消费者的情况进行了优化。

ConcurrentBag 还支持工作窃取算法，并为每个线程维护一个本地队列。

以下代码将创建 ConcurrentBag，并添加项目或从中获取项目：

```
ConcurrentBag<int> concurrentBag = new ConcurrentBag<int>();
// 添加项目
concurrentBag.Add(10);
int item;
// 获取项目
concurrentBag.TryTake(out item)
```

完整的代码如下：

```
static ConcurrentBag<int> concurrentBag = new ConcurrentBag<int>();
private static void ConcurrentBackDemo()
{
    ManualResetEventSlim manualResetEvent = new
ManualResetEventSlim(false);
    Task producerAndConsumerTask = Task.Factory.StartNew(() =>
    {
        for (int i = 1; i <= 3; ++i)
        {
            concurrentBag.Add(i);
        }
        // 允许第二个线程添加项目
        manualResetEvent.Wait();
        while (concurrentBag.IsEmpty == false)
        {
            int item;
            if (concurrentBag.TryTake(out item))
            {
                Console.WriteLine($"Item is {item}");
            }
        }
    });
    Task producerTask = Task.Factory.StartNew(() =>
    {
```

```
        for (int i = 4; i <= 6; ++i)
        {
            concurrentBag.Add(i);
        }
        manualResetEvent.Set();
    });
}
```

运行上述代码，其输出如图 6-5 所示。

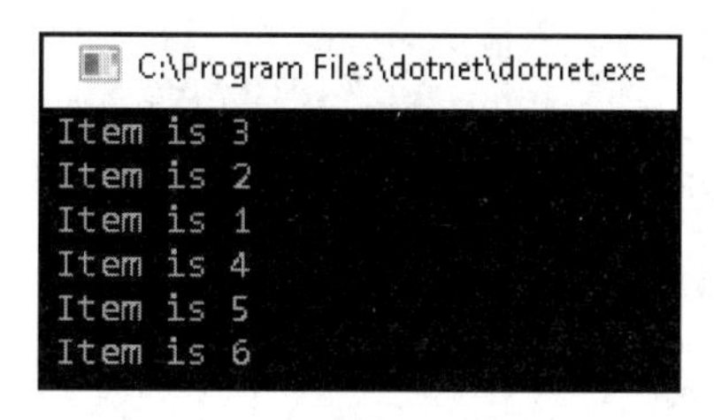

图 6-5

可以看到，每个线程都有一个线程本地队列。项目 1、2 和 3 被添加到 producerAndConsumerTask 的本地队列中，而项目 4、5 和 6 则被添加到 producerTask 的本地队列中。当 producerAndConsumerTask 已经添加了项目时，我们等待 producerTask 完成添加其项目。一旦所有项目被添加完成之后，producerAndConsumerTask 就开始检索项目。由于在本地队列中 producerAndConsumerTask 已经添加了 1、2 和 3，因此它将先处理这些项目，然后移至 producerTask 的本地队列中。

6.2.9　使用 BlockingCollection<T>

BlockingCollection<T>类是一个实现 IProduceConsumerCollection<T>接口的线程安全的集合。我们可以同时将项目添加到集合中或从集合中删除项目，而不必担心同步问题，因为同步是自动处理的。

BlockingCollection<T>类有两个线程，即生产者和消费者。生产者线程将产生数据，我们可以限制生产者线程产生的最大项目数，然后，生产者线程进入睡眠模式并被阻塞；消费者线程使用数据，并且在清空集合时被阻塞；生产者线程解除阻塞，而消费者线程则从集合中删除一些项目。

当生产者线程向集合中添加一些数据时，消费者线程将被解除阻塞。

综上所述，阻塞集合有两个重要方面，如下所示。

- 限制：这意味着我们可以将集合限制到某个最大值，此后不能添加任何新对象，并且生产者线程将进入睡眠模式。

- 阻塞：这意味着当集合为空时，我们可以阻塞消费者线程。

接下来将看一看如何创建阻塞集合。

6.2.10 创建 BlockingCollection<T>

以下代码将创建一个新的 BlockingCollection，它最多创建 10 个项目，此后，在消费者线程使用这些项目之前，它将进入阻塞状态。

```
BlockingCollection<int> blockingCollection = new
BlockingCollection<int>(10);
```

可以按以下方式将项目添加到集合中：

```
blockingCollection.Add(1);
blockingCollection.TryAdd(3, TimeSpan.FromSeconds(1))
```

也可以按以下方式从集合中删除项目：

```
int item = blockingCollection.Take();
blockingCollection.TryTake(out item, TimeSpan.FromSeconds(1))
```

当没有更多要添加的项目时，生产者线程将调用 CompleteAdding()方法，该方法会将集合的 IsAddingComplete 属性设置为 true。

当集合为空且 IsAddingComplete 也为 true 时，消费者线程将使用 IsCompleted 属性，这表明所有项目均已被处理，生产者将不再添加任何项目。

完整的代码如下：

```
BlockingCollection<int> blockingCollection = new
BlockingCollection<int>(10);
Task producerTask = Task.Factory.StartNew(() =>
{
    for (int i = 0; i < 5; ++i)
    {
        blockingCollection.Add(i);
    }
    blockingCollection.CompleteAdding();
});
Task consumerTask = Task.Factory.StartNew(() =>
{
    while (!blockingCollection.IsCompleted)
    {
```

```
        int item = blockingCollection.Take();
        Console.WriteLine($"Item retrieved is {item}");
    }
});
Task.WaitAll(producerTask, consumerTask);
```

运行上述代码，其输出如图 6-6 所示。

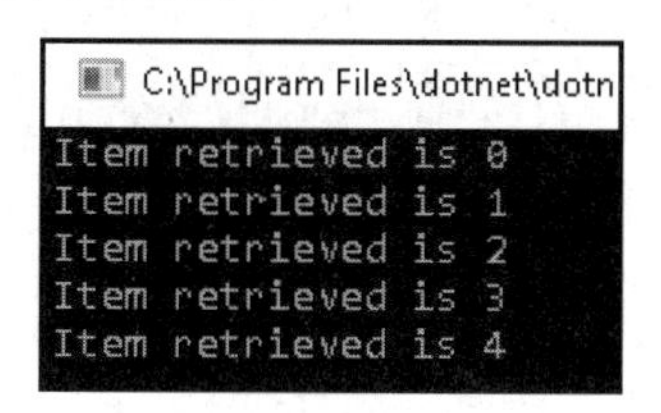

图 6-6

在掌握了并发集合的编程之后，在第 6.3 节中将继续深入讨论生产者-消费者应用场景，并了解如何处理多生产者/消费者的问题。

6.3　多生产者-消费者应用场景

本节将介绍当有多个生产者和消费者线程时，阻塞集合的工作方式。为便于理解，我们将创建两个生产者和一个消费者。生产者线程将产生项目。一旦所有生产者线程都调用了 CompleteAdding，消费者线程就会开始从集合中读取项目。

（1）创建包含多个生产者的阻塞集合，代码如下：

```
BlockingCollection<int>[] produceCollections = new
BlockingCollection<int>[2];
produceCollections[0] = new BlockingCollection<int>(5);
produceCollections[1] = new BlockingCollection<int>(5);
```

（2）创建两个生产者任务，它们将为生产者添加项目，代码如下：

```
Task producerTask1 = Task.Factory.StartNew(() =>
{
    for (int i = 1; i <= 5; ++i)
    {
        produceCollections[0].Add(i);
        Thread.Sleep(100);
    }
    produceCollections[0].CompleteAdding();
```

```
});
Task producerTask2 = Task.Factory.StartNew(() =>
{
    for (int i = 6; i <= 10; ++i)
    {
        produceCollections[1].Add(i);
        Thread.Sleep(200);
    }
    produceCollections[1].CompleteAdding();
});
```

（3）编写消费者逻辑，这些逻辑将在项目可用时尝试使用两个生产者集合中的项目，代码如下：

```
while (!produceCollections[0].IsCompleted ||
!produceCollections[1].IsCompleted)
{
 int item;
 BlockingCollection<int>.TryTakeFromAny(produceCollections, out item,
TimeSpan.FromSeconds(1));
 if (item != default(int))
 {
 Console.WriteLine($"Item fetched is {item}");
 }
}
```

从上述代码中可以看到，TryTakeFromAny 方法尝试从多个生产者处读取项目，并在项目可用时返回。

运行上述代码，其输出如图 6-7 所示。

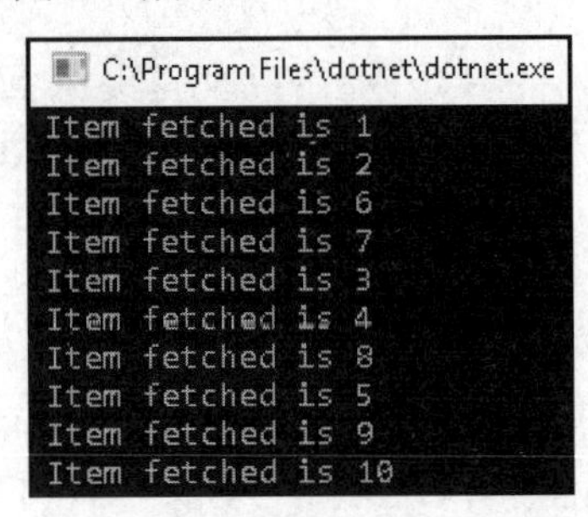

图 6-7

在编程实践中，我们经常会遇到一种情形，需要以并发方式将数据存储为键-值对（Key-Value Pairs）。在这种情况下，ConcurrentDictionary 集合非常有用，我们将在 6.4

节中详细介绍其应用。

6.4 使用 ConcurrentDictionary<TKey, TValue>

ConcurrentDictionary<TKey, TValue>可以表示线程安全的字典。它被用于保存可以以线程安全方式读取或写入的键-值对。

可以按以下方式创建 ConcurrentDictionary：

```
ConcurrentDictionary<int, int> concurrentDictionary = new
ConcurrentDictionary<int, int>();
```

也可以按以下方式将项目添加到字典中：

```
concurrentDictionary.TryAdd(i, i * i);
string value = (i * i).ToString();
// 添加或更新值
concurrentDictionary.AddOrUpdate(i, value,(key, val) => (key *
key).ToString());
// 提取键为 5 的项，如果该项不存在，则添加键为 5、值为 25 的项
concurrentDictionary.GetOrAdd(5, "25");
```

还可以按以下方式从字典中删除项目：

```
string value;
concurrentDictionary.TryRemove(5, out value);
```

字典中的项目可以按以下方式更新：

```
// 如果找到了一个值为 25 的键，则其值将被更新为 30
concurrentDictionary.TryUpdate(5, "30","25");
```

在下列代码中，我们将创建两个生产者线程，这些线程会将项目添加到字典中。生产者将创建一些重复的项目，并且字典将确保以线程安全的方式添加它们，而不会引发重复的键错误。生产者线程完成之后，消费者将使用 keys 或 values 属性读取所有项目，具体如下：

```
ConcurrentDictionary<int, string> concurrentDictionary = new
ConcurrentDictionary<int, string>();
Task producerTask1 = Task.Factory.StartNew(() =>
{
    for (int i = 0; i < 20; i++)
    {
```

```
        Thread.Sleep(100);
        concurrentDictionary.TryAdd(i, (i * i).ToString());
    }
});
Task producerTask2 = Task.Factory.StartNew(() =>
{
    for (int i = 10; i < 25; i++)
    {
        concurrentDictionary.TryAdd(i, (i * i).ToString());
    }
});
Task producerTask3 = Task.Factory.StartNew(() =>
{
    for (int i = 15; i < 20; i++)
    {
        Thread.Sleep(100);
        concurrentDictionary.AddOrUpdate(i, (i * i).ToString(),(key, value)
         => (key * key).ToString());
    }
});
Task.WaitAll(producerTask1, producerTask2);
Console.WriteLine("Keys are {0} ", string.Join(",",
concurrentDictionary.Keys.Select(c => c.ToString()).ToArray()));
```

运行上述代码，其输出如图 6-8 所示。

```
C:\Program Files\dotnet\dotnet.exe
Keys are 0,1,2,3,4,5,6,7,8,9,10,11,12,13,14,15,16,17,18,19,20,21,22,23,24
```

图 6-8

6.5　小　结

本章详细讨论了.NET Framework 中线程安全的集合。

并发集合在 System.Collection.Concurrent 命名空间中可用，并且在编程中有各种用例的集合。一些常见的用例需要包含字典和列表等的集合。

本章还讨论了生产者-消费者应用场景，其中的数据可由某些线程产生，同时又可以由其他线程使用。一般来说，在这些情况下会存在竞争状况，但是并发集合仍可以非常有效地处理它们。

在第 7 章中将学习通过延迟初始化模式来提高并行代码的性能。

6.6　牛 刀 小 试

（1）以下哪一项不是并发集合？

A．ConcurrentQueue<T>

B．ConcurrentBag<T>

C．ConcurrentStack<T>

D．ConcurrentList<T>

（2）在以下哪一个模式中，一个线程只能扮演一种角色，即添加（生产）数据或使用（消费）数据，而不能既添加数据又使用数据？

A．纯生产者-消费者模式

B．混合生产者-消费者模式

（3）在纯生产者-消费者模式中，当项目的处理时间很短时，队列将表现最佳。

A．正确

B．错误

（4）以下哪一项不是 ConcurrentStack 的成员？

A．Push

B．TryPop

C．TryPopRange

D．TryPush

（5）以下哪一项不是命名空间 System.Threading.Concurrent 中的结构？

A．ArrayList<T>

B．IProducerConsumerCollection<T>

C．BlockingCollection<T>

D．ConcurrentDictionary<TKey, TValue>

第 7 章　通过延迟初始化提高性能

在第 6 章中讨论了 C#中的线程安全并发集合。并发集合有助于提高并行代码的性能，而且开发人员无须担心同步开销。

本章将讨论更多有助于提高性能的概念，包括使用自定义实现以及内置构造。

本章将讨论以下主题。

- 延迟初始化概念简介。
- 关于 System.Lazy<T>。
- 使用延迟初始化模式处理异常。
- 线程本地存储的延迟初始化。
- 减少延迟初始化的开销。

7.1　技 术 要 求

要完成本章的学习，你应该熟悉任务并行库（TPL）和 C#。

本章所有源代码都可以在以下 GitHub 存储库中找到。

https://github.com/PacktPublishing/Hands-On-Parallel-Programming-with-C-8-and-.NET-Core-3/tree/master/Chapter07

7.2　延迟初始化概念简析

延迟加载（Lazy Load）是应用程序编程中常用的设计模式，在该模式中，我们将对象的创建推迟到应用程序实际需要它时才进行。用一句通俗的话来形容就是“临时抱佛脚”，所以也有人戏称它为“懒汉模式”。在日常生活中，“临时抱佛脚”是受人诟病的，但是，在编程设计中，正确使用延迟加载模式却可以显著提高应用程序的性能。

延迟加载模式的常见用法之一是在缓存预留模式（Cache Aside Pattern）中。对于在创建时需要很高的资源或内存成本的对象，可以使用缓存预留模式。我们无须多次创建对象，而是可以创建对象一次，然后将其缓存以备将来使用。

当对象的初始化从构造函数转移到方法或属性时，这种模式是可能的。仅在首次通过代码调用方法或属性时，才会初始化对象。然后将其缓存以供后续调用。

现在来看一个代码示例，它在构造函数中初始化基础数据成员，具体如下：

```
class _1Eager
{
    // 声明一个私有变量来保存数据
    Data _cachedData;
    public _1Eager()
    {
        // 创建对象后立即加载数据
        _cachedData = GetDataFromDatabase();
    }
    public Data GetOrCreate()
    {
        return _cachedData;
    }
    // 每次调用此方法时，都要创建一个虚拟数据对象
    private Data GetDataFromDatabase()
    {
        // 虚拟延迟
        Thread.Sleep(5000);
        return new Data();
    }
}
```

上述代码的问题在于，即使只能通过调用 GetOrCreate()方法访问基础对象，也要在创建对象后立即初始化基础数据。而在某些情况下，该程序甚至可能根本不会调用该方法，因此该设计会浪费内存。

延迟加载可以完全使用定制代码来实现，示例如下：

```
class _2SimpleLazy
{
    // 声明一个私有变量来保存数据
    Data _cachedData;

    public _2SimpleLazy()
    {
        // 从构造函数中删除初始化逻辑
        Console.WriteLine("Constructor called");
    }
    public Data GetOrCreate()
```

```
    {
        // 检查数据是否为空，如果为空则进行初始化
        if (_cachedData == null)
        {
            Console.WriteLine("Initializing object");
            _cachedData = GetDataFromDatabase();
        }
        Console.WriteLine("Data returned from cache");
        // 返回缓存的数据
        return _cachedData;
    }

    private Data GetDataFromDatabase()
    {
        // 虚拟延迟
        Thread.Sleep(5000);
        return new Data();
    }
}
```

从上述代码中可以看到，我们将初始化逻辑从构造函数移到了 GetOrCreate()方法，该方法在将该项目返回给调用方之前检查该项目是否在缓存中。如果缓存中不存在数据（_cachedData == null），则将其初始化。

以下是调用上述方法的代码：

```
public static void Main(){
    _2SimpleLazy lazy = new _2SimpleLazy();
     var data = lazy.GetOrCreate();
     data = lazy.GetOrCreate();
}
```

运行上述代码，其输出如图 7-1 所示。

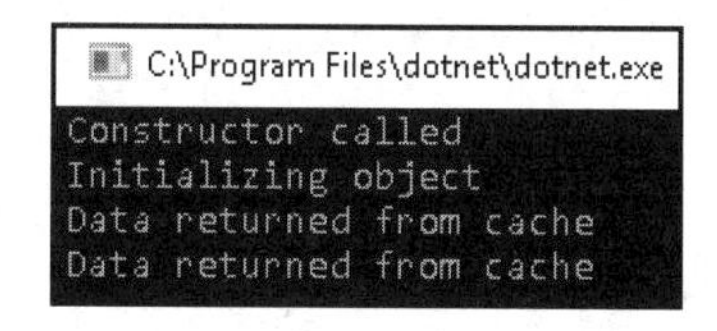

图 7-1

上述代码虽然实现了延迟初始化，但它也有潜在的多重加载问题。这意味着，如果多个线程同时调用 GetOrCreate()方法，则对数据库的调用可能会运行多次。

上述问题可以通过引入锁定来改善。对于预留缓存模式，可以使用另一种模式，即

双重检查锁定。示例代码如下：

```
class _2ThreadSafeSimpleLazy
{
    Data _cachedData;
    static object _locker = new object();

    public Data GetOrCreate()
    {
        // 尝试加载缓存的数据
        var data = _cachedData;
        // 如果数据尚未创建
        if (data == null)
        {
            // 锁定共享资源
            lock (_locker)
            {
                // 第二次尝试从缓存中加载数据
                // 因为当前线程正在等待锁时
                // 缓存可能已被另一个线程填充
                data = _cachedData;
                // 如果数据尚未创建
                if (data == null)
                {
                    // 从数据库加载数据并缓存以备后用
                    data = GetDataFromDatabase();
                    _cachedData = data;
                }
            }
        }
        return _cachedData;
    }
    private Data GetDataFromDatabase()
    {
        // 虚拟延迟
        Thread.Sleep(5000);
        return new Data();
    }
    public void ResetCache()
    {
        _cachedData = null;
    }
}
```

上述代码非常清晰易懂，所以不再多做解释。

可以看到，从头开始创建延迟模式较为复杂。幸运的是，.NET Framework 为延迟模式提供了数据结构。

7.3　关于 System.Lazy<T>

.NET Framework 提供了一个 System.Lazy<T>类，该类具有延迟初始化的所有优点，而且开发人员无须担心同步开销。

使用 System.Lazy<T>创建的对象其初始化被推迟到首次访问它们之前。通过 7.2 节中演示的自定义延迟代码，你应该明白，它实际上就是将初始化部分从构造函数转移到了支持延迟初始化的方法/属性部分。使用 Lazy<T>的好处是，我们不需要修改任何代码。

有多种方式可以在 C#中实现延迟初始化模式。其中包括以下两种。

- 封装在构造函数中的构造逻辑。
- 作为委托传递给 Lazy<T>的构造逻辑。

接下来将深入讨论这些方式。

7.3.1　封装在构造函数中的构造逻辑

首先，让我们尝试使用类将构造逻辑封装在构造函数中，以此来实现延迟初始化模式。假设有一个 DataWrapper 类：

```
class DataWrapper
{
    public DataWrapper()
    {
        CachedData = GetDataFromDatabase();
        Console.WriteLine("Object initialized");
    }
    public Data CachedData { get; set; }
    private Data GetDataFromDatabase()
    {
        // 虚拟延迟
        Thread.Sleep(5000);
        return new Data();
    }
}
```

可以看到，初始化发生在构造函数内部。如果正常使用此类，可以使用以下代码，在创建 DataWrapper 对象时初始化该对象：

```
DataWrapper dataWrapper = new DataWrapper();
```

运行上述代码，其输出如图 7-2 所示。

Select C:\Program Files\dotnet\dotnet.exe
Object initialized

图 7-2

可以使用 Lazy<T>转换上述代码，具体如下：

```
Console.WriteLine("Creating Lazy object");
Lazy<DataWrapper> lazyDataWrapper = new Lazy<DataWrapper>();
Console.WriteLine("Lazy Object Created");
Console.WriteLine("Now we want to access data");
var data = lazyDataWrapper.Value.CachedData;
Console.WriteLine("Finishing up");
```

可以看到，我们并没有直接创建对象，而是将其包装在 lazyDataWrapper 类中，直到需要访问 lazyDataWrapper 对象的 Value 属性时，才会调用构造函数。

运行上述代码，其输出如图 7-3 所示。

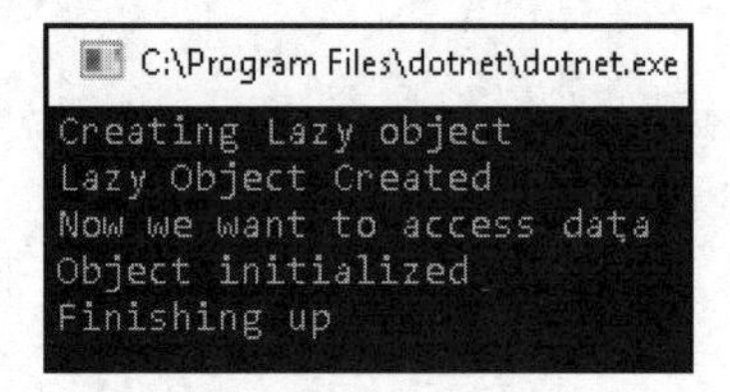

图 7-3

7.3.2　作为委托传递给 Lazy<T>的构造逻辑

对象通常不具有构造逻辑，因为它们是纯数据模型。我们需要在延迟对象首次被访问时获取数据，同时还要传递逻辑以获取数据，因此可以使用 System.Lazy<T>的另一个重载来实现这一点，具体如下：

```
class _5LazyUsingDelegate
{
    public Data CachedData { get; set; }
    static Data GetDataFromDatabase()
    {
```

```
        Console.WriteLine("Fetching data");
        // 虚拟延迟
        Thread.Sleep(5000);
        return new Data();
    }
}
```

在以下代码中，我们通过传递 Func<Data>委托来创建 Lazy<Data>对象：

```
Console.WriteLine("Creating Lazy object");
Func<Data> dataFetchLogic = new Func<Data>(()=> GetDataFromDatabase());
Lazy<Data> lazyDataWrapper = new Lazy<Data>(dataFetchLogic);
Console.WriteLine("Lazy Object Created");
Console.WriteLine("Now we want to access data");
var data = lazyDataWrapper.Value;
Console.WriteLine("Finishing up");
```

从上述代码中可以看到，我们将 Func<T>传递给了 Lazy<T>构造函数。首次访问 Lazy<T>实例的 Value 属性时，将调用该逻辑，其输出如图 7-4 所示。

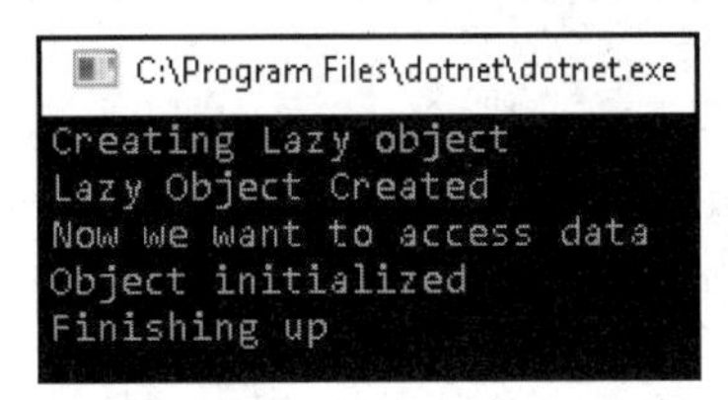

图 7-4

除了掌握在.NET 中构造和使用延迟对象的方法，程序员还需要了解如何使用延迟初始化模式来处理异常，这正是 7.4 节要讨论的内容。

7.4　使用延迟初始化模式处理异常

延迟对象在设计上是不可变的，这意味着它们将始终返回与初始化时相同的实例。

在前面的示例中已经看到，可以将初始化逻辑传递给 Lazy<T>，并且可以在基础对象的构造函数中具有初始化逻辑。但是，如果构造/初始化逻辑出错并引发异常，又会如何呢？在这种情况下，Lazy<T>的行为取决于 LazyThreadSafetyMode 枚举的值以及程序员对 Lazy<T>构造函数的选择。

使用延迟模式时，可能出现以下情况。

- 初始化期间没有异常发生。

- 使用异常缓存初始化时出现随机异常。
- 不缓存异常。

接下来将分别讨论这些情况。

7.4.1 初始化期间没有异常发生

当初始化期间没有异常发生时，将运行一次初始化逻辑，对象将被缓存并返回，随后即可访问其 Value 属性。在 7.3.2 节中解释 Lazy<T>时，我们已经看到了此行为。

7.4.2 使用异常缓存初始化时出现随机异常

在这种情况下，由于未创建基础对象，因此初始化逻辑在每次调用 Value 属性时都会运行。这在构造逻辑依赖外部因素（例如在调用外部服务时连接 Internet）的情况下很有用。如果 Internet 暂时断开，则初始化调用将失败，但是后续调用则仍可以正常返回数据。

默认情况下，Lazy<T>将缓存所有带参数的构造函数实现的异常，但不会缓存无参数的构造函数实现的异常。

现在可以来了解当 Lazy<T>初始化逻辑抛出随机异常时会发生什么。

（1）可以使用 GetDataFromDatabase()函数提供的初始化逻辑创建 Lazy<Data>，具体如下：

```
Func<Data> dataFetchLogic = new Func<Data>(() =>
GetDataFromDatabase());
Lazy<Data> lazyDataWrapper = new Lazy<Data>(dataFetchLogic);
```

（2）可以访问 Lazy<Data>的 Value 属性，它将执行初始化逻辑并抛出异常，因为计数器的值为 0，具体如下：

```
try
{
    data = lazyDataWrapper.Value;
    Console.WriteLine("Data Fetched on Attempt 1");
}
catch (Exception)
{
    Console.WriteLine("Exception 1");
}
```

（3）我们将计数器加 1，然后再次尝试访问 Value 属性。根据逻辑，这一次，它应该返回 Data 对象，但是我们看到的是代码再次抛出异常，具体如下：

```
class _6_1_ExceptionsWithLazyWithCaching
{
    static int counter = 0;
    public Data CachedData { get; set; }
    static Data GetDataFromDatabase()
    {
        if ( counter == 0)
        {
            Console.WriteLine("Throwing exception");
            throw new Exception("Some Error has occurred");
        }
        else
        {
            return new Data();
        }
    }

    public static void Main()
    {
        Console.WriteLine("Creating Lazy object");
        Func<Data> dataFetchLogic = new Func<Data>(() =>
         GetDataFromDatabase());
        Lazy<Data> lazyDataWrapper = new
         Lazy<Data>(dataFetchLogic);
        Console.WriteLine("Lazy Object Created");
        Console.WriteLine("Now we want to access data");
        Data data = null;
        try
        {
            data = lazyDataWrapper.Value;
            Console.WriteLine("Data Fetched on Attempt 1");
        }
        catch (Exception)
        {
            Console.WriteLine("Exception 1");
        }
        try
        {
            counter++;
            data = lazyDataWrapper.Value;
            Console.WriteLine("Data Fetched on Attempt 1");
        }
        catch (Exception)
```

```
        {
            Console.WriteLine("Exception 2");
            // 抛出异常
        }
        Console.WriteLine("Finishing up");
        Console.ReadLine();
    }
}
```

在上述代码中可以看到，即使将计数器加 1，异常也会再次抛出。这是因为异常值已缓存并在下次访问 Value 属性时返回。

运行上述代码，其输出如图 7-5 所示。

```
C:\Program Files\dotnet\dotnet.exe
Creating Lazy object
Lazy Object Created
Now we want to access data
Throwing exception
Exception 1
Exception 2
Finishing up
```

图 7-5

上述行为与通过传递 System.Threading.LazyThreadSafetyMode.None 作为第二个参数来创建 Lazy<T>相同，具体如下：

```
Lazy<Data> lazyDataWrapper = new
Lazy<Data>(dataFetchLogic,System.Threading.LazyThreadSafetyMode.None);
```

7.4.3　不缓存异常

让我们将上述代码中 Lazy<Data>的初始化更改为以下内容：

```
Lazy<Data> lazyDataWrapper = new
Lazy<Data>(dataFetchLogic,System.Threading.LazyThreadSafetyMode.
Publication Only);
```

这将允许初始化逻辑由不同的线程多次运行，直到其中一个线程成功运行初始化而没有任何错误。

在多线程应用场景中，如果在初始化期间有任何线程抛出错误，则由已完成线程创建的基础对象的所有实例都将被丢弃，并将异常传播到 Value 属性。

在单线程应用场景中，当后续访问 Value 属性并重新运行初始化逻辑时，将返回异常，但是不缓存异常。

上述代码的输出如图 7-6 所示。

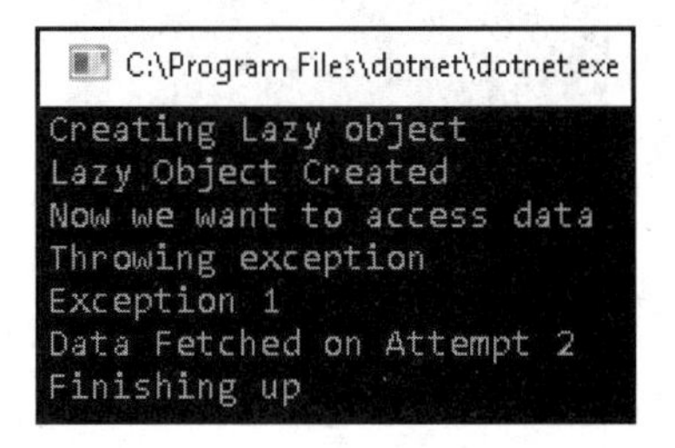

图 7-6

现在我们已经理解了如何使用延迟初始化模式处理异常，接下来可以了解如何将线程本地存储（Thread-Local Storage）用于延迟初始化。

7.5　线程本地存储的延迟初始化

在多线程编程中，我们经常想创建一个对于线程来说属于本地的变量，这意味着每个线程都将拥有自己的数据副本。这对于所有局部变量（Local Variable，也称为本地变量）都是成立的，但是全局变量（Global Variable）则始终在线程之间共享。

在旧版本的.NET 中，我们使用 ThreadStatic 属性使静态变量的行为类似于线程局部变量。但是，这并非万无一失，并且不能很好地进行初始化。如果我们正在初始化 ThreadStatic 变量，则只有第一个线程会获得初始化值，而其余线程将获得变量的默认值，对于 int 类型的变量来说，默认值为 0。可以使用以下代码印证这一点：

```
[ThreadStatic]
static int counter = 1;
public static void Main()
{
    for (int i = 0; i < 10; i++)
    {
        Task.Factory.StartNew(() => Console.WriteLine(counter));
    }
    Console.ReadLine();
}
```

在上述代码中，我们初始化了一个静态的 int 类型的 counter 变量，其值为 1，并将其设为静态线程（ThreadStatic），以便每个线程都可以拥有自己的副本。出于演示目的，我们创建了 10 个打印 counter 值的任务。根据逻辑，所有线程都应打印 1，但是从如图 7-7 所示的输出中可以看到，只有一个线程打印的是 1，其余线程打印的都是 0。

图 7-7

.NET Framework 4 提供 System.Threading.ThreadLocal<T>作为 ThreadStatic 的替代方案，其工作方式与 Lazy<T>相似。使用 ThreadLocal<T>，我们可以创建一个线程局部变量，可以通过传递初始化函数来对其进行初始化，具体如下：

```
static ThreadLocal<int> counter = new ThreadLocal<int>(() => 1);
public static void Main()
{
    for (int i = 0; i < 10; i++)
    {
        Task.Factory.StartNew(() => Console.WriteLine($"Thread with
         id {Task.CurrentId} has counter value as {counter.Value}"));
    }
    Console.ReadLine();
}
```

上述代码的输出是符合预期的，如图 7-8 所示。

```
C:\Program Files\dotnet\dotnet.exe
Thread with id 6 has counter value as 1
Thread with id 8 has counter value as 1
Thread with id 10 has counter value as 1
Thread with id 4 has counter value as 1
Thread with id 1 has counter value as 1
Thread with id 2 has counter value as 1
Thread with id 7 has counter value as 1
Thread with id 3 has counter value as 1
Thread with id 9 has counter value as 1
Thread with id 5 has counter value as 1
```

图 7-8

Lazy<T>和 ThreadLocal<T>之间的区别如下。

- 在使用 ThreadLocal 的情况下，每个线程使用其自己的私有数据初始化 ThreadLocal 变量，而在使用 Lazy<T>的情况下，初始化逻辑仅运行一次。
- 与 Lazy<T>不同，ThreadLocal<T>中的 Value 属性是读/写的。

- 在没有任何初始化逻辑的情况下，T 的默认值将分配给 ThreadLocal 变量。

7.6　减少延迟初始化的开销

Lazy<T>通过包装基础对象来间接使用，这可能会导致计算和内存问题。为了避免包装对象，可以使用 Lazy<T>类的静态变体，即 LazyInitializer 类。

可以使用 LazyInitializer.EnsureInitialized 来初始化一个数据成员，该数据成员是通过引用以及初始化函数来传递的，就像对 Lazy<T>所做的那样。

上述方法可以通过多个线程调用，但是一旦一个值被初始化，它就会被所有线程用作结果。为演示起见，可以在初始化逻辑内添加一行控制台输出代码。尽管循环运行了 10 次，但初始化仅对单个线程的执行发生了一次，具体如下：

```
static Data _data;
public static void Main()
{
    for (int i = 0; i < 10; i++)
    {
        Console.WriteLine($"Iteration {i}");
        // 延迟初始化 _data
        LazyInitializer.EnsureInitialized(ref _data, () =>
        {
            Console.WriteLine("Initializing data");
            // 返回将在 ref 参数中分配的值
            return new Data();
        });
    }
    Console.ReadLine();
}
```

运行上述代码，其输出如图 7-9 所示。

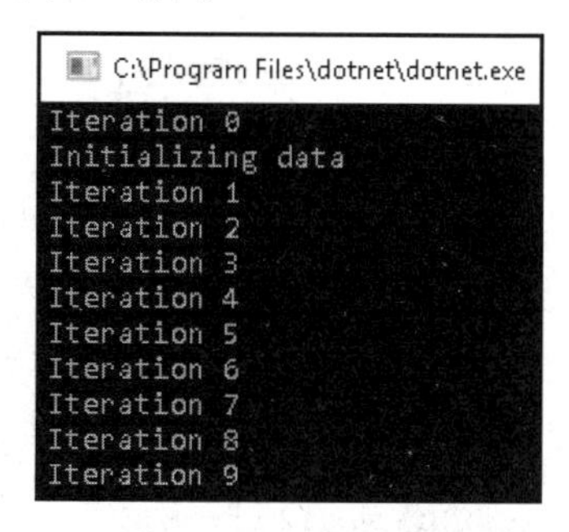

图 7-9

从图 7-9 中可以看到，这对于顺序执行是有利的。我们可以尝试修改上述代码并通过多个线程运行它，具体如下：

```
static Data _data;
static void Initializer()
{
     LazyInitializer.EnsureInitialized(ref _data, () =>
     {
         Console.WriteLine($"Task with id {Task.CurrentId} is
          Initializing data");
         // 返回将在 ref 参数中分配的值
         return new Data();
     });

    public static void Main()
     {
         Parallel.For(0, 10, (i) => Initializer());
         Console.ReadLine();
     }
}
```

运行上述代码，其输出如图 7-10 所示。

```
C:\Program Files\dotnet\dotnet.exe
Task with id 1 is Initializing data
Task with id 2 is Initializing data
Task with id 3 is Initializing data
Task with id 4 is Initializing data
Task with id 5 is Initializing data
Task with id 9 is Initializing data
Task with id 6 is Initializing data
Task with id 7 is Initializing data
Task with id 8 is Initializing data
```

图 7-10

从图 7-10 中可以看到，在使用多个线程的情况下，存在竞争状况，并且所有线程最终都会初始化数据。可以按以下方式修改程序来避免这种竞争状况：

```
static Data _data;
static bool _initialized;
static object _locker = new object();
static void Initializer()
{
    Console.WriteLine("Task with id {0}", Task.CurrentId);
    LazyInitializer.EnsureInitialized(ref _data,ref _initialized,
```

```
        ref _locker, () =>
        {
            Console.WriteLine($"Task with id {Task.CurrentId} is
             Initializing data");
            // 返回将在 ref 参数中分配的值
            return new Data();
        });
}
public static void Main()
{
    Parallel.For(0, 10, (i) => Initializer());
    Console.ReadLine();
}
```

从上述代码中可以看到，我们使用了 EnsureInitialized 方法的重载，并传递了一个布尔变量和一个 SyncLock 对象作为参数。这将确保初始化逻辑一次只能由一个线程执行，其输出如图 7-11 所示。

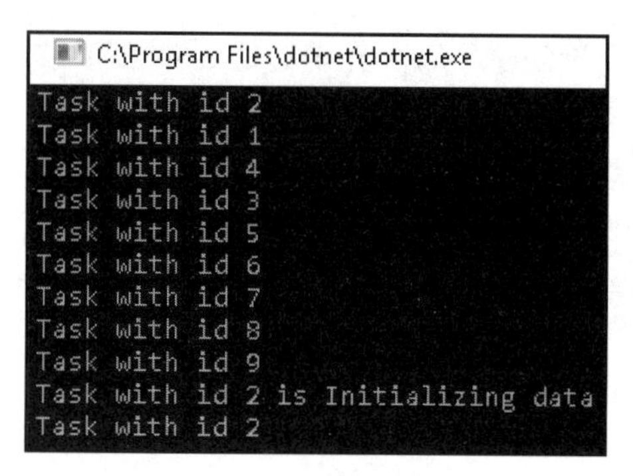

图 7-11

本节讨论了如何利用 Lazy<T>的另一个内置静态变体（即 LazyInitializer 类）来减少与 Lazy<T>相关的开销。

7.7　小　　结

本章详细讨论了延迟加载的各个方面以及.NET Framework 提供的使延迟加载更易于实现的数据结构。

延迟加载可通过减少内存占用量来显著提高应用程序的性能，还可以通过停止重复初始化来节省计算资源。

程序员可以选择使用 Lazy<T>从头开始创建延迟，也可以使用静态 LazyInitializer 类来避免复杂性。如果能够善用线程存储和异常处理逻辑，那么它们无疑会是开发人员手中的绝佳工具。

第 8 章将讨论 C#中可用的异步编程方法。

7.8　牛 刀 小 试

（1）延迟初始化需要多次使用构造函数创建对象。

A．正确

B．错误

（2）在延迟初始化模式中，对象创建将被推迟到实际需要时才进行。

A．正确

B．错误

（3）以下哪一项可用于创建不缓存异常的延迟对象？

A．LazyThreadSafetyMode.DoNotCacheException

B．LazyThreadSafetyMode.PublicationOnly

C．LazyThreadSafetyMode.NoCacheException

D．LazyThreadSafetyMode.PublicationCacheException

（4）以下哪个属性可用于创建线程局部变量？

A．ThreadLocal

B．ThreadStatic

C．以上二者皆可

（5）以下描述错误的是：

A．System.Lazy<T>具有延迟初始化的所有优点，缺点是它也会产生同步开销

B．延迟加载模式的常见用法之一是在缓存预留模式中

C．对于在创建时需要很高的资源或内存成本的对象，可以使用缓存预留模式

D．使用 System.Lazy<T>创建的对象其初始化被推迟到首次访问它们之前

第 3 篇

使用 C#进行异步编程

本篇将介绍制作高性能程序（使用异步编程技术）的另一个重要方面，同时还将新的 async 和 await 结构与早期版本进行了对比。

本篇包括以下两章。

- 第 8 章：异步编程详解
- 第 9 章：基于任务的异步编程基础

第 8 章　异步编程详解

在前面的章节中，我们已经看到了并行编程的工作方式。所谓“并行”，就是创建称为工作单元（Unit of Work）的小任务，这些任务可以由一个或多个应用程序线程同时执行。由于线程在应用程序进程（Process）中运行，因此一旦完成委托的任务，它们就会通知调用它们的线程。

本章将从介绍同步代码和异步代码之间的区别开始，然后讨论何时适合使用异步代码以及何时应该避免使用异步代码。

本章还将讨论异步模式如何随着时间演变。最后，我们将讨论并行编程中的新功能对于解决异步代码复杂性的帮助。

本章将讨论以下主题。

- 同步代码与异步代码比较。
- 何时适合使用异步编程。
- 何时应该避免使用异步编程。
- 使用异步代码可以解决的问题。
- C#早期版本中的异步模式。

8.1　技 术 要 求

要完成本章的学习，你应该熟悉任务并行库（TPL）和 C#。

本章所有源代码都可以在以下 GitHub 存储库中找到。

https://github.com/PacktPublishing/Hands-On-Parallel-Programming-with-C-8-and-.NET-Core-3/tree/master/Chapter08

8.2　程序执行的类型

在任何时间点，程序流都可以是同步的或异步的。同步代码更易于编写和维护，但会带来性能开销和 UI 响应性问题。异步代码可以提高整个应用程序的性能和响应能力，但缺点是很难编写、调试和维护。

接下来将详细介绍程序执行的同步和异步方式。

8.2.1 理解同步程序执行

在同步执行的情况下，控制永远不会移出调用线程。代码一次执行一行，并且当调用函数时，调用线程在执行下一行代码之前将等待函数完成执行。

同步编程是最常用的编程方法，由于过去几年 CPU 性能的提高，该方法的效果也很好。处理器的速度越快，代码的完成速度也就越快。

在使用并行编程的情况下，我们可以创建能够同时运行的多个线程。我们可以启动许多线程，也可以通过调用诸如 Thread.Join 和 Task.Wait 之类的结构来使主程序流同步。

下面查看图 8-1 中同步代码的示例。

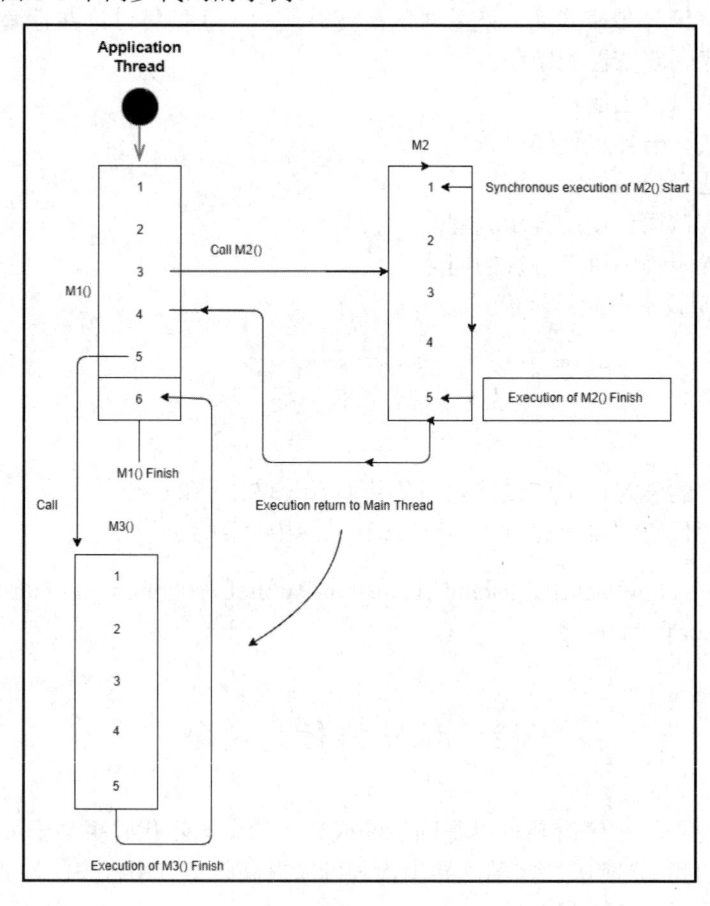

图 8-1

原　文	译　文
Application Thread	应用程序线程
Call M2()	调用 M2()
Synchronous execution of M2() Start	M2()的同步执行开始
Execution of M2() Finish	M2()的执行完成
Execution return to Main Thread	执行返回主线程中
M1() Finish	M1()完成
Call	调用
Execution of M3() Finish	M3()的执行完成

（1）通过调用 M1()方法启动应用程序线程。

（2）在第 3 行，M1()同步调用 M2()方法。

（3）在 M2()方法被调用的那一刻，控制执行权将转移到 M2()方法。

（4）一旦被调用的方法（M2()）完成后，控制权就会返回主线程，该主线程执行 M1()中的其余代码，即第 4 行和第 5 行。

（5）同样的事情发生在第 5 行，该行调用了 M3()。M3()完成后，返回 M1()方法中继续执行第 6 行，直至 M1()执行完成。

接下来将介绍有关异步代码的更多信息，从而更好地比较两个程序流。

8.2.2　理解异步程序执行

异步模型允许同时执行多个任务。如果异步调用方法，则该方法将在后台执行，而调用它的线程将立即返回并执行下一行代码。

异步方法可能会也可能不会创建线程，具体取决于我们要处理的任务类型。

异步方法完成后，它将通过回调（Callback）将结果返回给程序。异步方法可以是 void 的，在这种情况下就不需要指定回调。

图 8-2 显示了执行 M1()方法的调用方线程，该线程调用了一个称为 M2()的异步方法。

与之前的同步方法相反，此处的调用方线程不必等待 M2()完成。如果需要利用任何从 M2()获得的输出，则需要将其放入其他方法中，如 M3()。其工作方式如下。

（1）在执行 M1()时，调用方程序线程对 M2()进行异步调用。

（2）调用方线程在调用 M2()时提供一个回调函数，如 M3()。

（3）调用方线程不必等待 M2()方法完成；相反，它可以继续完成 M1()中的其余代码（如果还存在要完成的代码）。

（4）M2()将由 CPU 在单独的线程中立即执行或在以后执行。

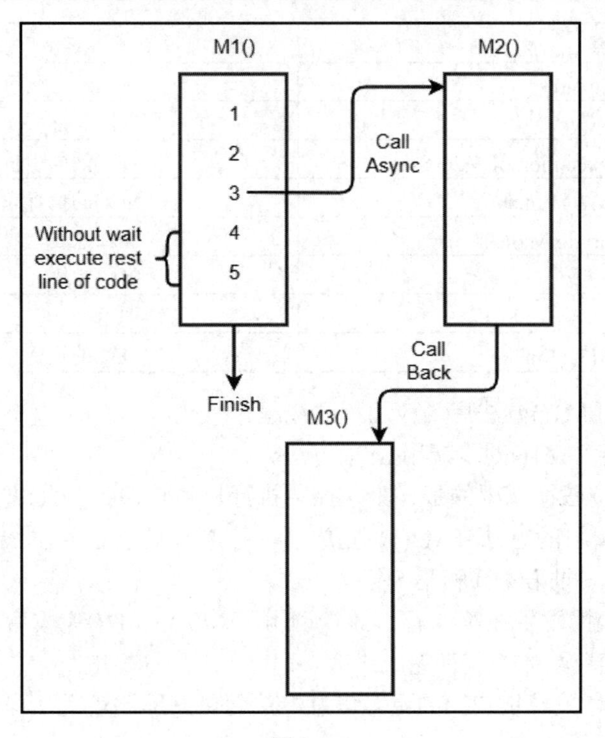

图 8-2

原　　文	译　　文
Without wait execute rest line of code	无须等待即可执行余下的代码
Finish	完成
Call Async	异步调用
Call Back	回调

（5）一旦 M2()完成，就会调用 M3()，M3()从 M2()接收输出并对其进行处理。

可以看到，同步程序的执行很容易理解，而异步代码则带有代码分支。在第 9 章“基于任务的异步编程基础”中，将介绍如何使用 async 和 await 关键字来减轻这种复杂性。

8.3　适合使用异步编程的情形

在许多情况下都可以使用直接内存访问（Direct Memory Access，DMA）来访问主机系统或执行 I/O 操作（如文件、数据库或网络访问），在这种情况下，处理是由 CPU 而不是应用程序线程完成的。

在上述应用场景下，调用线程将对 I/O API 进行调用，并通过转移到阻塞状态来等待任务完成。当任务由 CPU 完成时，线程将被解除阻塞并完成该方法的其余部分。

通过使用异步方法，我们可以提高应用程序的性能和响应能力，并且可以通过其他线程执行方法。

8.3.1　编写异步代码

异步编程对于 C#来说并不陌生。在 C#的早期版本中，程序员们曾经使用 Delegate 类的 BeginInvoke 方法以及 IAsyncResult 接口实现编写异步代码。随着任务并行库（TPL）的引入，又可以使用 Task 类编写异步代码。而从 C# 5.0 起，async 和 await 关键字已成为编写异步代码的开发人员的首选。

因此，我们可以通过以下方式编写异步代码。

- 使用 Delegate.BeginInvoke()方法。
- 使用 Task 类。
- 使用 IAsyncResult 接口。
- 使用 async 和 await 关键字。

在以下各节中，我们将通过代码示例详细介绍上述每一个方法，async 和 await 关键字除外（在第 9 章“基于任务的异步编程基础”中将会专门介绍它们）。

8.3.2　使用 Delegate 类的 BeginInvoke 方法

.NET Core 不再支持使用 Delegate.BeginInvoke，但考虑到与.NET 早期版本的向后兼容性，这里还是有必要对其进行一些介绍。

我们可以使用 Delegate.BeginInvoke 方法来异步调用任何方法。如果某些任务需要从 UI 线程移到后台，则可以这样做以提高 UI 的性能。

让我们以 Log 方法为例。以下代码将同步工作并写入日志。为演示起见，日志记录代码已被删除，并用 5 s 的虚拟延迟代替，之后 Log 方法会将一行信息输出到控制台中。

以下是一个虚拟的 Log 方法，需要 5 s 才能完成：

```
private static void Log(string message)
{
    // 模拟长时间运行的方法
    Thread.Sleep(5000);
    // 记录到文件或数据库中
    Console.WriteLine("Logging done");
}
```

以下是 Main 方法对 Log 方法的调用：

```
static void Main(string[] args)
{
    Console.WriteLine("Starting program");
    Log("this information need to be logged");
    Console.WriteLine("Press any key to exit");
    Console.ReadLine();
}
```

显然，写入日志的 5 s 延迟时间太长。由于我们不希望 Log 方法有任何输出（向控制台写入消息也只是出于演示目的），因此有必要异步调用它并立即将响应返回给调用方。

上述程序的当前输出如图 8-3 所示。

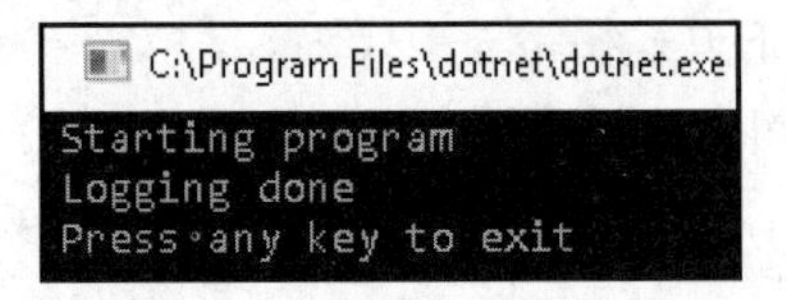

图 8-3

我们可以在上述方法中添加一个 Log 方法调用。然后，可以将 Log 方法调用包装在委托中，并在委托上调用 BeginInvoke 方法，具体如下：

```
// Log("this information need to be logged");
Action logAction = new Action(()=> Log("this information need to be
logged"));                    logAction.BeginInvoke(null,null);
```

这一次，当执行代码时，即可在早期版本的.NET 中看到异步行为。但是，在.NET Core 中，代码将在运行时中断，并显示以下错误消息：

```
System.PlatformNotSupportedException: 'Operation is not supported on
this platform.'
```

上述 System.PlatformNotSupportedException 异常提示的意思是，.NET Core 平台已经不支持该操作。

在.NET Core 中，不再支持将同步方法包装到异步委托中，主要有两个原因，如下所示。

- 异步委托使用基于 IAsyncResult 的异步模式，而.NET Core 基类库不支持该模式。
- 没有 System.Runtime.Remoting，异步委托是不可能的，而.NET Core 库也不支持异步委托。

8.3.3　使用 Task 类

如前文所述，在.NET Core 中实现异步编程的另一种方法是使用 System.Threading.Tasks.Task 类。前述代码可以按以下方式修改：

```
// Log("this information need to be logged");
Task.Factory.StartNew(()=> Log("this information need to be logged"));
```

这将为我们提供所需的输出（见图 8-4），而不会过多地改变当前代码流。

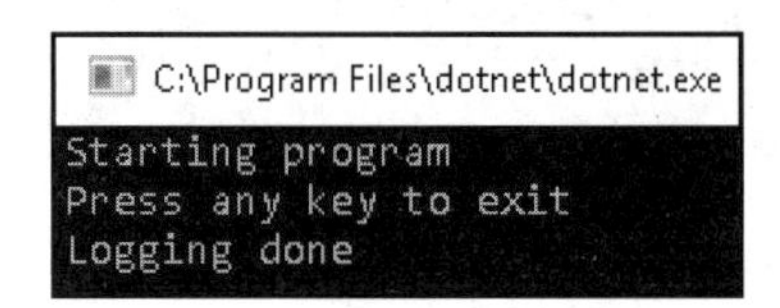

图 8-4

在第 2 章“任务并行性”中曾对任务进行了详细的讨论。Task 类提供了一种非常强大的方式来实现基于任务的异步模式。

8.3.4　使用 IAsyncResult 接口

IAsyncResult 接口已被用于在旧版本的 C#中实现异步编程。以下是一些在.NET 早期版本中正常运行的示例代码。

（1）创建 AsyncCallback，它将在异步方法完成时执行，代码如下：

```
AsyncCallback callback = new AsyncCallback(MyCallback);
```

（2）创建一个委托，该委托将使用传递的参数执行 Add 方法。一旦完成，它就会执行由 AsyncCallBack 包装的回调方法，代码如下：

```
SumDelegate d = new SumDelegate(Add);
d.BeginInvoke(100, 200, callback, state);
```

（3）调用 MyCallBack 方法时，它将返回 IAsyncResult 实例。为了获得基础结果、状态和回调，需要将 IAsyncResult 实例强制转换为 AsyncResult：

```
AsyncResult ar =(AsyncResult)result;
```

（4）一旦有了 AsyncResult，就可以调用 EndInvoke 来获取 Add 方法返回的值，代码如下：

```
int i = d.EndInvoke(result);
```

以下是完整的代码：

```
using System.Runtime.Remoting.Messaging;
public delegate int SumDelegate(int x, int y);

static void Main(string[] args)
{
    AsyncCallback callback = new AsyncCallback(MyCallback);
    int state = 1000;
    SumDelegate d = new SumDelegate(Add);
    d.BeginInvoke(100, 200, callback, state);
    Console.WriteLine("Press any key to exit");
    Console.ReadLine();
}
public static int Add(int a, int b)
{
    return a + b;
}
public static void MyCallback(IAsyncResult result)
{
    AsyncResult ar = (AsyncResult)result;
    SumDelegate d = (SumDelegate)ar.AsyncDelegate;
    int state = (int)ar.AsyncState;
    int i = d.EndInvoke(result);
    Console.WriteLine(i);
    Console.WriteLine(state);
    Console.ReadLine();
}
```

遗憾的是，.NET Core 不支持 System.Runtime.Remoting，因此上述代码在.NET Core 中将不起作用。只能对所有 IAsyncResult 应用场景使用基于任务的异步模式，具体如下：

```
FileInfo fi = new FileInfo("test.txt");
            byte[] data = new byte[fi.Length];
            FileStream fs = new FileStream("test.txt", FileMode.Open,
FileAccess.Read, FileShare.Read, data.Length, true);
            // 为最后一个参数传递的仍然是 null
            // 因为状态变量对继续委托可见
            Task<int> task = Task<int>.Factory.FromAsync(
                fs.BeginRead, fs.EndRead, data, 0, data.Length, null);
            int result = task.Result;
            Console.WriteLine(result);
```

上述代码使用了 FileStream 类从文件中读取数据。FileStream 实现了 IAsyncResult，因此支持 BeginRead 和 EndRead 方法。然后使用了 Task.Factory.FromAsync 方法包装 IAsyncResult 并返回数据。

8.4　不宜使用异步编程的情形

异步编程在创建响应式 UI 和提高应用程序性能方面非常有用。但是，在某些情况下，应避免使用异步编程，因为它可能会降低性能并增加代码的复杂性。下面将介绍一些最好不要使用异步编程的情形。

1．在没有连接池的单个数据库中

如果只有一台未启用连接池的数据库服务器，那么异步编程不会带来任何好处。对于长时间运行的连接和多个请求，无论调用是同步还是异步进行，都会存在性能瓶颈。

2．更注重代码的易于阅读和维护

使用 IAsyncResult 接口时，必须将源方法分解为两个方法，即 BeginMethodName 和 EndMethodName。以这种方式更改代码逻辑可能需要花费大量时间和精力，并使代码难以阅读、调试和维护。

3．操作简单且运行时间短

我们需要考虑代码同步运行需要花费的时间。如果花费的时间不太长，则使代码保持同步是有意义的，因为在这种情况下使代码异步会导致较小的性能下降，而带来的好处却没有多少。

4．应用程序使用了大量的共享资源

如果你的应用程序正在使用大量的共享资源，如全局变量或系统文件，则使代码保持同步是有意义的，否则最终将降低性能优势。就像共享资源一样，我们需要应用同步原语，而这会降低使用多线程的性能。在这种情况下，单线程应用程序的性能可能反而比多线程应用程序的性能更高。

8.5　使用异步代码可以解决的问题

在某些情况下，异步编程可以轻松提高应用程序的响应速度以及应用程序和服务器的性能。部分情形举例如下。

- 日志记录和审核：日志记录（Logging）和审核（Auditing）是应用程序的跨领

域关注点。如果你碰巧编写了自己的日志记录和审计代码，则对服务器的调用会变慢，因为它们也需要回写日志。我们可以使日志记录和审计异步，并且应该尽可能使实现成为无状态（Stateless）的，这将确保可以在静态上下文中返回回调，以便在响应返回浏览器中时可以继续执行调用。

- 服务调用：可以使 Web 服务调用和数据库调用异步，因为一旦我们对服务/数据库进行调用，控件就会离开当前应用程序并进入 CPU，从而进行网络调用。调用方线程进入阻塞状态。一旦服务调用的响应返回，CPU 就会收到响应并引发一个事件。调用线程被解除阻塞并开始进一步执行。作为一种模式，你可能已经看到，所有服务代理都返回异步方法。
- 创建响应式 UI：在程序中可能存在用户单击按钮以保存数据的情况。保存数据可能涉及多个小任务，即将数据从 UI 读取到模型中、建立与数据库的连接、调用数据库以更新数据。这可能会花费很长时间，并且如果这些调用是在 UI 线程上进行的，则该线程将被阻塞直到完成。这意味着在返回调用之前，用户将无法在 UI 上执行任何操作。因此，可以通过进行异步调用来改善用户体验。
- 受 CPU 限制的应用程序：随着.NET 中新技术和支持的出现，程序员们现在可以在.NET 中编写机器学习、抽取/转换/加载（Extract/Transform/Load，ETL）处理和加密货币挖掘代码。这些任务需要占用大量的 CPU 时间，因此，使这些程序异步运行是有意义的。

注意：

C#早期版本中的异步模式：

在.NET 的早期版本中，支持以两种模式来执行受 I/O 限制和计算限制的操作。

- 异步编程模型（Asynchronous Programming Model，APM）。
- 基于事件的异步模式（Event-Based Asynchronous Pattern，EAP）。

在第 2 章“任务并行性”中曾详细讨论了上述两种方法，该章还探讨了如何将这些传统实现转换为基于任务的异步模式。

8.6 小　　结

本章详细阐释了异步编程技术以及编写异步代码的意义。我们还讨论了适合实现异步编程以及不宜使用异步编程的场景。最后，我们介绍了已在 TPL 中实现的各种异步模式。

如果恰当地使用异步编程，可以通过有效利用线程来真正提高服务器端应用程序的性能，它还提高了桌面/移动应用程序的响应能力。

在第 9 章中将讨论.NET Framework 提供的异步编程原语。

8.7　牛 刀 小 试

（1）以下哪一种代码更易于编写、调试和维护？

A．同步

B．异步

（2）在以下哪些情况下应该使用异步编程？

A．文件 I/O

B．具有连接池的数据库

C．网络 I/O

D．没有连接池的数据库

（3）可以使用以下哪些方式来编写异步代码？

A．Delegate.BeginInvoke()方法

B．Task 类

C．IAsyncResult 接口

D．async 和 await 关键字

（4）以下哪些项不能用于在.NET Core 中编写异步代码？

A．Delegate.BeginInvoke()方法

B．Task 类

C．IAsyncResult 接口

D．async 和 await 关键字

（5）以下描述错误的是：

A．在没有连接池的单个数据库中，不宜使用异步编程

B．操作简单且运行时间短的任务不宜使用异步编程

C．采用异步编程的代码更加易读，方便调试和维护

D．如果应用程序使用了大量的共享资源，则使代码保持同步是有意义的

第 9 章　基于任务的异步编程基础

第 8 章介绍了 C#中可用的异步编程实践和解决方案，还讨论了适用异步编程以及应避免使用异步编程的情形。

本章将更深入地研究异步编程，并将介绍两个使编写异步代码非常容易的关键字，即 async 和 await。

本章将讨论以下主题。

- 关于 async 和 await 关键字。
- 异步委托和 Lambda 表达式。
- 基于任务的异步模式。
- 异步代码的异常处理。
- 使用 PLINQ 实现异步。
- 衡量异步代码的性能。
- 使用异步代码的准则。

本章将从介绍 async 和 await 关键字开始，它们在 C# 5.0 中首次被引入，并在.NET Core 中得到采用。

9.1　技 术 要 求

要完成本章的学习，你应该熟悉任务并行库（TPL）和 C#。

本章所有源代码都可以在以下 GitHub 存储库中找到。

https://github.com/PacktPublishing/Hands-On-Parallel-Programming-with-C-8-and-.NET-Core-3/tree/master/Chapter09

9.2　关于 async 和 await 关键字

在使用.NET Framework 提供的新异步 API 编写异步代码的.NET Core 开发人员中，async 和 await 是两个非常流行的关键字。它们被用于在调用异步操作时标记代码。

在前面的章节中讨论了将同步方法转换为异步方法所面临的挑战。以前，我们是通过将方法分解为两个方法（即 BeginMethodName 和 EndMethodName）来实现的，这两个方法可以被异步调用。但是，这种方法使代码笨拙且难以编写、调试和维护。

使用 async 和 await 关键字，代码可以保持其同步实现中的状态，仅需做很小的更改即可。分解方法、执行异步方法以及将响应返回给程序的所有艰巨工作都是由编译器完成的。

9.2.1 使用 async 和 await 关键字的原因

.NET Framework 提供的所有新 I/O API 均支持基于任务的异步，这在前面的章节中已经讨论过了。现在让我们尝试了解一些涉及 I/O 操作的情形，在这些情形中，可以利用 async 和 await 关键字。

假设要从公共 API 下载数据，该 API 返回 JSON 格式的数据。在旧版本的 C#中，可以使用 System.Net 命名空间中可用的 WebClient 类编写同步代码。具体操作如下。

首先，添加对 System.Net 程序集的引用，代码如下：

```
WebClient client = new WebClient();
string reply = client.DownloadString("http://www.aspnet.com");
Console.WriteLine(reply);
```

接下来，创建 WebClient 类的对象，并通过传递要下载的页面的 URL 来调用 DownloadString 方法。该方法将同步运行，并且在下载操作完成之前，将阻止调用线程。这可能会妨碍服务器的性能（如果在服务器端代码中使用）和应用程序的响应能力（如果在 Windows 应用程序代码中使用）。

为了提高性能和响应速度，可以使用 DownloadString 方法的异步版本，下文将详细介绍该版本。

以下 void 方法可以创建请求以下载来自 http://www.aspnet.com 的远程资源，并订阅 DownloadStringCompleted 事件，而不是等待下载完成：

```
private static void DownloadAsynchronously()
 {
    WebClient client = new WebClient();
    client.DownloadStringCompleted += new
    DownloadStringCompletedEventHandler(DownloadComplete);
    client.DownloadStringAsync(new Uri("http://www.aspnet.com"));
 }
```

以下是 DownloadComplete 事件处理程序，下载完成后会触发该事件处理程序：

```
private static void DownloadComplete(object sender,
DownloadStringCompletedEventArgs e)
{
    if (e.Error != null)
    {
        Console.WriteLine("Some error has occurred.");
        return;
    }
    Console.WriteLine(e.Result);
    Console.ReadLine();
}
```

在上述代码中，使用了基于事件的异步模式（Event-Based Asynchronous Pattern，EAP）。可以看到，我们已经订阅了 DownloadCompleted 事件，该事件将在下载完成后由 WebClient 类触发。然后，我们对 DownloadStringAsync 方法进行了调用，该方法将异步调用代码并立即返回，而无须阻塞线程。

当下载在后台完成时，将调用 DownloadComplete 方法，我们可以使用 e.Error 属性接收错误，也可以使用 DownloadStringCompletedEventArgs 的 e.Result 属性接收数据。

如果在 Windows 应用程序中运行上述代码，则结果将达到预期的效果，但是响应将始终由 Worker 线程（在后台执行）而不是主线程接收。

作为 Windows 应用程序开发人员，我们需要注意以下事实。

我们无法通过 DownloadComplete 方法更新 UI 控件，并且所有此类调用都需要使用诸如经典 Windows 窗体中的 Invoke 之类的技术委托回到主 UI 线程，或者需要使用 Windows Presentation Foundation（WPF）中的 Dispatcher。使用 Invoke/Dispatcher 方法的好处在于，主线程永远不会被阻塞，因此应用程序整体上响应更快。

在本书随附的代码示例中，同时包括了 Windows 窗体和 WPF 的方案。

可以尝试从主线程的.NET Core 控制台应用程序中运行上述代码，具体如下：

```
public static void Main()
    {
     DownloadAsynchronously();
    }
```

也可以通过添加 Console.WriteLine 语句来修改 DownloadComplete 方法，具体如下：

```
private static void DownloadComplete(object sender,
DownloadStringCompletedEventArgs e)
        {
            ...
```

```
        ...
        ...
        Console.ReadLine() ;// 添加该行
    }
```

根据上述逻辑，程序应异步下载页面、打印输出，并在终止之前等待用户输入。但是当我们运行上述代码时，却看到该程序终止，没有输出任何内容，也没有等待用户输入。为什么会这样呢？

如前文所述，主线程在调用 DownloadStringAsync 方法后便立即解除阻塞。主线程不必等待回调执行。这是设计使然，异步方法就是以这种方式运行的。

但是，由于主线程本身无事可做，并且也已经按照预期完成了调用该方法的工作，因此应用程序终止。

作为 Web 应用程序开发人员，如果在使用 Web 表单或 ASP.NET MVC 的服务器端应用程序中使用上述代码，则可能会遇到类似的问题。如果已经异步调用该方法，则执行请求的 IIS 线程将立即返回，而无须等待下载完成。因此结果将与预期的不同。

我们不希望代码将输出打印到 Web 应用程序的控制台中，并且在 Web 应用程序中运行时，Console.WriteLine 语句将直接被忽略。假设你的程序逻辑是返回网页作为对客户请求的响应，则可以像以下示例一样，同步使用 WebClient 类来实现此目的：

```
public IActionResult Index()
{
    WebClient client = new WebClient();
    string content = client.DownloadString(new
     Uri("http://www.aspnet.com"));
    return Content(content,"text/html");
}
```

这里的问题是，上述代码将阻塞线程，这可能会影响服务器的性能并导致无端的拒绝服务（Denial-of-Service，DoS）攻击。当有大量用户命中（Hit）应用程序的某个部分时，就会出现这种情况，随着越来越多的线程被命中并被阻塞，服务器将没有一点空闲的线程来处理客户端请求，并开始对请求进行排队。达到队列限制后，服务器将开始引发 503 错误，即服务不可用。

我们不能使用 DownloadStringAsync 方法，因为调用该方法的那一刻，线程将把响应返回给客户端，而无须等待 DownloadComplete 完成。因此，需要一种使服务器线程等待而不阻塞的方法。在这种情况下，async 和 await 就是我们的救星。除了帮助我们实现目标，它们还可以帮助完成易于编写、调试和维护的干净代码。

为了演示 async 和 await 的工作原理，可以使用.NET Core 的另一个重要类 HttpClient，该类在 System.Net.Http 命名空间中可用。注意，应该使用的是 HttpClient 而不是 WebClient，因为 HttpClient 完全支持基于任务的异步操作，性能大大提高，并且支持 HTTP 方法（如 GET、POST、PUT 和 DELETE）。

以下是上述代码的异步版本，使用 HttpClient 类并引入 async 和 await 关键字：

```
public async Task<IActionResult> Index()
        {
            HttpClient client = new HttpClient();
            HttpResponseMessage response = await
             client.GetAsync("http://www.aspnet.com");
            string content = await response.Content.ReadAsStringAsync();
            return Content(content,"text/html");
        }
```

首先，我们需要更改方法签名以包含 async 关键字。这是给编译器的指令，表示该方法将在必要时异步执行。

然后，将方法的返回类型包装在 Task<T>中。这很重要，因为.NET Framework 支持基于任务的异步操作，并且所有异步方法都必须返回 Task。

我们需要创建 HttpClient 类的实例，然后调用 GetAsync()方法，并传递要下载的资源的 URL。与依赖于回调的 EAP 模式不同，在这里我们只在调用中编写 await 关键字。这可以确保以下几点。

- 该方法异步执行。
- 调用线程被解除阻塞，因此它可以返回线程池中并处理其他客户端的请求，从而使服务器保持响应。
- 下载完成后，ThreadPool 会收到来自处理器的中断信号，它将从 ThreadPool 中取出一个空闲线程，该线程可以是在请求上运行的同一线程，也可以是其他线程。
- ThreadPool 线程将接收响应并开始执行该方法的其余部分。

下载完成后，可以使用另一个称为 ReadAsStringAsync()的异步操作来读取下载的内容。本节内容表明，使用 async 和 await 关键字使得编写类似于同步方法的异步方法很容易，并且它们的逻辑也很简单。

9.2.2　异步方法的返回类型

在前面的示例中，我们将方法的返回类型从 IAsyncResult 更改为 Task<IAsyncResult>。异步方法可以有以下 3 种返回类型：

- void

- Task
- Task<T>

所有异步方法都必须返回 Task 才能等待（使用 await 关键字）。这是因为，一旦调用它们，它们就不会立即返回，而是异步执行长时间运行的任务。在执行任务的过程中，调用方线程也可以切换上下文。

void 可与调用方线程不想等待的异步方法一起使用。这些方法可以是后台发生的任何操作，而这些操作不属于要返回给用户的响应的任何部分。例如，日志记录和审计就可以异步。这意味着它们可以包装在异步 void 方法内。调用方线程将在调用该操作后立即返回，而日志记录和审核操作将在以后进行。因此，强烈建议你从异步方法返回一个 Task 而不是返回 void。

9.3　异步委托和 Lambda 表达式

我们也可以使用 async 关键字来创建异步委托和 lambda 表达式。

以下是一个返回某个数字的平方值的同步委托：

```
Func <int, int> square =(x)=> {return x * x;};
```

可以通过添加 async 关键字来使上面的委托异步，具体如下：

```
Func <int, Task<int>> square = async(x)=> {return x * x;};
```

类似地，还可以转换 lambda 表达式，具体如下：

```
Func <int, Task<int>> square = async(x)=> x * x;
```

异步方法是连锁式的。一旦你使任何一种方法变成异步，就会使所有调用该方法的方法也都必须转换为异步，从而创建一长串的异步方法。

9.4　基于任务的异步模式

在第 2 章“任务并行性”中讨论了如何使用 Task 类实现基于任务的异步模式（Task-Based Asynchronous Pattern，TAP）。有两种方法可以实现此模式。

- 编译器方法，使用 async 关键字。
- 手动方法。

在接下来的各小节中，让我们来看看这些方法的操作方式。

9.4.1　编译器方法，使用 async 关键字

当使用 async 关键字使任何方法异步时，编译器将执行所需的优化，以在内部使用 TAP 异步执行该方法。异步方法必须返回 System.Threading.Task 或 System.Threading.Task<T>。编译器负责异步执行该方法，并将结果或异常返回给调用方。

9.4.2　手动实现 TAP

前文已经演示了如何在 EAP 和异步编程模型（Asynchronous Programming Model，APM）中手动实现 TAP。实现此模式使我们对方法的整体实现有了更多的控制。

我们可以创建 TaskCompletionSource<TResult>类，然后执行异步操作。异步操作完成后，可以通过调用 TaskCompletionSource<TResult>类的 SetResult、SetException 或 SetCanceled 方法将结果返回给调用方，示例如下：

```
public static Task<int> ReadFromFileTask(this FileStream stream, byte[]
buffer, int offset, int count, object state)
{
    var taskCompletionSource = new TaskCompletionSource<int>();
    stream.BeginRead(buffer, offset, count, ar =>
    {
        try
        {
              taskCompletionSource.SetResult(stream.EndRead(ar));
        }
        catch (Exception exc)
        {
              taskCompletionSource.SetException(exc);
        }
    }, state);
    return taskCompletionSource.Task;
}
```

在上述代码中，我们创建了一个返回 Task<int>的方法，该方法可以作为扩展方法在任何 System.IO.FileStream 对象上工作。在该方法中，我们创建了 TaskCompletionSource<int>对象，然后调用 FileStream 类提供的异步操作将文件读入字节数组中。如果读取操作成功完成，则使用 SetResult 方法将结果返回给调用方；否则，使用 SetException 方法返回异常。最后，该方法将基础任务从 TaskCompletionSource<int>对象返回给调用方。

9.5　异步代码的异常处理

在使用同步代码的情况下，所有异常都将传播到堆栈的顶部，直到它们被 try-catch 块处理或作为未处理的异常抛出为止。

但是，在使用任何异步方法时，调用堆栈是不一样的，因为线程先是从方法转换到了线程池，然后又回到了线程池。当然，C#通过更改异步方法的异常行为，使得我们更容易进行异常处理。所有异步方法都将返回 Task 或 void。

接下来将通过示例来了解这两种情形，并看看程序的表现。

9.5.1　返回 Task 并抛出异常的方法

假设有以下方法，它是 void 的。作为最佳实践，可以从中返回 Task：

```
private static Task DoSomethingFaulty()
{
    Task.Delay(2000);
    throw new Exception("This is custom exception.");
}
```

延迟 2 s 后，上述方法将抛出异常。

我们将尝试使用各种方法来调用上述方法，以试图了解异步方法如何处理异常的行为。本节将讨论以下情形。

- 从 try-catch 块外部调用异步方法并且不带 await 关键字。
- 从 try-catch 块内部调用异步方法并且不带 await 关键字。
- 从 try-catch 块外部使用 await 关键字调用异步方法。
- 返回 void 的方法。

接下来将详细讨论这些情形。

9.5.2　从 try-catch 块外部调用异步方法并且不带 await 关键字

现在来看一个返回 Task 的异步方法示例。该方法又调用了另一个方法 DoSomethingFaulty()，后者将抛出异常。

以下是 DoSomethingFaulty()方法的实现：

```
private static Task DoSomethingFaulty()
{
```

```
    Task.Delay(2000);
    throw new Exception("This is custom exception.");
}
```

以下是 AsyncReturningTaskExample()方法的代码：

```
private async static Task AsyncReturningTaskExample()
 {
        Task<string> task = DoSomethingFaulty();
        Console.WriteLine("This should not execute");
        try
        {
            task.ContinueWith((s) =>
            {
              Console.WriteLine(s);
            });
        }
        catch (Exception ex)
        {
         Console.WriteLine(ex.Message);
         Console.WriteLine(ex.StackTrace);
        }
    }
```

以下是 Main()方法对 AsyncReturningTaskExample()方法的调用：

```
public static void Main()
{
    Console.WriteLine("Main Method Starts");
    var task = AsyncReturningTaskExample();
    Console.WriteLine("In Main Method After calling method");
    Console.ReadLine();
}
```

提示：

从 7.1 版开始，Async Main()方法是 C#的便利特性。它在 7.2 版中被损坏，但在.NET Core 3.0 中得到了修复。

可以看到，上述程序调用了异步方法，即 AsyncReturningTaskExample()，但是没有使用 await 关键字。AsyncReturningTaskExample()方法则进一步调用了 DoSomethingFaulty()方法，后者将抛出异常。

运行上述代码，将产生如图 9-1 所示的输出。

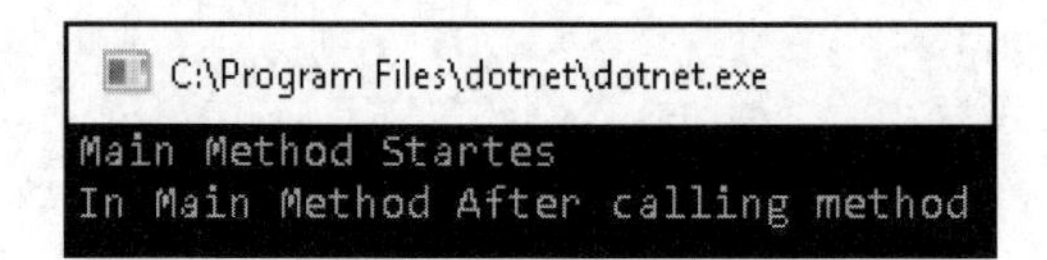

图 9-1

在同步编程的情况下，上述程序将导致未处理的异常，并且将导致崩溃。但是在这里，程序将继续运行，好像什么事也没有发生。这是由于.NET Framework 处理 Task 对象的方式所致。在这种情况下，任务将以 Status（状态）为 Faulted（故障）的方式返回给调用方，如图 9-2 所示。

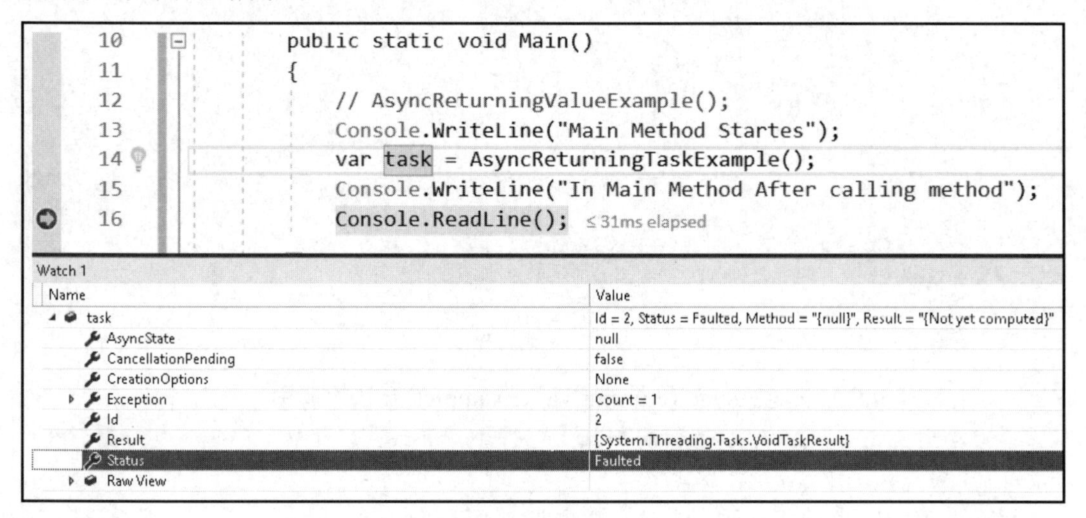

图 9-2

更好的代码是检查任务状态并获取所有异常（如果有的话），具体如下：

```
var task = AsyncReturningTaskExample();
if (task.IsFaulted)
    Console.WriteLine(task.Exception.Flatten().Message.ToString());
```

在第 2 章“任务并行性”中可以看到，此任务返回一个 AggregateException 实例。要获得所有内部抛出的异常，可以使用 Flatten()方法。

9.5.3 从 try-catch 块内部调用异步方法并且不带 await 关键字

现在可以更改上面的方法，使它在 try-catch 块中调用异步方法 GetSomethingFaulty()，然后从 Main()方法中进行调用。

以下是 Main()方法的代码：

```
public static void Main()
{
    Console.WriteLine("Main Method Started");
    var task = Scenario2CallAsyncWithoutAwaitFromInsideTryCatch();
    if (task.IsFaulted)
        Console.WriteLine(task.Exception.Flatten().Message.ToString());
    Console.WriteLine("In Main Method After calling method");
    Console.ReadLine();
}
```

以下是 Scenario2CallAsyncWithoutAwaitFromInsideTryCatch()方法的代码：

```
private async static Task
Scenario2CallAsyncWithoutAwaitFromInsideTryCatch()
{
    try
    {
        var task = DoSomethingFaulty();
        Console.WriteLine("This should not execute");
        task.ContinueWith((s) =>
        {
            Console.WriteLine(s);
        });
    }
    catch (Exception ex)
    {
        Console.WriteLine(ex.Message);
        Console.WriteLine(ex.StackTrace);
    }
}
```

这一次，可以看到 catch 块将接收抛出的异常，此后程序将恢复正常运行。

值得注意的是 Main()方法中 Task 对象的值，如图 9-3 所示。

提示：

可以看到，如果未在 try-catch 块中执行任务创建，则不会观察到异常。由于逻辑可能无法按预期工作，因此这可能会导致问题。最佳实践是始终将任务创建包装在 try-catch 块中。

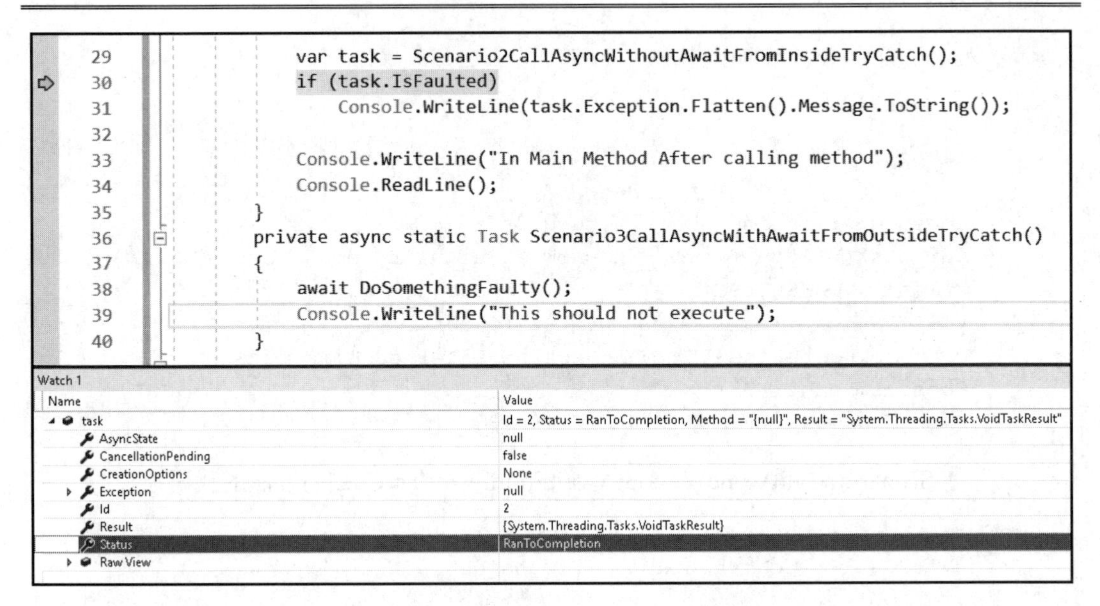

图 9-3

在图 9-3 中可以看到，由于已经处理了异常，因此执行通常从异步方法返回。返回的任务的状态也变为 RanToCompletion。

9.5.4 从 try-catch 块外部使用 await 关键字调用异步方法

在本示例中会通过异步方法调用将抛出异常的方法 DoSomethingFaulty()，并使用 await 关键字等待该方法完成，具体如下：

```
private async static Task Scenario3CallAsyncWithAwaitFromOutsideTryCatch()
{
    await DoSomethingFaulty();
    Console.WriteLine("This should not execute");
}
```

以下是 Main()方法的代码：

```
public static void Main()
{
    Console.WriteLine("Main Method Starts");
    var task = Scenario3CallAsyncWithAwaitFromOutsideTryCatch();
    if (task.IsFaulted)
        Console.WriteLine(task.Exception.Flatten().Message.ToString());
    Console.WriteLine("In Main Method After calling method");
```

```
    Console.ReadLine();
}
```

在本示例中，程序的行为将与第一种情形（即 9.5.2 节“从 try-catch 块外部调用异步方法并且不带 await 关键字”中的示例）相同。

9.5.5　返回 void 的方法

如果方法返回 void 而不是 Task，则程序将崩溃。你可以尝试运行以下代码。

以下是一个返回 void 而不是 Task 的方法：

```
private async static void
Scenario4CallAsyncWithoutAwaitFromOutsideTryCatch()
{
    Task task = DoSomethingFaulty();
    Console.WriteLine("This should not execute");
}
```

以下是 Main()方法的代码：

```
public static void Main()
{
    Console.WriteLine("Main Method Started");
    Scenario4CallAsyncWithoutAwaitFromOutsideTryCatch();
    Console.WriteLine("In Main Method After calling method");
    Console.ReadLine();
}
```

由于程序将崩溃，因此没有输出。

提示：

尽管永远不要从异步方法中返回 void 是有道理的，但这样的问题仍时有发生。我们应该编写代码，使其永远不会崩溃，或者仅在记录异常后崩溃。

可以通过订阅两个全局事件处理程序来以全局方式处理上述问题，具体如下：

```
AppDomain.CurrentDomain.UnhandledException += (s, e) =>
Console.WriteLine("Program Crashed", "Unhandled Exception Occurred");
TaskScheduler.UnobservedTaskException += (s, e) =>
Console.WriteLine("Program Crashed", "Unhandled Exception Occurred");
```

上述代码将会处理程序中所有未处理的异常，并解释异常管理中比较好的做法。该程序不应随机崩溃，并且如果它需要崩溃的话，那么也应该记录信息并清理所有资源。

9.6 使用 PLINQ 实现异步

PLINQ 对于开发人员来说是非常方便的工具，它通过并行执行一组任务来提高应用程序的性能。创建大量的任务固然可以提高性能，但是，如果这些任务本质上是阻塞的，则应用程序最终将创建大量的阻塞线程，并且在某些时候将变得无响应。如果任务正在执行某些 I/O 操作，则尤其如此。以下是一个需要尽快从 Web 中下载 100 个页面的方法：

```
public async static void Main()
        {
             var urls = Enumerable.Repeat("http://www.dummyurl.com", 100);
             foreach (var url in urls)
             {
                 HttpClient client = new HttpClient();
                 HttpResponseMessage response = await
                  client.GetAsync("http://www.aspnet.com");
                 string content = await
                  response.Content.ReadAsStringAsync();
                 Console.WriteLine();
             }
```

可以看到，上述代码是同步的，其复杂度为 $O(n)$。如果一个请求需要 1 s 才能完成，则该方法至少需要花费 100 s（此处 $n = 100$）。

为了使下载速度更快（假设有一个很好的服务器配置，可以处理此负载乘以应用程序要支持的用户数量），需要使此方法以并行方式执行。可以使用 Parallel.ForEach 做到这一点，具体如下：

```
Parallel.ForEach(urls, url =>
        {
             HttpClient client = new HttpClient();
             HttpResponseMessage response = await
              client.GetAsync("http://www.aspnet.com");
             string content = await
              response.Content.ReadAsStringAsync();
        });
```

运行上述代码，它将弹出以下错误信息：

```
The 'await' operator can only be used within an async lambda expression.
Consider marking this lambda expression with the 'async' modifier.
```

上述错误提示的意思是，await 运算符只能在异步 lambda 表达式中使用。你可以考虑使用 async 修饰符标记该 Lambda 表达式。

由此可见，这是因为我们使用了 Lambda 表达式，故也需要使其异步，修改代码如下：

```
Parallel.ForEach(urls,async url =>
    {
        HttpClient client = new HttpClient();
        HttpResponseMessage response = await
         client.GetAsync("http://www.aspnet.com");
        string content = await
         response.Content.ReadAsStringAsync();
    });
```

现在，上述代码将按预期进行编译和工作，并且性能得到大大改善。

接下来将进一步讨论性能问题，研究如何衡量异步代码的性能。

9.7　衡量异步代码的性能

异步代码可以提高应用程序的性能和响应能力，但是同样需要权衡取舍。对于基于图形用户界面（GUI）的应用程序（如 Windows Forms 或 WPF），如果某个方法花费的时间很长，则使其变成异步是有意义的。但是，对于服务器应用程序，则需要综合衡量被阻塞线程使用的额外内存与使方法异步所需的额外处理器开销之间的差异。

来看以下代码示例。该代码创建了 3 个任务，每个任务都异步运行，一个接一个。一个方法完成后，它将继续异步执行另一个任务。

可以使用 Stopwatch 来计算完成该方法所需的总时间：

```
public static void Main(string[] args)
{
    MainAsync(args).GetAwaiter().GetResult();
    Console.ReadLine();
}
public static async Task MainAsync(string[] args)
{
    Stopwatch stopwatch = Stopwatch.StartNew();
    var value1 = await Task1();
    var value2 = await Task2();
    var value3 = await Task3();
    stopwatch.Stop();
    Console.WriteLine($"Total time taken is
```

```
    {stopwatch.ElapsedMilliseconds}");
}
public static async Task<int> Task1()
{
    await Task.Delay(2000);
    return 100;
}
public static async Task<int> Task2()
{
    await Task.Delay(2000);
    return 200;
}
public static async Task<int> Task3()
{
    await Task.Delay(2000);
    return 300;
}
```

上述代码的输出如图 9-4 所示。

图 9-4

这和编写同步代码的效果一样好。好处是没有阻塞线程，但是应用程序的整体性能很差，因为现在所有代码都是同步运行的。我们可以更改上述代码以提高性能，具体如下：

```
Stopwatch stopwatch = Stopwatch.StartNew();
        await Task.WhenAll(Task1(), Task2(), Task3());
        stopwatch.Stop();
        Console.WriteLine($"Total time taken is
{stopwatch.ElapsedMilliseconds}");
```

可以看到，这是对并行和异步的更佳应用，它可以提高性能，如图 9-5 所示。

图 9-5

为了更好地理解异步，我们还需要了解究竟是哪个线程在运行我们的代码。由于新的异步 API 与 Task 类一起使用，因此所有调用均由 ThreadPool 线程执行。当进行异步调用（例如，从网络中获取数据）时，控件将被转移到由操作系统管理的 I/O 完成端口（I/O Completion Port）线程。一般来说，这只是在所有网络请求之间共享的一个线程。当 I/O 请求完成时，操作系统会发出一个中断信号，将作业添加到 I/O 完成端口的队列中。

对于常在多线程单元（Multi-Threaded Apartment，MTA）模式下工作的服务器端应用程序来说，任何线程都可以启动异步请求，而任何其他线程都可以接收异步请求。

但是，对于在单线程单元（Single-Threaded Apartment，STA）模式下工作的 Windows 应用程序（包括 WinForms 和 WPF）来说，将异步调用返回启动它的同一线程（通常是 UI 线程）中就变得很重要。

Windows 应用程序中的每个 UI 线程都有一个 SynchronizationContext，以确保始终由正确的线程执行代码。由于涉及控制所有权，这一点很重要。为避免跨线程问题，只有所有者线程才可以更改控制的值。SynchronizationContext 类的最重要方法是 Post，它可以使委托在正确的上下文中运行，从而避免了跨线程问题。

每当我们等待任务时，都会捕获当前的 SynchronizationContext。然后，当需要恢复该方法时，await 关键字在内部使用 Post 方法并在捕获的 SynchronizationContext 中恢复该方法。但是，调用 Post 方法是非常昂贵的，好消息是.NET Framework 提供了内置的性能优化。如果捕获的 SynchronizationContext 与返回线程的当前 SynchronizationContext 相同，则不会调用 Post 方法。

如果正在编写一个类库，并且实际上并不在乎调用将返回哪个 SynchronizationContext 中，则可以完全关闭 Post 方法。可以通过在返回的任务上调用 ConfigureAwait()方法来实现此目的，具体如下：

```
HttpClient client = new HttpClient();
HttpResponseMessage response = await
client.GetAsync(url).ConfigureAwait(false);
```

到目前为止，我们已经了解了异步编程的重要方面。接下来，需要了解一些在编程时使用异步代码的准则。

9.8　使用异步代码的准则

以下是使用异步代码编程时的一些准则/最佳实践。

- ❑ 避免使用异步 void。
- ❑ 使用异步连锁链。
- ❑ 尽可能使用 ConfigureAwait。

下面将详细解释这些准则。

9.8.1 避免使用异步 void

在前面的章节中，我们已经看到了从异步方法返回 void 会如何实际影响异常处理。异步方法应返回 Task 或 Task<T>，以便可以观察到异常并且不会变成未处理的异常。

9.8.2 使用异步连锁链

混合使用异步和阻塞方法将对性能产生影响。一旦决定使一个方法异步，就应该将从该方法调用的整个方法链也都设为异步（参见 9.3 节“异步委托和 Lambda 表达式”），不这样做有时会导致死锁，来看以下示例：

```
private async Task DelayAsync()
{
    await Task.Delay(2000);
}
public void Deadlock()
{
    var task = DelayAsync();
    task.Wait();
}
```

如果从任何 ASP.NET 或基于 GUI 的应用程序中调用 Deadlock()方法，那么它将创建一个死锁，尽管相同的代码在控制台应用程序中可以正常运行。当调用 DelayAsync()方法时，它将捕获当前的 SynchronizationContext，或者如果 SynchronizationContext 为 null，则捕获当前的 TaskScheduler。

当等待的任务完成后，它将尝试使用捕获的上下文执行方法的其余部分。这里的问题是，已经有一个线程正在同步等待异步方法完成。在这种情况下，两个线程都将等待另一个线程完成，从而导致死锁。

需要说明的是，仅在基于 GUI 的应用程序或 ASP.NET 应用程序中会出现上述问题，因为它们都依赖于一次只能执行一个代码块的 SynchronizationContext。

另外，控制台应用程序使用的是 ThreadPool 而不是 SynchronizationContext。在等待的任务完成后，将在 ThreadPool 线程上调度待处理的异步方法部分。该方法会在单独的线程上完成，并将任务返回给调用方，因此不会产生死锁。

提示：

切勿尝试在控制台应用程序中创建示例 async/await 代码并将其复制和粘贴到基于 GUI 的应用程序或 ASP.NET 应用程序中，因为它们用于执行异步代码的模型是不一样的。

9.8.3　尽可能使用 ConfigureAwait

通过完全跳过 SynchronizationContext 的使用，即可避免上述代码示例中的死锁：

```
private async Task DelayAsync()
{
await Task.Delay(2000);
}
public void Deadlock()
{
var task = DelayAsync().ConfigureAwait(false);
task.Wait();
}
```

当使用 ConfigureAwait(false)时，将等待该方法。等待的任务完成后，处理器将尝试在线程池上下文中执行其余的异步方法。由于没有阻塞上下文，因此该方法可以毫无问题地完成。该方法将完成它返回的任务，并且不会有死锁。

9.9　小　　结

本章详细讨论了两个非常重要的关键字，即 async 和 await。这些关键字使编写异步代码变得非常容易。当使用这些关键字时，所有繁重的工作都由编译器完成，并且代码看起来与同步副本非常相似。

我们还探讨了使方法异步时代码在哪个线程上运行，以及与使用 SynchronizationContext 相关的性能损失。

最后，我们研究了如何完全关闭 SynchronizationContext 来提高性能。

在第 10 章中将介绍使用 Visual Studio 的并行调试技术，还将学习 Visual Studio 中提供的工具，以帮助进行并行代码调试。

9.10　牛 刀 小 试

（1）以下哪一个关键字可用来解除异步方法中线程的阻塞？

A．async

B．await

C．Thread.Sleep

D．Task

（2）以下哪一项不是异步方法的有效返回类型？

A．void

B．Task

C．Task<T>

D．IAsyncResult

（3）TaskCompletionSource<T>可被用于手动实现基于任务的异步模式。

A．正确

B．错误

（4）可以将 Main()方法编写为异步方法吗？

A．可以

B．不可以

（5）Task 类的哪个属性可用于检查异步方法是否抛出了异常？

A．IsException

B．IsFaulted

C．IsError

D．IsFailed

（6）程序员应该始终将 void 用作异步方法的返回类型。

A．正确

B．错误

第 4 篇

异步代码的调试、诊断和单元测试

在本篇中，我们将说明可用于 Visual Studio 用户的调试技术和工具。重点将放在了解集成开发环境（Integrated Development Environment，IDE）功能上，如 Paralled Tasks（并行任务）窗口、Thread（线程）窗口、Paralled Stacks（并行堆栈）窗口和 Concurrency Visualizer（并发可视化器）工具。

本篇还将介绍如何为使用任务并行库（TPL）和异步编程的代码编写单元测试用例、如何为测试用例编写模拟和存根，以及一些技巧和窍门，以确保为对象关系映射（Object Relational Mapping，ORM）所编写的测试用例不会出现失败的情况。

本篇包括以下两章。

- 第 10 章：使用 Visual Studio 调试任务
- 第 11 章：编写并行和异步代码的单元测试用例

第 10 章　使用 Visual Studio 调试任务

并行编程可以提高应用程序的性能和响应能力，但是有时结果并不如预期。与并行/异步代码相关的常见问题是性能和正确性。

对于性能，我们的意思是程序执行得很慢；对于正确性，我们的意思是其结果与预期不符（这可能是由于竞争状况所致）。处理多个并发任务时，另一个大问题是死锁。调试多线程代码始终是一个挑战，因为调试时线程会不断切换。在基于 GUI 的应用程序上工作时，找出哪个线程正在运行我们的代码也很重要。

本章将详细说明如何使用 Visual Studio 中可用的工具（包括 Thread 窗口、Tasks 窗口和 Concurrency Visualizer）调试线程。

本章将讨论以下主题。

- 使用 Visual Studio 2019 进行调试。
- 如何调试线程。
- 使用并行堆栈窗口。
- 使用并发可视化器。

10.1　技术要求

要完成本章的学习，你应该熟悉线程、任务、Visual Studio 和并行编程。

本章所有源代码都可以在以下 GitHub 存储库中找到。

https://github.com/PacktPublishing/Hands-On-Parallel-Programming-with-C-8-and-.NET-Core-3/tree/master/Chapter10

10.2　使用 Visual Studio 2019 进行调试

Visual Studio 提供了许多内置工具来帮助解决上述调试和疑难解答问题。本章将详细讨论以下工具。

- Threads（线程）窗口。

- ❑ Parallel Stacks（并行堆栈）窗口。
- ❑ Parallel Watch（并行观察）窗口。
- ❑ Debug Location（调试位置）工具栏。
- ❑ Concurrency Visualizer（并发可视化器）。
- ❑ GPU 线程窗口。

接下来将深入了解所有这些工具。

10.3　如何调试线程

当使用多个线程时，找出在特定时间执行的是哪个线程就变得很重要。这使我们能够解决跨线程问题以及竞争状况。

使用 Threads（线程）窗口，我们可以在调试时检查和使用线程。当在 Visual Studio IDE 中调试代码并遇到断点时，Threads（线程）窗口将会提供一个表，其中每行包含有关活动线程的信息。

现在就来探讨如何使用 Visual Studio 调试线程。

（1）在 Visual Studio 中编写以下代码：

```
for (int i = 0; i < 10; i++)
            {
                 Task task = new TaskFactory().StartNew(() =>
                  {
                   Console.WriteLine($"Thread with Id
                    {Thread.CurrentThread.ManagedThreadId}");
                  });
            }
```

（2）通过在 Console.Writeline 语句上按 F9 键创建一个断点。

（3）按 F5 键以调试模式运行该应用程序。该应用程序将创建线程并开始执行。遇到断点时，可以通过工具栏中的 Debug（调试）| Windows（窗口）| Threads（线程）打开 Threads（线程）窗口，如图 10-1 所示。

可以看到，.NET 环境捕获了大量与列中显示的线程有关的信息。黄色箭头标识当前正在执行的线程。

其中一些列包括以下内容。

- ❑ Flag（标志）：如果要持续跟踪特定线程，则可以对其进行标记。这可以通过单击标志图标来完成。

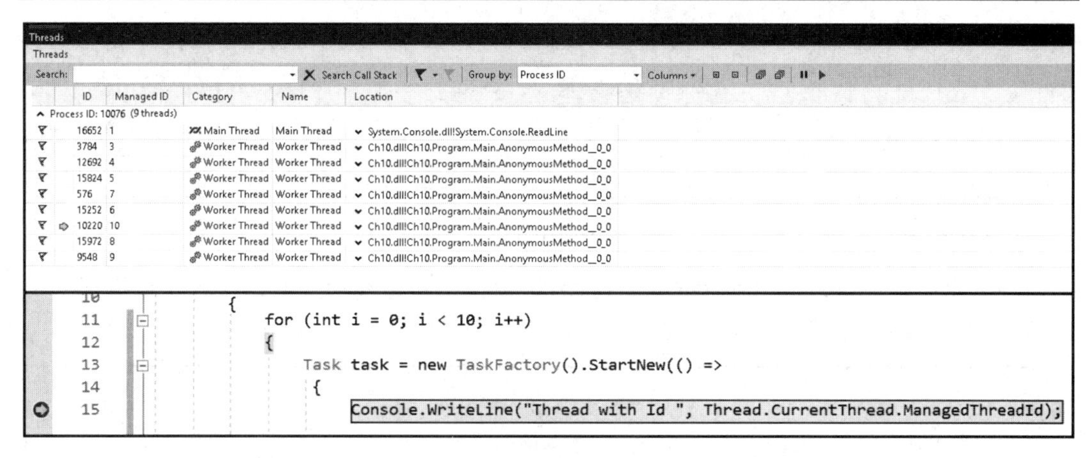

图 10-1

- ID：显示分配给每个线程的唯一标识号。
- Managed ID（托管 ID）：显示分配给每个线程的托管标识号。
- Category（类别）：每个线程都分配有一个唯一的类别，该类别可以帮助我们识别它是 GUI 线程（Main 线程）还是 Worker 线程。
- Name（名称）：显示每个线程的名称，或显示为<No Name>。
- Location（位置）：这有助于确定线程在哪里执行。我们可以深入查看完整的调用堆栈。

可以通过单击 Flag（标志）图标来标记要监视的线程。仅查看标记的线程，可以单击 Threads（线程）窗口中的 Show Flagged Threads Only（仅显示标记的线程）选项，如图 10-2 所示。

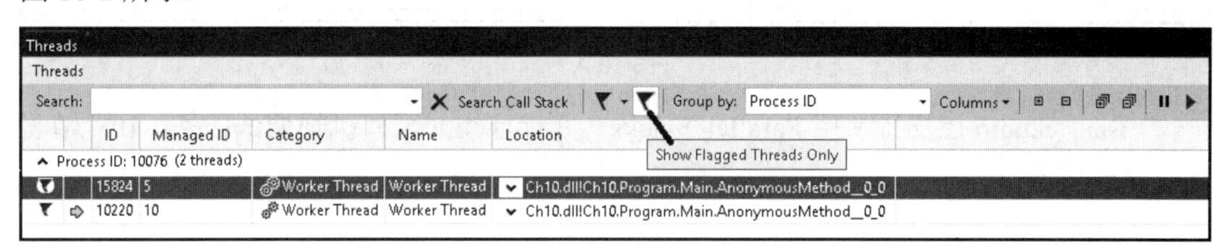

图 10-2

Threads（线程）窗口的另一个很酷的功能是，可以冻结我们认为可能在调试期间引起问题的线程，以监视应用程序的行为。即使有足够的可用资源，系统也不会开始执行冻结的线程。单击 Freeze Threads（冻结线程）后，线程将进入挂起状态，如图 10-3 所示。

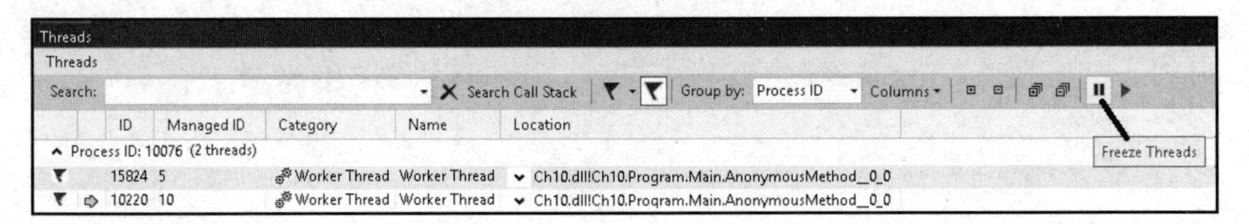

图 10-3

在调试时，还可以通过在 Threads（线程）窗口中右击线程或双击线程，将执行从一个线程切换到另一个线程，如图 10-4 所示。

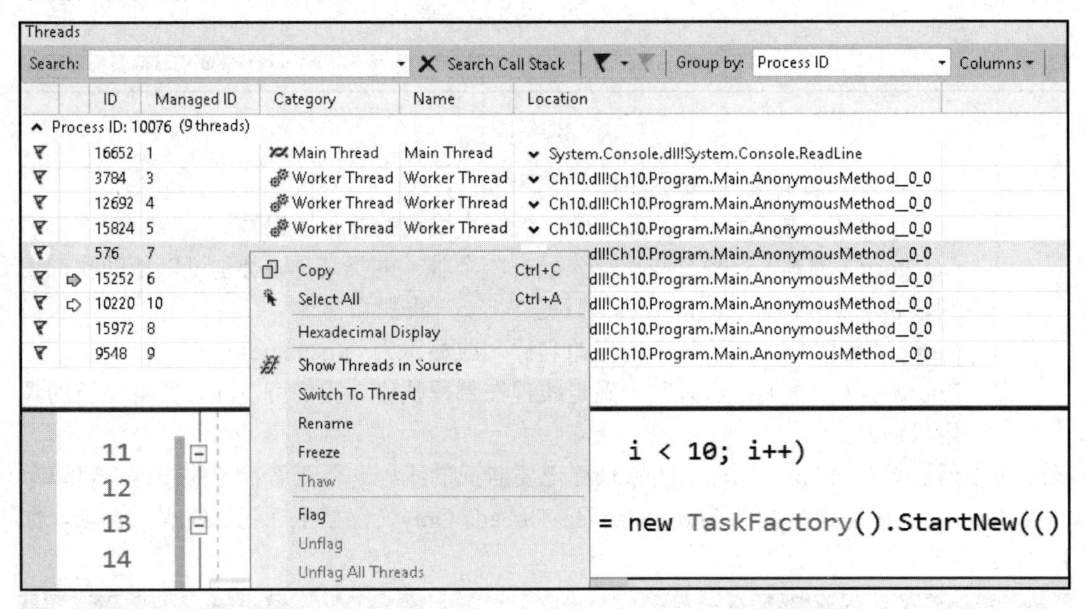

图 10-4

Visual Studio 还支持使用 Parallel Stacks（并行堆栈）窗口执行调试任务。10.4 节将详细介绍该窗口。

10.4　使用并行堆栈窗口

Parallel Stacks（并行堆栈）窗口是调试线程和任务的非常好的工具，并且已在更高版本的 Visual Studio 中被引入。在调试时，可以通过 Debug（调试）| Windows（窗口）| Parallel Stacks（并行堆栈）来打开它，如图 10-5 所示。

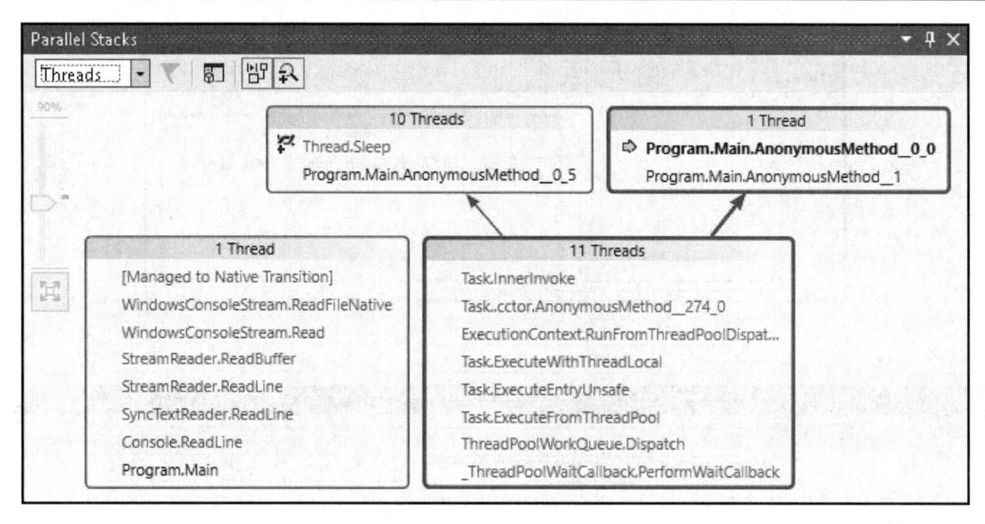

图 10-5

从图 10-5 中可以看到，在 Parallel Stacks（并行堆栈）窗口内工作时，其中可以切换各种视图。

接下来将介绍如何使用 Parallel Stacks（并行堆栈）窗口和这些视图进行调试。

10.4.1　使用并行堆栈窗口进行调试

Parallel Stacks（并行堆栈）窗口左上角有一个下拉菜单，其中包含两个选项。可以在这两个选项之间进行切换，以便在 Parallel Stacks（并行堆栈）窗口中显示不同的视图。这两个视图选项如下。

- Threads（线程）视图。
- Tasks（任务）视图。

现在就来仔细研究这些视图。

10.4.2　线程视图

Threads（线程）视图将显示在调试应用程序时运行的所有线程的调用堆栈，如图 10-6 所示。

黄色箭头显示代码正在执行的当前位置。将鼠标悬停在 Parallel Stacks（并行堆栈）窗口的任何方法上都会打开 Threads（线程）窗口，其中包含当前正在执行的线程的有关信息，如图 10-7 所示。

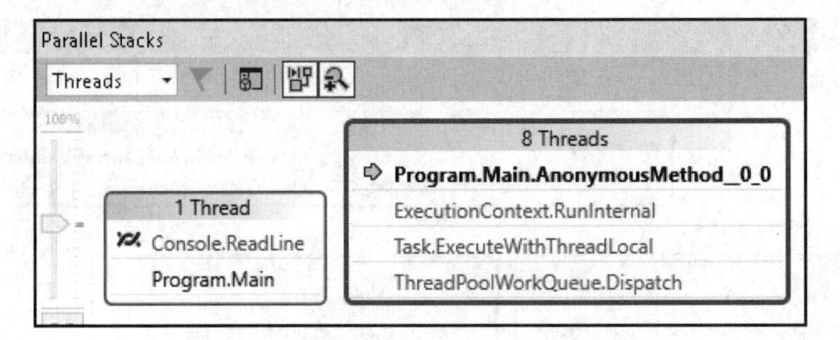

图 10-6

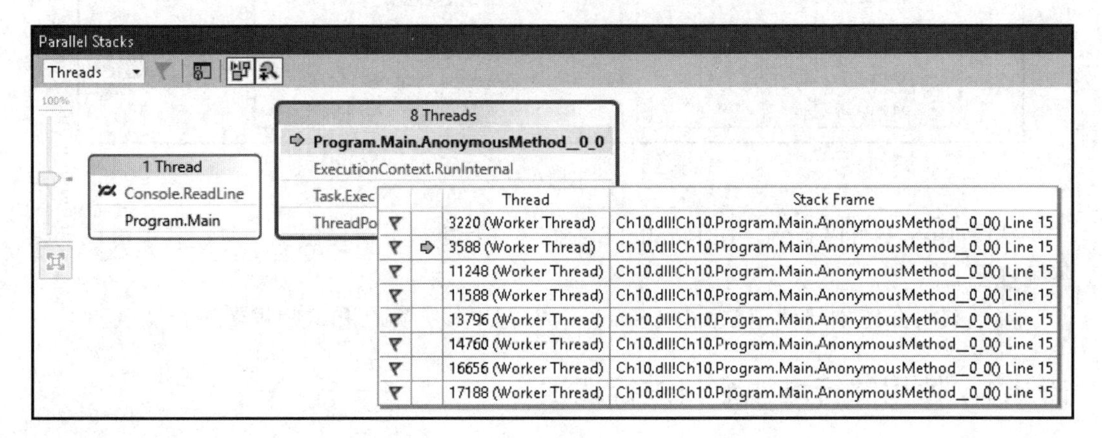

图 10-7

可以通过双击 Parallel Stacks（并行堆栈）窗口中的任何方法来切换到其他方法，如图 10-8 所示。

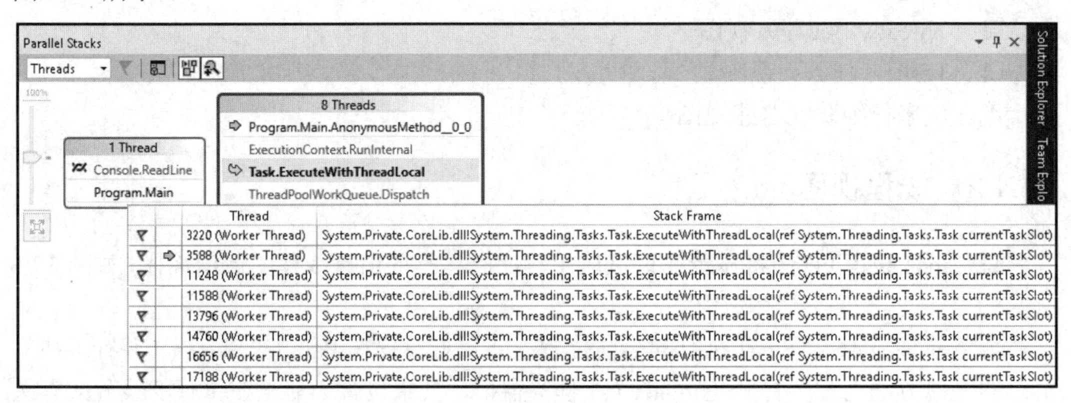

图 10-8

还可以单击 Toggle Method View（切换到方法视图）按钮以切换到方法视图，查看完整的调用堆栈，如图 10-9 所示。

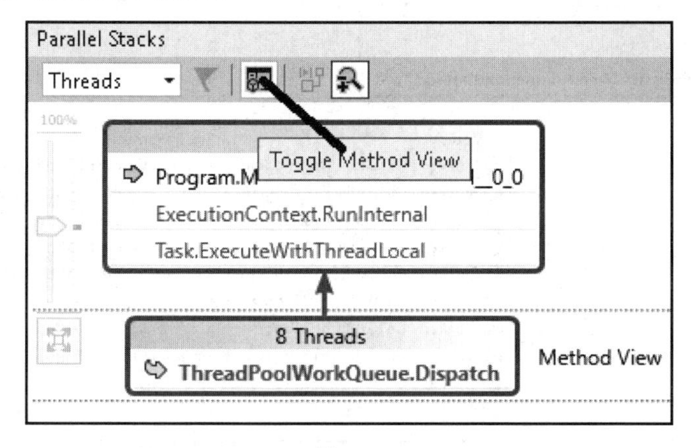

图 10-9

使用 Method View（方法视图）可以非常方便地调试调用堆栈，以找出在任何时间点传递给方法的值。

10.4.3　任务视图

如果在代码中使用任务并行库（TPL）创建 System.Threading.Tasks.Task 对象，则应使用 Tasks（任务）视图，如图 10-10 所示。

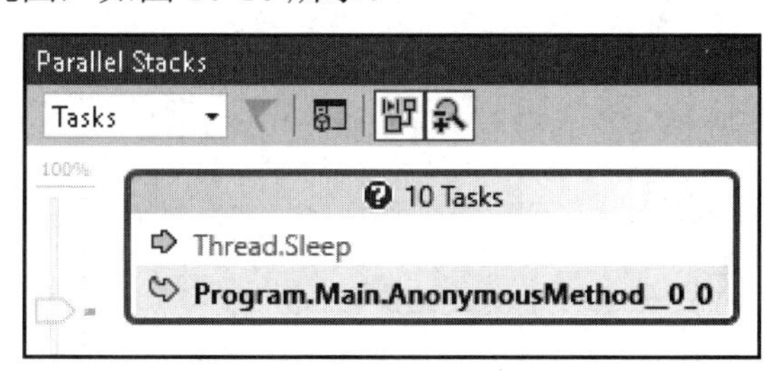

图 10-10

在图 10-11 中可以看到，当前正在执行 10 个任务，每个任务都将显示当前执行的对应的代码行。

将鼠标悬停在任何方法上都可以查看到所有正在运行的任务的状态。

Tasks（任务）窗口可帮助我们分析应用程序中由于缓慢的方法调用或死锁而导致的性能问题。

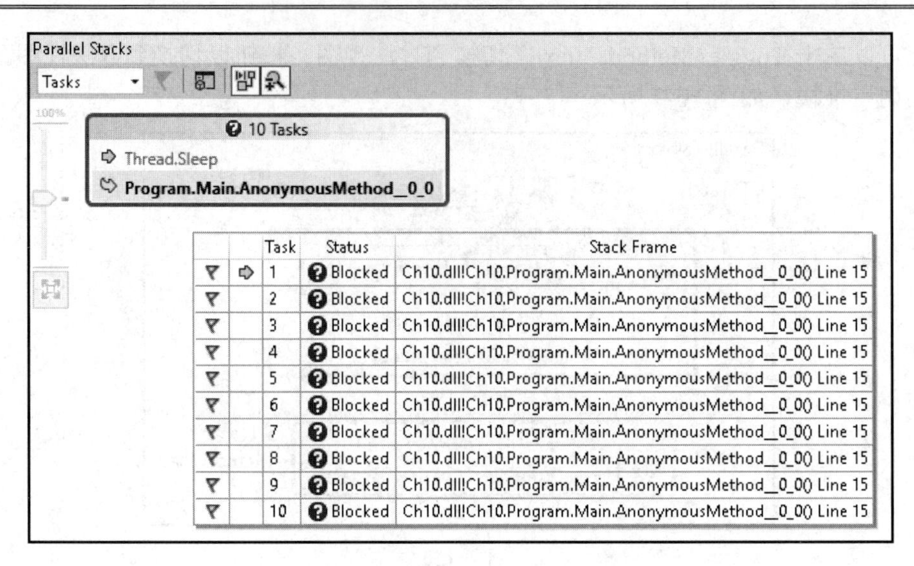

图 10-11

10.4.4　使用并行观察窗口进行调试

当要查看不同线程上变量的值时，可以使用 Parallel Watch（并行观察）窗口。

来看以下代码：

```
for (int i = 0; i < 10; i++)
{
    Task task = new Task(() =>
    {
        for (int j = 0; j < 100; j++)
        {
            Thread.Sleep(100);
        }
        Console.WriteLine($"Thread with Id
         {Thread.CurrentThread.ManagedThreadId}");
    });
    task.Start();
}
```

上述代码可以创建多个任务，每个任务运行一个 for 循环，进行 100 次迭代。在每次迭代中，线程都会进入休眠状态 100 ms。我们允许代码运行一段时间，然后达到断点。可以使用 Parallel Watch（并行观察）窗口看到所有这些操作。

要打开 Parallel Watch（并行观察）窗口，可以选择 Debug（调试）| Windows（窗口）|

Parallel Watch（并行观察）。我们可以打开 4 个这样的窗口，每个窗口一次只能监视一个不同任务上的变量值，如图 10-12 所示。

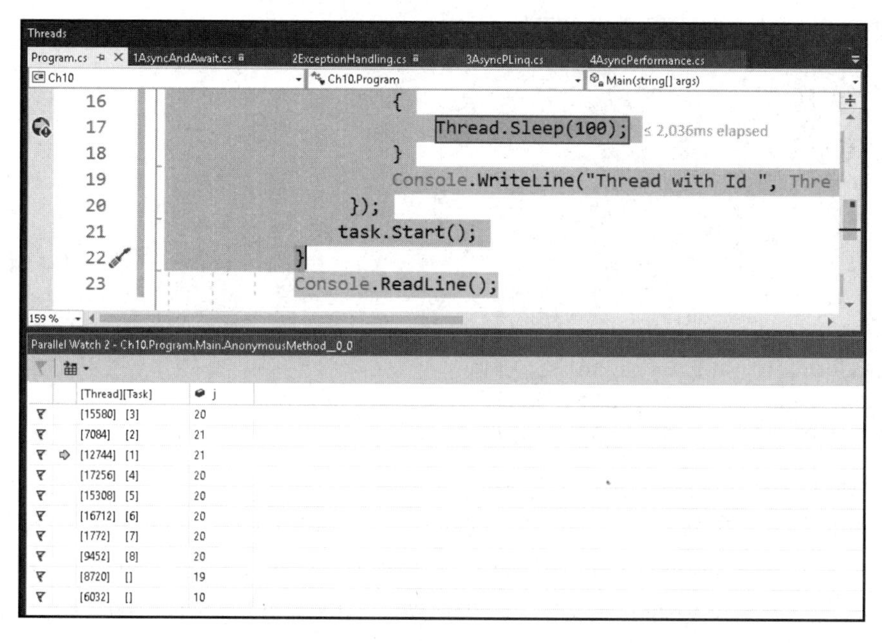

图 10-12

在上述代码中可以看到，我们要监视变量 j 的值。因此，可以将 j 写入第 3 列的标题中，然后按 Enter 键。这会将 j 变量添加到此处显示的 Parallel Watch（并行观察）窗口中，可以看到所有线程/任务上的 j 变量的值。

10.5 使用并发可视化器

Concurrency Visualizer（并发可视化器）是 Visual Studio 工具集合中非常方便的功能。默认情况下，它并不包含在 Visual Studio 中，但是可以从 Visual Studio Marketplace 中下载，其网址如下。

https://marketplace.visualstudio.com

Concurrency Visualizer（并发可视化器）是一个非常高级的工具，可用于解决复杂的线程问题，如性能瓶颈、线程竞争等问题，它还可以检查 CPU 利用率、跨核心线程迁移以及 I/O 重叠区域。

需要指出的是，Concurrency Visualizer（并发可视化器）仅支持 Windows/控制台项目，不适用于 Web 项目。

来看以下控制台应用程序代码示例：

```
Action computeAction = () =>
{
int i = 0;
    while (true)
    {
        i = 1 * 1;
    }
};
Task.Run(() => computeAction());
Task.Run(() => computeAction());
Task.Run(() => computeAction());
Task.Run(() => computeAction());
```

在上述代码中，我们创建了 4 个任务，它们无限期地运行像 1 × 1 这样的计算任务，然后在 while 循环中放置一个断点并打开 Concurrency Visualizer（并发可视化器）。

现在，我们将在 Visual Studio 中运行上述代码，并且在代码运行的同时，选择 Analyze（分析）| Concurrency Visualizer（并发可视化器）| Attach to Process（附加到进程）命令，如图 10-13 所示。

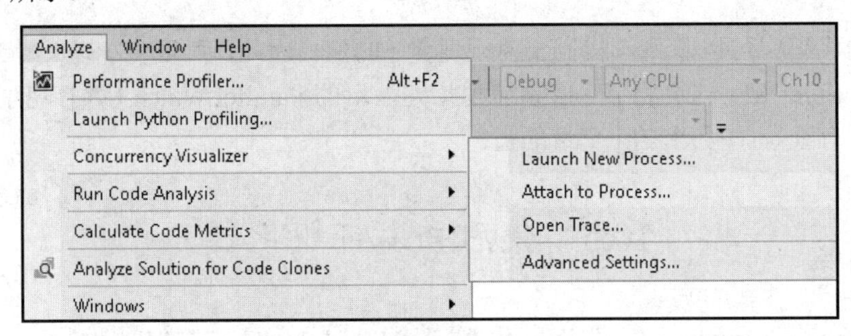

图 10-13

注意：

要使用图 10-13 中的命令，首先需要为 Visual Studio 版本安装 Concurrency Visualizer。可在以下位置找到用于 Visual Studio 2017 的 Concurrency Visualizer（并发可视化器）：

https://marketplace.visualstudio.com/items?itemName=VisualStudioProductTeam.ConcurrencyVisualizer2017#overview

附加之后，Concurrency Visualizer（并发可视化器）将停止进行性能分析。我们将让该应用程序运行一段时间，以便它可以收集到足够的数据以进行检查，然后停止性能分析器（Profiler）以生成视图。

默认情况下，这将打开 Utilization（利用率）视图，该视图是 Concurrency Visualizer（并发可视化器）中存在的 3 个视图之一。另外两个是 Threads（线程）和 Cores（核心）视图。

接下来将详细介绍这 3 个视图。

10.5.1　利用率视图

Utilization（利用率）视图将显示跨越所有处理器的系统活动。图 10-14 是 Concurrency Profiler（并发性能分析器）停止性能分析后的屏幕快照。

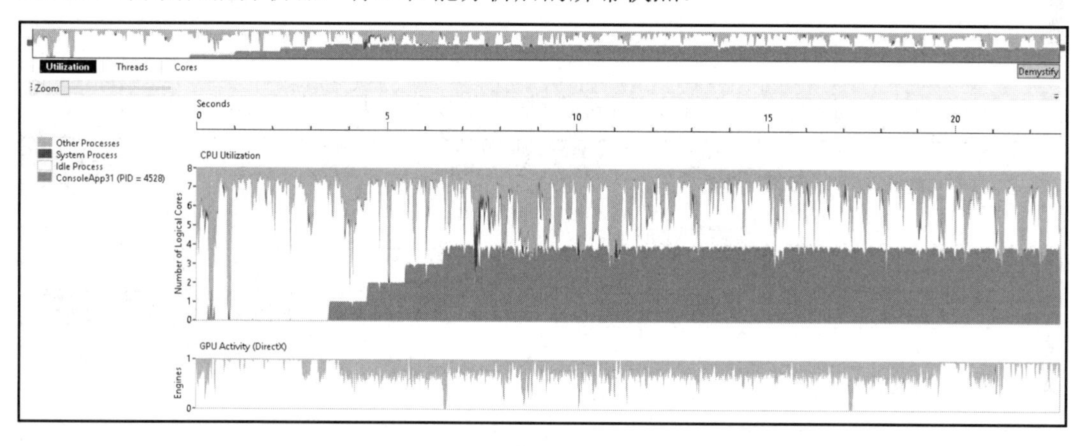

图 10-14

从图 10-14 中可以看到，有 4 个内核具有 100%的 CPU 负载。这是由绿色指示的。该视图常用于获取并发状态的高级概述。

10.5.2　线程视图

Threads（线程）视图提供了有关当前系统状态的非常详细的分析。通过此视图可以确定：线程是正在执行还是由于 I/O 和同步等问题而正在阻塞，如图 10-15 所示。

Threads 视图对于识别和修复系统中的性能瓶颈非常有帮助。通过该视图可以清楚地确定在实际执行中花费了多少时间，以及在处理同步问题上花费了多少时间。

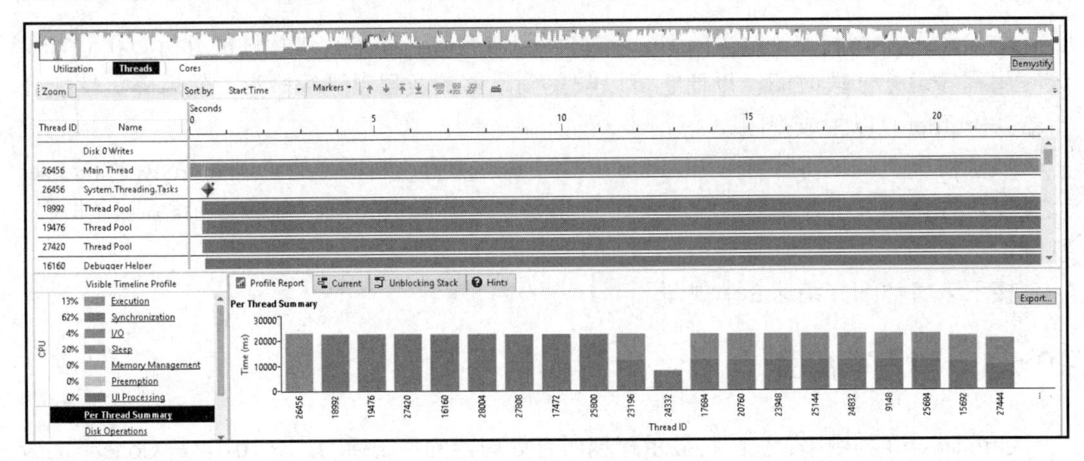

图 10-15

10.5.3 核心视图

Cores（核心）视图可用于标识线程执行核心切换的次数，如图 10-16 所示。

Utilization　Threads　Cores　Demystify

Zoom

Seconds　0　5　10　15　20

Name

Logical Core 0
Logical Core 1
Logical Core 2
Logical Core 3
Logical Core 4
Logical Core 5
Logical Core 6

Thread ID	Thread Name	Cross-Core Context Switches	Total Context Switches	Percent of Context Switches that Cross Cores
27916	CLR Worker Thread	3,384	4,626	73.15%
28356	CLR Worker Thread	3,311	4,553	72.72%
28360	CLR Worker Thread	3,185	4,503	70.73%
27436	CLR Worker Thread	2,930	4,129	70.96%
23196	CLR Worker Thread	90	122	73.77%
23948	CLR Worker Thread	89	125	71.20%
24832	CLR Worker Thread	89	120	74.17%
25684	CLR Worker Thread	88	119	73.95%
17684	CLR Worker Thread	87	118	73.73%
9148	CLR Worker Thread	85	108	78.70%

图 10-16

10.6 小　　结

本章详细讨论了如何使用 Threads（线程）窗口调试多线程应用程序，以监视.NET 环境捕获的无数信息。我们还学习了如何标记和跟踪线程、在线程之间切换、在 Parallel Stacks（并行堆栈）窗口中打开 Threads（线程）视图和 Tasks（任务）视图、打开多个

Parallel Watch（并行观察）窗口以及观察不同任务的单变量值等，以更好地了解应用程序。

除此之外，我们还探讨了 Concurrency Visualizer（并发可视化器），这是一个高级工具，用于解决复杂线程问题。它仅支持 Windows/控制台项目。

第 11 章将讨论编写针对并行和异步代码的单元测试用例以及与此相关的问题。此外，我们还将了解设置模拟对象所涉及的挑战以及如何解决它们。

10.7　牛刀小试

（1）在 Visual Studio 中调试线程时，看不到以下哪一个窗口？

A．Parallel Threads

B．Parallel Stack

C．GPU Thread

D．Parallel Watch

（2）在调试时，可以通过标记线程来跟踪特定线程。

A．正确

B．错误

（3）在 Parallel Watch（并行观察）窗口中，包含以下哪些视图？

A．Tasks

B．Process

C．Threads

D．GPU

（4）要检查线程的调用堆栈，可以使用以下哪一个视图？

A．Method 视图

B．Task 视图

C．Process 视图

D．Threads 视图

（5）对于 Concurrency Visualizer（并发可视化器）来说，不包含以下哪个视图？

A．Threads 视图

B．Cores 视图

C．Process 视图

D．Utilization 视图

10.8 深入阅读

可以通过以下链接了解更多有关并行编程和调试技术的信息。

- https://www.packtpub.com/application-development/c-multithreaded-and-parallel-programming
- https://www.packtpub.com/application-development/net-45-parallel-extensions-cookbook

第 11 章 编写并行和异步代码的单元测试用例

本章将介绍如何编写并行和异步代码的单元测试用例。

编写单元测试用例是编写健壮代码的一个重要方面。对于大型合作团队来说，编写健壮可靠、易于维护的代码是必然要求。

如果使用的是新的持续集成（Continuous Integration，CI）和持续交付（Continuous Delivery，CD）平台，则可以轻松使运行中的单元测试用例成为构建过程的一部分，这也有助于在早期阶段发现问题。

编写集成测试（Integration Test）也很有意义，这样我们就可以评估不同的组件是否可以一起正常工作。

尽管你会在 Visual Studio 的 Community（社区版）和 Professional（专业版）中找到更多功能，但是只有 Visual Studio Enterprise（企业版）才支持分析单元测试用例（Unit Test Case）的代码覆盖率（Code Coverage）。

本章将讨论以下主题。

- 使用.NET Core 进行单元测试。
- 了解编写异步代码的单元测试用例的问题。
- 编写并行代码和异步代码的单元测试用例。
- 使用 Moq 模拟异步代码的设置。
- 使用测试工具。

11.1 技术要求

要完成本章的学习，你需要对单元测试和 C#有基本的了解，掌握如何使用 Visual Studio 支持的框架编写单元测试用例。

本章所有源代码都可以在以下 GitHub 存储库中找到。

https://github.com/PacktPublishing/Hands-On-Parallel-Programming-with-C-8-and-.NET-Core-3/tree/master/Chapter11

11.2　使用.NET Core 进行单元测试

.NET Core 支持 3 种用于编写单元测试的框架，即 MSTest、NUnit 和 xUnit，如图 11-1 所示。

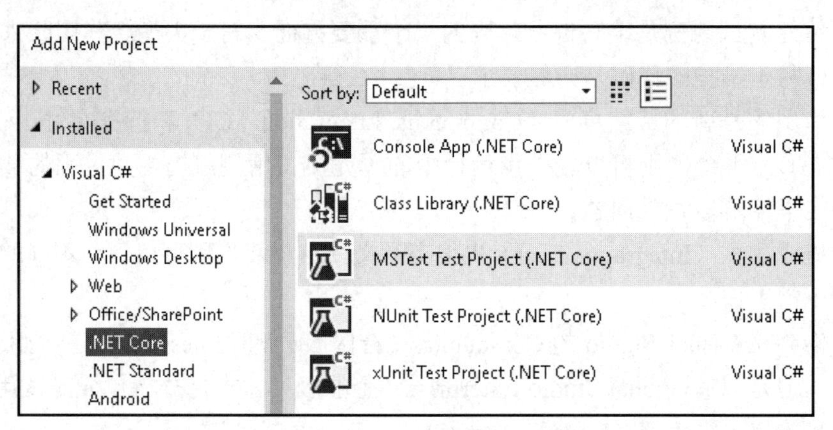

图 11-1

编写测试用例的首选框架最初是 NUnit，然后，MSTest 被添加到 Visual Studio 中，最后，xUnit 被引入.NET Core 中。与 NUnit 相比，xUnit 是一个非常精简的版本，可以帮助用户编写简洁的测试用例并利用一些新功能。

xUnit 的优点如下。

- 它是轻量级的。
- 它使用了新功能。
- 它改进了测试隔离。
- xUnit 的创建者也来自 Microsoft，并且是 Microsoft 内部使用的工具。
- Setup 和 TearDown 属性已替换为构造函数和 System.IDisposable，从而迫使开发人员编写简洁的代码。

单元测试用例只是一个返回 void 的简单函数，该函数被用于测试函数逻辑并根据一组预定义的输入来验证输出。为了使该函数可识别为测试用例，必须使用[Fact]属性对其进行修饰，具体如下：

```
[Fact]
public void SomeFunctionWillReturn5AsWeUseResultToLetItFinish()
```

```
{
    var result = SomeFunction().Result;
    Assert.Equal(5, result);
}
```

要运行上述测试用例，可以右击代码中的函数，然后单击 Run Test(s)（运行测试）或 Debug Test(s)（调试测试），如图 11-2 所示。

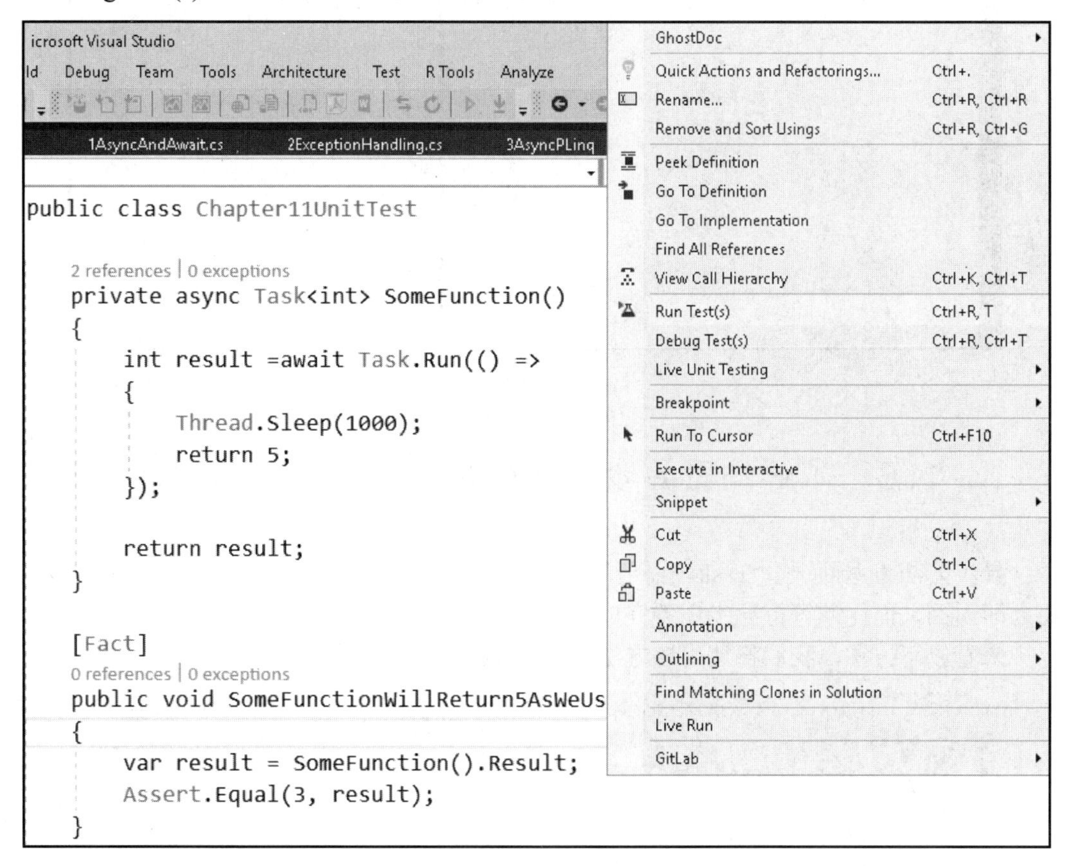

图 11-2

上述测试用例执行之后的输出可以在 Test Explorer（测试资源管理器）窗口中看到，如图 11-3 所示。

虽然使用.NET Core 进行单元测试看起来非常简单，但是为并行和异步代码编写单元测试用例却颇具挑战性。11.3 节将对此展开详细讨论。

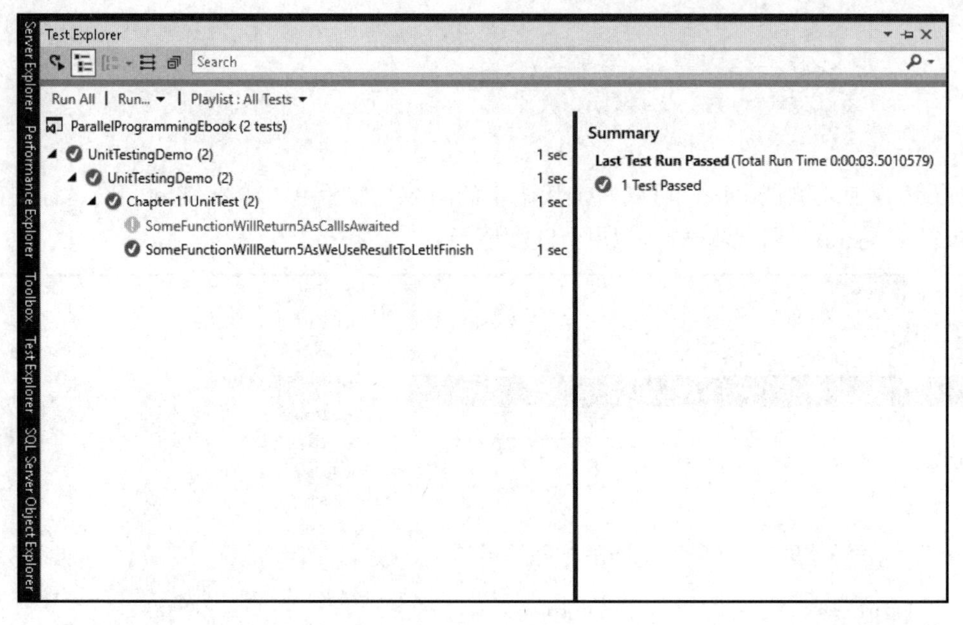

图 11-3

11.3　了解编写异步代码的单元测试用例的问题

异步方法将返回一个 Task，需要等待它才能获得结果。如果未设置等待，则该方法将立即返回，而无须等待异步任务完成。

来看以下方法，我们将使用该方法来编写 xUnit 的单元测试用例：

```
private async Task<int> SomeFunction()
{
    int result =await Task.Run(() =>
    {
        Thread.Sleep(1000);
        return 5;
    });
    return result;
}
```

上述方法在延迟 1 s 后返回常数 5。由于上述方法使用了 Task，因此可使用 async 和 await 关键字来获得预期的结果。以下是一个非常简单的测试用例，我们可以通过它使用 MSTest 来测试上述方法：

```
[TestMethod]
public async void SomeFunctionShouldFailAsExpectedValueShouldBe5AndNot3()
{
    var result = await SomeFunction();
    Assert.AreEqual(3, result);
}
```

可以看到，上述方法应该失败，因为预期的返回值为 3，而上述方法返回的是 5。但是，当我们运行此测试时，它却通过了，如图 11-4 所示。

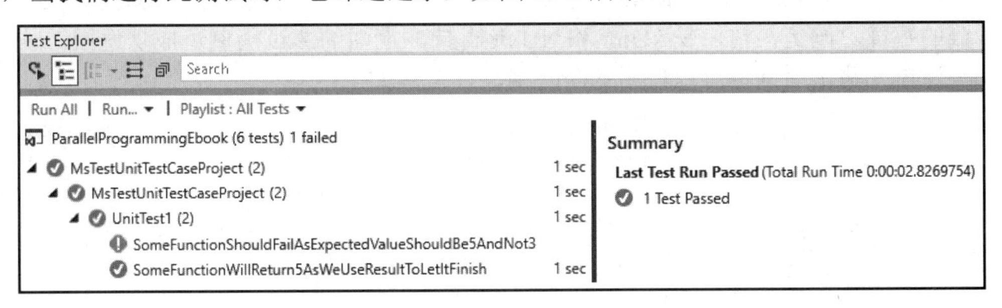

图 11-4

这里发生的情况是，由于上述方法被标记为异步，因此在遇到 await 关键字时会立即返回。当返回任务时，它被视为在将来的某个时间点运行，但是由于测试用例返回时没有任何失败，因此测试框架将其标记为通过。这是一个令人担忧的主要原因，因为这意味着即使任务抛出异常，测试也将通过。

可以对上述测试用例稍作修改，以便其与 MSTest 一起运行，具体如下：

```
[TestMethod]
public void SomeFunctionWillReturn5AsWeUseResultToLetItFinish()
{
    var result = SomeFunction().Result;
    Assert.AreEqual(3, result);
}
```

也可以使用 xUnit 编写相同的单元测试用例，具体如下：

```
[Fact]
public void SomeFunctionWillReturn5AsWeUseResultToLetItFinish()
{
    var result = SomeFunction().Result;
    Assert.Equal(5, result);
}
```

当运行上述 xUnit 测试用例时，它将成功运行。但是，该代码的问题在于这是一个阻塞的测试用例，可能会对测试套件的性能产生重大影响。更好的单元测试用例如下：

```
[Fact]
public async void SomeFunctionWillReturn5AsCallIsAwaited()
{
    var result = await SomeFunction();
    Assert.Equal(5, result);
}
```

最初，并非每个单元测试框架都支持异步单元测试用例，就像我们在 MSTest 的用例中看到的那样。但是，它们受 xUnit 和 NUnit 支持。上面的测试用例可成功返回。

上述单元测试用例也可以使用 NUnit 编写，具体如下：

```
[Test]
public async void SomeFunctionWillReturn5AsCallIsAwaited()
{
    var result = await SomeFunction();
    Assert.AreEqual(3, result);
}
```

请注意，与上述代码相比，这里有一些区别。[Fact]属性由[Test]替换，而 Assert.Equal 则由 Assert.AreEqual 替换。但是，当你尝试在 Visual Studio 中运行上述测试用例时，将会看到的主要区别是，它将失败并显示以下错误：

```
"Message: Async test method must have non-void return type".
```

上述错误消息的意思是，异步测试方法必须具有非 void 返回类型。因此，对于 NUnit 来说，需要更改方法，具体如下：

```
[Test]
public async Task SomeFunctionWillReturn5AsCallIsAwaited()
{
    var result = await SomeFunction();
    Assert.AreEqual(3, result);
}
```

可以看到，上述代码唯一的修改就是将 void 替换为 Task。

本节讨论了使用不同单元测试框架时可能遇到的问题。接下来将讨论如何编写更好的单元测试用例。

11.4 编写并行代码和异步代码的单元测试用例

在 11.3 节中，我们学习了如何为异步代码编写单元测试用例。本节将讨论为异常情况编写单元测试用例。

来看以下方法：

```
private async Task<float> GetDivisionAsync(int number , int divisor)
{
    if (divisor == 0)
    {
        throw new DivideByZeroException();
    }
    int result = await Task.Run(() =>
    {
        Thread.Sleep(1000);
        return number / divisor;
    });
    return result;
}
```

上述方法以异步方式返回两个数字相除的结果。如果除数为 0，则该方法将抛出 DivideByZero 异常。我们需要两种类型的测试用例来涵盖以下两种情况。

- 检查成功的结果。
- 检查除数为 0 时的异常结果。

11.4.1　检查成功的结果

这种情况的测试用例如下：

```
[Test]
public async Task GetDivisionAsyncShouldReturnSuccessIfDivisorIsNotZero()
{
    int number = 20;
    int divisor = 4;
    var result = await GetDivisionAsync(number, divisor);
    Assert.AreEqual(result, 5);
}
```

可以看到，预期结果为 5。当运行上述测试时，它将在 Test Explorer（测试资源管理器）中显示为成功。

11.4.2　检查除数为 0 时的异常结果

可以使用 Assert.ThrowsAsync< >方法为抛出异常的方法编写测试用例，具体如下：

```
[Test]
public void GetDivisionAsyncShouldCheckForExceptionIfDivisorIsNotZero()
{
    int number = 20;
    int divisor = 0;
    Assert.ThrowsAsync<DivideByZeroException>(async () =>
     await GetDivisionAsync(number, divisor));
}
```

可以看到，我们在异步调用 GetDivisionAsync 方法的同时，使用 Assert.ThrowsAsync <DivideByZeroException> 检查了断言（Assertion）。由于我们将除数传递为 0，因此 GetDivisionAsync 方法将抛出异常，并且断言将为 true。

11.5 使用 Moq 模拟异步代码的设置

模拟对象（Mocking Object）是单元测试的一个非常重要的方面。你可能已经知道，单元测试就是一次测试一个模块。假定任何外部依赖关系都可以正常工作。

.NET 有许多可用的模拟框架，具体包括以下框架。

- NSubstitute（.NET Core 不支持）。
- Rhino Mocks（.NET Core 不支持）。
- Moq（.NET Core 支持）。
- NMock3（.NET Core 不支持）。

为演示起见，我们将使用 Moq 来模拟服务组件。

本节将创建一个包含异步方法的简单服务，然后尝试为调用该服务的方法编写单元测试用例。

来看一个服务接口示例：

```
public interface IService
{
    Task<string> GetDataAsync();
}
```

可以看到，上述接口有一个 GetDataAsync()方法，该方法以异步方式获取数据。

以下代码片段显示了一个控制器类，该类使用一些依赖项注入框架来访问服务实例：

```
class Controller
{
    public Controller (IService service)
```

```
    {
        Service = service;
    }
    public IService Service { get; }
    public async Task DisplayData()
    {
        var data =await Service.GetDataAsync();
        Console.WriteLine(data);
    }
}
```

上述 Controller 类还公开了一个名为 DisplayData()的异步方法，该方法从服务中获取数据并将其写入控制台中。当我们尝试为上述方法编写单元测试用例时，将遇到的第一个问题是，在没有任何具体实现的情况下，无法创建服务实例。即使我们确实有一个具体的实现，也应避免调用实际的服务方法，因为这在集成测试用例中更合适而不适用于单元测试用例。在这种情况下，模拟（Mocking）技术就有了用武之地。

现在来尝试使用 Moq 为上述方法编写一个单元测试用例，具体步骤如下。

（1）需要将 Moq 作为 NuGet 软件包安装。

（2）为其添加名称空间，代码如下：

```
using Moq;
```

（3）创建一个模拟对象，代码如下：

```
var serviceMock = new Mock<IService>();
```

（4）设置一个返回伪数据（Dummy Data）的模拟对象。这可以使用 Task.FromResult 方法来实现，代码如下：

```
serviceMock.Setup(s => s.GetDataAsync()).Returns(
                Task.FromResult("Some Dummy Value"));
```

（5）创建一个控制器对象，并将步骤（4）中所创建的模拟对象传递给它，代码如下：

```
var controller = new Controller(serviceMock.Object);
```

以下是 DisplayData()方法的简单测试用例：

```
[Test]
public async System.Threading.Tasks.Task DisplayDataTestAsync()
{
    var serviceMock = new Mock<IService>();
    serviceMock.Setup(s => s.GetDataAsync()).Returns(
```

```
        Task.FromResult("Some Dummy Value"));
    var controller = new Controller(serviceMock.Object);
    await controller.DisplayData();
}
```

上述代码显示了如何为模拟对象设置数据。为模拟对象设置数据的另一种方法是通过 TaskCompletionSource 类，具体如下：

```
[Test]
public async Task DisplayDataTestAsyncUsingTaskCompletionSource()
{
    // 创建模拟服务
    var serviceMock = new Mock<IService>();
    string data = "Some Dummy Value";
    // 创建任务完成源
    var tcs = new TaskCompletionSource<string>();
    // 设置完成源以返回测试数据
    tcs.SetResult(data);
    // 设置模拟服务对象
    // 当服务的 GetDataAsync 方法被调用时返回 tcs 指定的任务
    serviceMock.Setup(s => s.GetDataAsync()).Returns(tcs.Task);
    // 将模拟服务实例传递给控制器
    var controller = new Controller(serviceMock.Object);
    // 异步调用控制器的 DisplayData()方法
    await controller.DisplayData();
}
```

由于在企业项目中测试用例的数量确实可以增加，因此需要找到并执行测试用例。

11.6 节将讨论 Visual Studio 中的一些常见测试工具，这些工具可以帮助我们管理测试用例的执行过程。

11.6　使用测试工具

Test Explorer（测试资源管理器）是 Visual Studio 中用于运行测试或查看测试执行结果的最重要工具之一。

在本章开始时，我们简要介绍了 Test Explorer（测试资源管理器）。Test Explorer（测试资源管理器）的一项关键功能是能够并行运行测试用例。如果你的系统具有多个 CPU 核心，则可以轻松利用并行性来更快地运行测试用例。这可以通过单击 Test Explorer（测试资源管理器）中的 Run Tests in parallel（并行运行测试）按钮来完成，如图 11-5 所示。

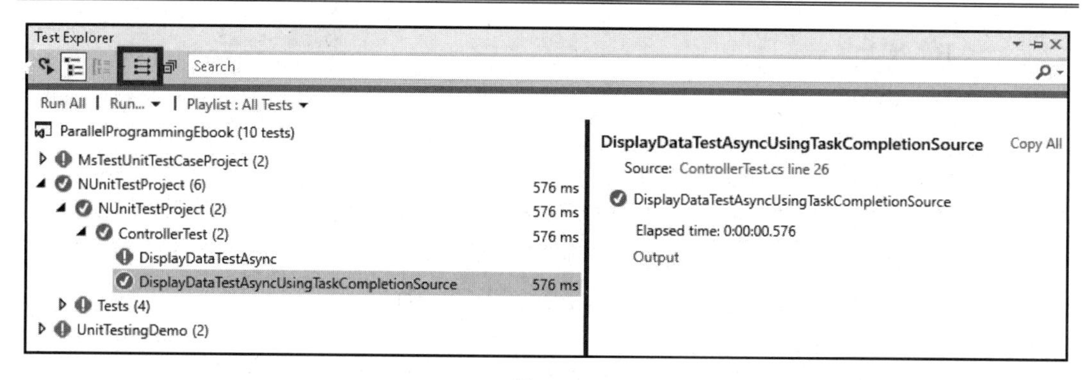

图 11-5

根据 Visual Studio 版本，Microsoft 还提供了其他一些支持。其中一个很实用的工具是使用 Intellitest 自动生成单元测试用例。

Intellitest 可以分析源代码并自动生成测试用例、测试数据和测试套件。遗憾的是，.NET Core 尚不支持 Intellitest，尽管它可用于其他版本的.NET Framework，将来可能会升级到 Visual Studio 支持。

11.7　小　　结

本章探讨了如何为异步方法编写单元测试用例，这有助于实现健壮可靠的代码，支持大型开发团队并适应新的持续集成/持续交付（CI/CD）平台，从而有助于在早期开发阶段及时发现问题。

我们首先介绍了在编写并行代码和异步代码的单元测试用例时可能遇到的一些问题，以及如何使用正确的编码实践来解决这些问题。此外，我们还研究了模拟技术，这是单元测试的一个非常重要的方面。

最后，我们简要介绍了重要测试工具 Test Explorer（测试资源管理器）的功能，可以使用它来编写更简洁的测试用例，并且可以并行运行单元测试用例以加快执行速度。

第 12 章将介绍.NET Core Web 应用程序开发环境中 IIS 和 Kestrel 的概念和角色。

11.8　牛刀小试

（1）在 Visual Studio 中，以下哪一项是不受支持的单元测试框架？

A．JUnit

B．NUnit

C．xUnit

D．MSTest

（2）如何检查单元测试用例的输出？

A．使用 Task Explorer（任务资源管理器）窗口

B．使用 Test Explorer（测试资源管理器）窗口

C．使用 Debug Explorer（调试资源管理器）查看

D．使用 Result（结果）窗口

（3）当测试框架为 xUnit 时，可以将以下哪一项属性应用于测试方法？

A．Fact

B．TestMethod

C．Test

D．Properties

（4）如何验证抛出异常的测试用例是否成功？

A．Assert.AreEqual(ex, typeof(Exception))

B．Assert.IsException

C．Assert.ThrowAsync<T>

D．Assert.ThrowsAsync<DivideByZeroException>

（5）.NET Core 支持以下哪一种模拟框架？

A．NSubstitute

B．Moq

C．Rhino Mocks

D．NMock

11.9　深入阅读

可以在以下网页上获得有关并行编程和单元测试技术的更多信息。

- https://www.packtpub.com/application-development/c-multithreaded-and-parallel-programming
- https://www.packtpub.com/application-development/net-45-parallel-extensions-cookbook

第 5 篇

.NET Core 附加的并行编程功能

本篇将介绍.NET Core 中附加的并行编程支持功能。

本篇包括以下 3 章。

- 第 12 章：ASP.NET Core 中的 IIS 和 Kestrel
- 第 13 章：并行编程中的模式
- 第 14 章：分布式存储管理

第 12 章　ASP.NET Core 中的 IIS 和 Kestrel

第 11 章讨论了为并行和异步代码编写单元测试用例的技巧，还介绍了 Visual Studio 中可用的 3 个单元测试框架，即 MSUnit、NUnit 和 xUnit。

本章将介绍如何将线程模型与 Internet Information Services（IIS）和 Kestrel 一起使用。我们还将研究各种调整技术，以最大限度地利用服务器上的资源。我们将介绍 Kestrel 的工作模型，以及在创建微服务时如何利用并行编程技术。

本章将讨论以下主题。

- IIS 线程模型。
- Kestrel 线程模型。
- 微服务中线程的最佳实践。
- 在 ASP.NET MVC Core 中使用异步。
- 异步流（.NET Core 3.0 中的新增功能）。

12.1　技 术 要 求

要完成本章的学习，你需要充分了解服务器的工作方式以及线程模型。

本章所有源代码都可以在以下 GitHub 存储库中找到。

https://github.com/PacktPublishing/Hands-On-Parallel-Programming-with-C-8-and-.NET-Core-3/tree/master/Chapter12

12.2　IIS 线程模型

顾名思义，Internet Information Services（IIS）就是 Windows 系统上使用的互联网信息服务，用于通过 Internet 和一组协议（如 HTTP、TCP、Web 套接字等）将 Web 应用程序与其他系统连接在一起。

本节将讨论 IIS 线程模型（IIS Threading Model）的工作方式。IIS 的核心是 CLR 线程池（CLR Thread Pool）。这里的 CLR 前文已经介绍过，是指公共语言运行时（CLR），它是一个运行时环境，负责资源管理。因此，了解 CLR 线程池如何添加和删除线程，对于了解 IIS 如何满足用户请求是非常重要的。

每个部署到 IIS 的应用程序都会被分配一个唯一的 Worker 进程。每个 Worker 进程都有两个线程池，即工作线程池（Worker Thread Pool）和输入/输出完成端口（I/O Completion Port，IOCP）线程池。

- 每当使用旧版 ThreadPool.QueueUserWorkItem 或任务并行库（TPL）创建新的线程池线程时，ASP.NET 运行时都会使用工作线程进行处理。
- 每当执行任何 I/O 操作（如数据库调用、文件读/写或对另一个 Web 服务的网络调用）时，ASP.NET 运行时都会使用 IOCP 线程。

默认情况下，每个处理器都有一个工作线程和一个 IOCP 线程。因此，默认情况下，双核 CPU 将具有两个工作线程和两个 IOCP 线程。ThreadPool 会根据负载和需求不断添加和删除线程。IIS 将为其收到的每个请求分配一个线程。这允许每个请求与同时到达服务器的其他请求具有不同的上下文。线程负责满足请求，以及生成响应并将其发送回客户端。

如果可用线程池线程数小于服务器在任何时候接收到的请求数，则这些请求将开始排队。后来，线程池使用了两种重要算法之一生成线程，即爬山（Hill Climbing）算法和避免饥饿（Starvation Avoidance）算法。线程的创建不是即时的，通常从 ThreadPool 得知线程不足时起，最多需要 500 ms。

接下来将简要介绍 ThreadPool 用来生成线程的两种算法。

12.2.1　避免饥饿算法

在避免饥饿算法中，ThreadPool 将持续监视队列，如果线程不敷使用，那么它将持续向队列中注入新线程，这也是该算法名称的由来。

12.2.2　爬山算法

在爬山算法中，ThreadPool 将尝试使用尽可能少的线程来最大化吞吐量。

使用默认设置运行 IIS 将对性能产生重大影响，因为默认情况下，每个处理器只能使用一个工作线程。我们可以通过修改 machine.config 文件中的配置元素来增加此设置，具体如下：

```
<configuration>
    <system.web>
        <processModel minWorkerThreads="25" minIoThreads="25" />
    </system.web>
</configuration>
```

可以看到，我们将最小工作线程和 IOCP 线程增加到 25 个。随着更多请求的到来，将会创建更多线程。这里要注意的重要一点是，由于为每个请求分配了一个唯一的线程，因此我们应避免编写阻塞代码。因为使用阻塞代码时，将没有空闲线程。

一旦线程池耗尽，请求就需要开始排队。在 IIS 中，每个应用程序池最多只能将 1000 个请求排队。开发人员可以通过更改 machine.config 文件中的 requestQueueLimit 应用程序设置来修改该限制值。

要修改所有应用程序池的设置，则需要添加带有必需值的 applicationPool 元素，具体如下：

```
<system.web>
  <applicationPool
    maxConcurrentRequestPerCPU="5000"
    maxConcurrentThreadsPerCPU="0"
    requestQueueLimit="5000" />
</system.web>
```

要修改单个应用程序池的设置，则需要导航到 IIS 中特定应用程序池的 Advanced Settings（高级设置），如图 12-1 所示。其中可以更改 Queue Length（队列长度）属性来修改每个应用程序池可以排队的请求数。

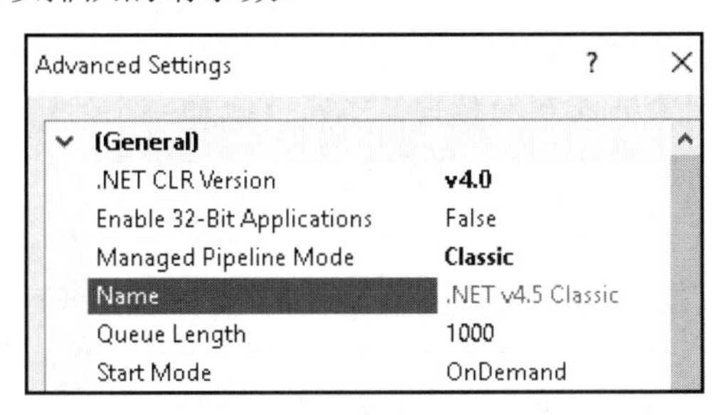

图 12-1

对于开发人员来说，为了减少争用问题并避免服务器上出现队列，有一个很好的编码实践，那就是尝试对所有阻塞的 I/O 代码使用 async/await 关键字，这将减少服务器上的争用问题，因为它们不会阻塞线程并将返回线程池中以处理其他请求。

12.3　Kestrel 线程模型

IIS 是托管.NET 应用程序的最受欢迎的服务器，但它与 Windows 操作系统绑定在一起。随着越来越多的云提供商和非 Windows 云托管选项变得越来越便宜，人们开始需要一种跨平台的托管服务器。

微软推出了 Kestrel 作为跨平台的 Web 服务器，用于托管 ASP.NET Core 应用程序。如果创建并运行 ASP.NET Core 应用程序，则 Kestrel 是运行它们的默认 Web 服务器。Kestrel 是开源的，并使用事件驱动的基于异步 I/O 的服务器。

需要指出的是，Kestrel 目前还不是成熟的 Web 服务器，其推荐顺序排在 IIS 和 Nginx 等功能齐全的 Web 服务器之后。

Kestrel 最初是基于 libuv 库的，该库也是开源的。在.NET 中使用 libuv 并不是什么新鲜事，这可以追溯到 ASP.NET 5。libuv 是专门为异步 I/O 操作而构建的，并使用单线程事件循环模型。该库还支持 Windows、macOS 和 Linux 上的跨平台异步套接字。你可以在以下网址检查其进度并从 GitHub 下载 libuv 的源代码以实现自定义应用。

https://github.com/libuv/libuv

在 Kestrel 中使用 libuv 仅为了支持异步 I/O。除 I/O 操作外，在 Kestrel 中所有其他工作仍由.NET 工作线程使用托管代码完成。

创建 Kestrel 的核心思想是提高服务器的性能。其堆栈非常健壮且可扩展。Kestrel 中的 libuv 仅用作传输层，由于出色的抽象性，它也可以被其他网络实现所替代。

Kestrel 还支持运行多个事件循环，从而使其比 Node.js 更可靠。Kestrel 使用的事件循环数取决于计算机上逻辑处理器的数目，当然这也和一个线程运行一个事件循环有关。在创建主机时，也可以通过代码配置此数字。

以下是 Program.cs 文件的片段，该文件存在于所有 ASP.NET Core 项目中：

```
public class Program
{
    public static void Main(string[] args)
    {
        CreateWebHostBuilder(args).Build().Run();
    }
    public static IWebHostBuilder CreateWebHostBuilder(string[] args) =>
     WebHost.CreateDefaultBuilder(args).UseStartup<Startup>();
}
```

综上所述，Kestrel 服务器基于构建器模式，并且可以使用适当的软件包和扩展方法来添加其功能。

接下来将介绍如何针对不同版本的.NET Core 修改 Kestrel 的设置。

12.3.1　ASP.NET Core 1.x

可以使用称为 UseLibuv 的扩展方法来设置线程数。可以通过设置 ThreadCount 属性来做到这一点，示例如下：

```
public static IWebHostBuilder CreateWebHostBuilder(string[] args) =>
            WebHost.CreateDefaultBuilder(args)
            .UseLibuv(opts => opts.ThreadCount = 4)
            .UseStartup<Startup>();
```

提示：

WebHost 已由.NET Core 3.0 中的通用主机替代。以下是 ASP.NET Core 3.0 的代码段：

```
public static IHostBuilder CreateHostBuilder(string[] args) =>
            Host.CreateDefaultBuilder(args)
                .ConfigureWebHostDefaults(webBuilder =>
                {
                    webBuilder.UseStartup<Startup>();
                });
```

12.3.2　ASP.NET Core 2.x

从 ASP.NET 2.1 开始，Kestrel 已经取代了 libuv，成为托管套接字的默认传输方式。因此，如果要将项目从 ASP.NET Core 升级到 ASP.NET 2.x 或 3.x，并且仍然想使用 libuv，则需要添加 Microsoft.AspNetCore.Server.Kestrel.Transport.Libuv NuGet 软件包，这样才能使代码正常工作。

Kestrel 当前支持以下应用场景。

- HTTPS。
- 不透明升级，用于启用 Web 套接字（https://github.com/aspnet/websockets）。
- Nginx 后面的 UNIX 套接字，可实现高性能。
- HTTP/2（macOS 当前不支持）。

由于 Kestrel 是基于套接字构建的，因此可以通过在 Host 上使用 ConfigureLimits 方法来配置它们的连接限制，具体如下：

```
Host.CreateDefaultBuilder(args)
.ConfigureKestrel((context, options) =>
{
    options.Limits.MaxConcurrentConnections = 100;
```

```
    options.Limits.MaxConcurrentUpgradedConnections = 100;
}
```

如果将 MaxConcurrentConnections 设置为 null，则默认的连接限制将是无限的。

12.4 微服务中线程的最佳实践

微服务（Microservice）是目前广受欢迎的软件设计模式，它可以提供高性能和可扩展的后端服务。微服务不是为整个应用程序构建一个服务，而是创建多个松散耦合的服务，每个服务负责一个功能。根据功能的负载，可以分别放大或缩小每个服务。因此，在设计微服务时，选择使用的线程模型将变得非常重要。

微服务可以是无状态（Stateless）的或有状态（Stateful）的。无状态和有状态之间的选择确实会影响性能。使用无状态服务，可以按任何顺序为请求提供服务，而不必考虑当前请求之前或之后发生的事情；使用有状态服务时，所有请求都应按照特定顺序（如队列）进行处理。这可能会影响性能。

对于有状态服务来说，由于微服务是异步的，因此需要编写一些逻辑，以确保在将每个请求传达给下一条消息之后，以正确的顺序和状态处理请求。

微服务也可以是单线程或多线程的，并且这种选择与状态结合在一起可以真正改善或降低性能，因此在计划服务时应仔细考虑这些问题。

微服务设计方法可以进行以下分类。

- 单线程单进程微服务。
- 单线程多进程微服务。
- 多线程单进程微服务。

接下来将详细讨论上述设计方法。

12.4.1 单线程单进程微服务

单线程单进程微服务（Single Thread-Single Process Microservice）是微服务的最基本设计。微服务在单个 CPU 核心中的单个线程上运行。对于来自客户端的每个新请求，都会创建一个新线程，从而产生一个新进程。这消除了连接池缓存带来的好处，因为在使用数据库时，每个新进程都会创建一个新的连接池。

此外，由于一次只能创建一个进程，因此只能为一个客户端提供服务。

由此可见，单线程单进程微服务存在的问题是浪费资源，并且当负载增加时，服务的吞吐量不会增加。

12.4.2　单线程多进程微服务

单线程多进程微服务（Single Thread-Multiple Process Microservice）在单个线程上运行，但是可以产生多个进程，从而提高其吞吐量。由于为每个客户端创建了一个新进程，因此在连接数据库时无法利用连接池。有一些第三方环境（如 Zend、OpCache 和 APC）提供跨进程操作码缓存。

由此可见，单线程多进程微服务方法的优点是，它可以提高负载吞吐量，但是请注意，它无法利用连接池。

12.4.3　多线程单进程微服务

多线程单进程微服务（Multiple Thread-Single Process Microservice）在多个线程上运行，并且只有一个长期存在的进程。在使用相同数据库的情况下，我们可以利用连接池，并在需要时限制连接数。

单个进程的问题是，所有线程都将使用共享资源，并且可能存在资源争用问题。

由此可见，多线程单进程方法的优点是，它提高了无状态服务的性能；而其缺点是，共享资源时可能存在同步问题。

12.4.4　异步服务

通过将微服务之间的通信解耦，可以避免在与各种应用程序组件集成期间出现性能问题。必须通过设计以异步方式创建微服务才能实现这种解耦。

12.4.5　专用线程池

如果应用程序流程要求我们连接到各种微服务，那么为此类任务创建专用线程池就显得很有意义。对于单个线程池来说，如果服务启动出现问题，则该池中的所有线程都可能耗尽。这可能会影响微服务的性能。这种模式也被称为隔板模式（Bulkhead Pattern）。隔板（Bulkhead）是汽车人军团中负责维修的汽车人机器人（另外 4 个汽车人机器人分别是擎天柱、大黄蜂、救护车和警车），隔板的特点是力大无穷但是头脑简单，所以这个模式的命名实际上也隐喻了专用线程池的优缺点。

图 12-2 显示了带有共享池的两个微服务。可以看到，两个微服务（A 和 B）使用了一个共享的连接池。

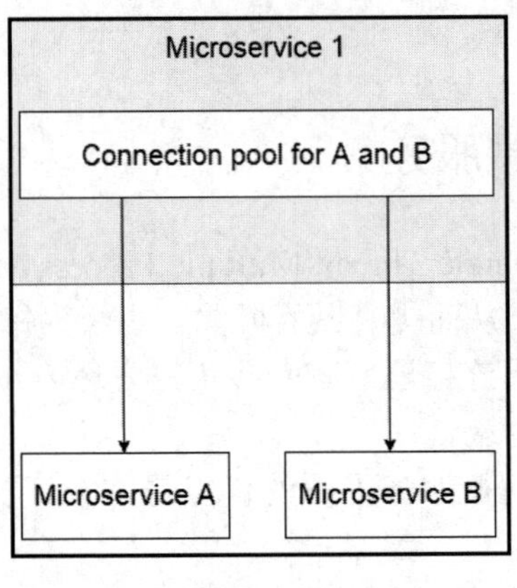

图 12-2

原　　文	译　　文
Microservice 1	微服务 1
Connection pool for A and B	微服务 A 和 B 的共享连接池
Microservice A	微服务 A
Microservice B	微服务 B

图 12-3 显示了两个带有专用线程池的微服务。

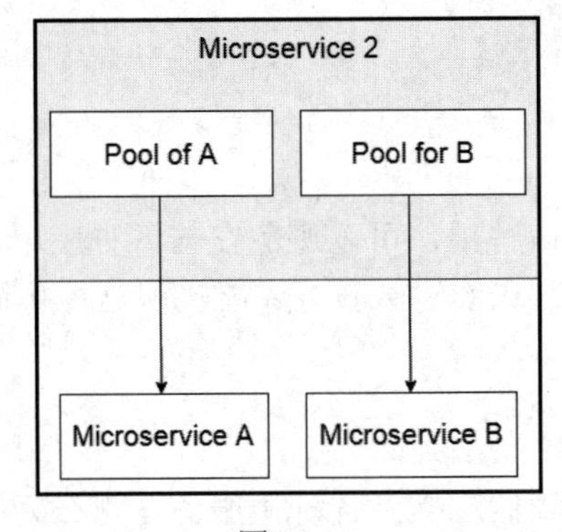

图 12-3

原　　文	译　　文
Microservice 2	微服务 2
Pool of A	微服务 A 的专用线程池
Pool of B	微服务 B 的专用线程池
Microservice A	微服务 A
Microservice B	微服务 B

12.5 节将介绍如何在 ASP.NET MVC Core 中使用异步。

12.5　在 ASP.NET MVC Core 中使用异步

async 和 await 都是可帮助我们使用任务并行库（TPL）编写异步代码的代码标记，它们有助于维护代码的结构，并使其在后台异步处理代码时看起来很像同步。

注意：

在第 9 章“基于任务的异步编程基础”中曾详细介绍了 async 和 await 关键字。

12.5.1　创建异步 Web API

现在，让我们使用 ASP.NET Core 3.0 和 Visual Studio 2019 预览版创建一个异步 Web API。该 API 将从服务器读取文件。

（1）打开 Visual Studio 2019。在 Visual Studio 2019 中创建一个新的 ASP.NET Core Web Application（ASP.NET Core Web 应用程序）项目，如图 12-4 所示。

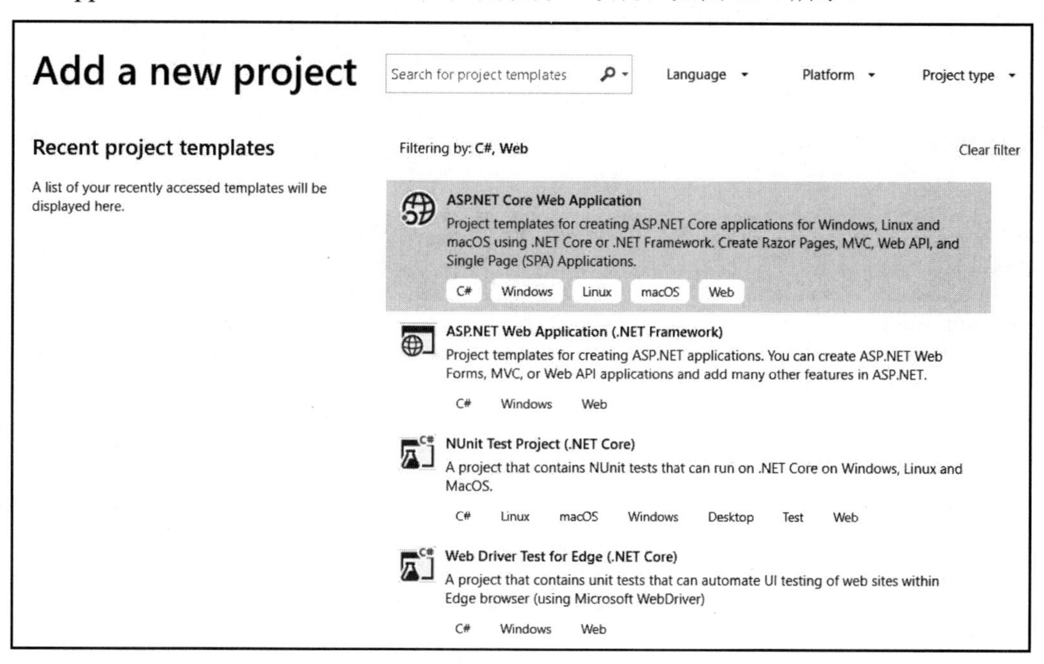

图 12-4

（2）在 Project name（项目名称）文本框中输入 WebApiCoreDemo，并单击 Location（位置）框右侧的 按钮，选择和指定项目的创建位置，如图 12-5 所示。

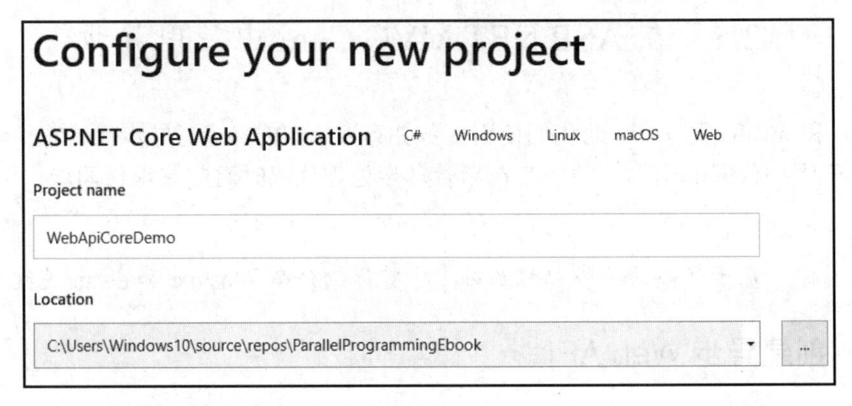

图 12-5

（3）选择项目的类型（在本例中为 API），然后单击 Create（创建）按钮，如图 12-6 所示。

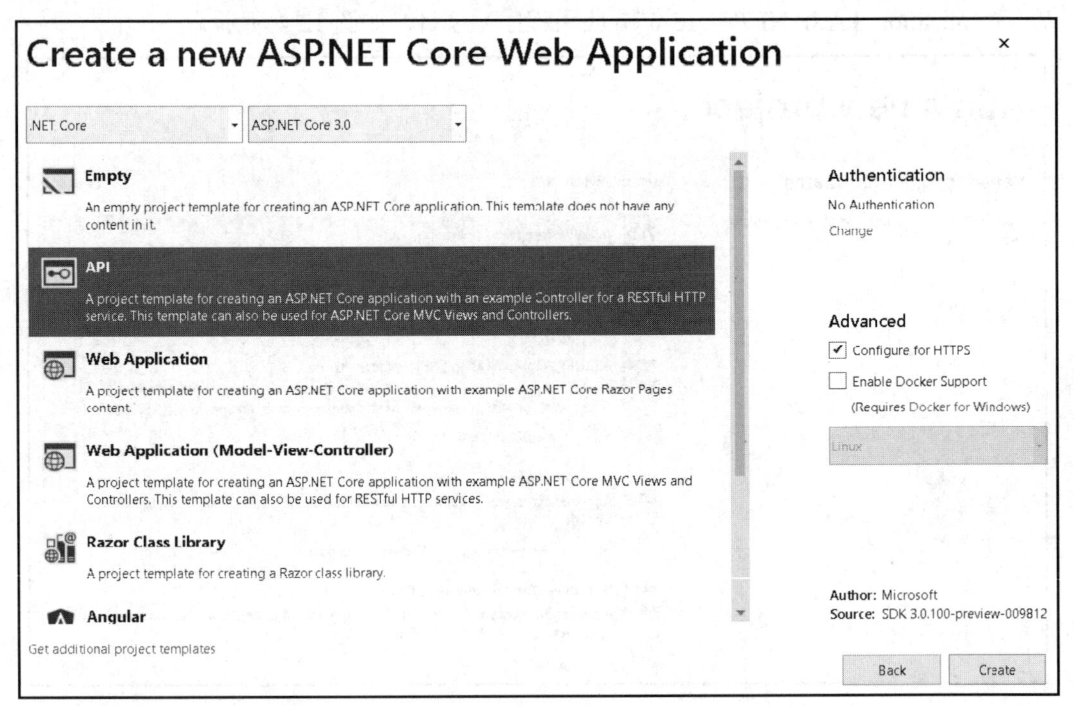

图 12-6

（4）在项目中创建一个名为 Files 的新文件夹，并添加一个名为 Data.txt 的文件，在其中输入如图 12-7 所示的内容。

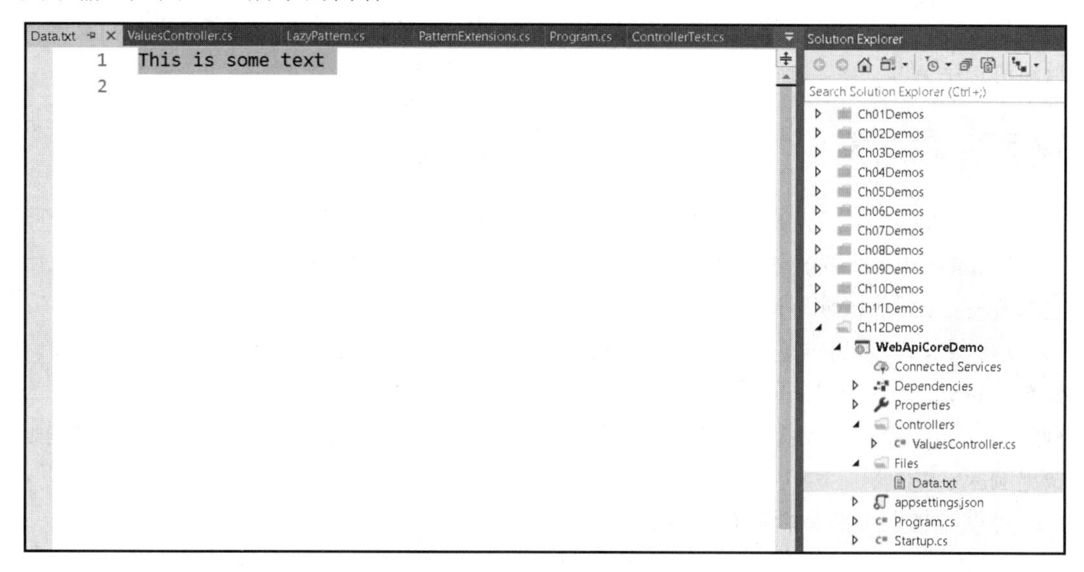

图 12-7

（5）修改 ValuesController.cs 中的 Get 方法，具体如下：

```
[HttpGet]
public ActionResult<IEnumerable<string>> Get()
{
    var filePath = System.IO.Path.Combine(
     HostingEnvironment.ContentRootPath,"Files","data.txt");
    var text = System.IO.File.ReadAllText(filePath);
    return Content(text);
}
```

这是一个很简单的方法，该方法可以从服务器读取文件并将内容作为字符串返回给用户。这段代码的问题在于，当调用 File.ReadAllText 时，调用线程将被阻塞，直到完全读取该文件为止。现在我们知道，服务器的响应将使调用处于异步状态，具体如下：

```
[HttpGet]
public async Task<ActionResult<IEnumerable<string>>> GetAsync()
{
    var filePath = System.IO.Path.Combine(
     HostingEnvironment.ContentRootPath, "Files", "data.txt");
    var text = await System.IO.File.ReadAllTextAsync(filePath);
```

```
    return Content(text);
}
```

从上述代码示例中可以看出，ASP.NET Core Web API 支持并行编程的所有新功能，当然也包括异步。

12.5.2 异步流

.NET Core 3.0 还引入了异步流（Asynchronous Stream）支持。IAsyncEnumerable<T>是 IEnumerable<T>的异步版本。这项新功能使开发人员可以等待 IAsyncEnumerable<T>上的 foreach 循环以使用流中的元素，并使用 yield 返回流以生成元素。

这在要以异步方式迭代元素并在迭代元素上执行一些计算操作的场景中非常重要。如今，越来越多的开发重点放在大数据（可作为流输出使用）上，因此选择异步流更为有意义。异步流不但支持海量数据，而且可使服务器在同一时间通过有效地利用线程来做出响应。

可以添加以下两个新接口来支持异步流：

```
public interface IAsyncEnumerable<T>
{
  public IAsyncEnumerator<T> GetEnumerator();
}
public interface IAsyncEnumerator<out T>
{
  public T Current { get; }
  public Task<bool> MoveNextAsync();
}
```

从 IAsyncEnumerator 的定义中可以看到，MoveNext 已被异步化。这有以下两个好处。

- ❑ 在 Task<T>上缓存 Task<bool>，这样可以减少内存分配。
- ❑ 现有集合只需要添加一种额外的方法即可支持异步行为。

我们可以尝试使用一些示例代码来理解这一点。例如，让代码按异步方式枚举奇数索引处的数字。

以下是一个自定义枚举器：

```
class OddIndexEnumerator : IAsyncEnumerator<int>
{
    List<int> _numbers;
    int _currentIndex = 1;
    public OddIndexEnumerator(IEnumerable<int> numbers)
```

```
    {
        _numbers = numbers.ToList();
    }
    public int Current
    {
        get
        {
            Task.Delay(2000);
            return _numbers[_currentIndex];
        }
    }
    public ValueTask DisposeAsync()
    {
        return new ValueTask(Task.CompletedTask);
    }
    public ValueTask<bool> MoveNextAsync()
    {
        Task.Delay(2000);
        if (_currentIndex < _numbers.Count() - 2)
        {
            _currentIndex += 2;
            return new ValueTask<bool>(Task.FromResult<bool>(true));
        }
        return new ValueTask<bool>(Task.FromResult<bool>(false));
    }
}
```

从上述代码所定义的 MoveNextAsync()方法中可以看出，该方法以奇数索引（即索引 1）开始，并持续读取奇数索引处的项目。

以下是我们的集合，该集合利用了先前创建的自定义枚举逻辑并实现 IAsyncEnumerable<T> 接口的 GetAsyncEnumerator()方法，以返回上面创建的 OddIndexEnumerator 枚举器：

```
class CustomAsyncIntegerCollection : IAsyncEnumerable<int>
{
    List<int> _numbers;
    public CustomAsyncIntegerCollection(IEnumerable<int> numbers)
    {
        _numbers = numbers.ToList();
    }
    public IAsyncEnumerator<int> GetAsyncEnumerator(
     CancellationToken cancellationToken = default)
    {
```

```
        return new OddIndexEnumerator(_numbers);
    }
}
```

以下是魔术扩展方法（Magic Extension Method），它可以将自定义集合转换为AsyncEnumerable。可以看到，它适用于任何实现 IEnumerable<int>的集合，并且可以使用 CustomAsyncIntegerCollection 封装基础集合，而后者又可以实现 IAsyncEnumerable<T>：

```
public static class CollectionExtensions
{
    public static IAsyncEnumerable<int> AsEnumerable(this
     IEnumerable<int> source) => new CustomAsyncIntegerCollection(source);
}
```

在理解和编写了上述代码后，就可以创建一个返回异步流的方法。以下代码将使用 yield 关键字生成项目：

```
static async IAsyncEnumerable<int> GetBigResultsAsync()
{
    var list = Enumerable.Range(1, 20);
    await foreach (var item in list.AsEnumerable())
    {
        yield return item;
    }
}
```

以下代码将调用上述流。在这里，调用的是 GetBigResultsAsync()方法，它将在 foreach 循环内返回 IAsyncEnumerable<int>，然后异步对其进行迭代：

```
async static Task Main(string[] args)
{
    await foreach (var dataPoint in GetBigResultsAsync())
    {
        Console.WriteLine(dataPoint);
    }
    Console.WriteLine("Hello World!");
}
```

上述代码的输出如图 12-8 所示。可以看到，它会在集合的奇数索引处生成数字。

本节介绍的异步流能够使我们非常有效地以并行方式在一个集合上迭代而又不阻塞调用方线程，这是自引入 TPL 以来所缺少的。

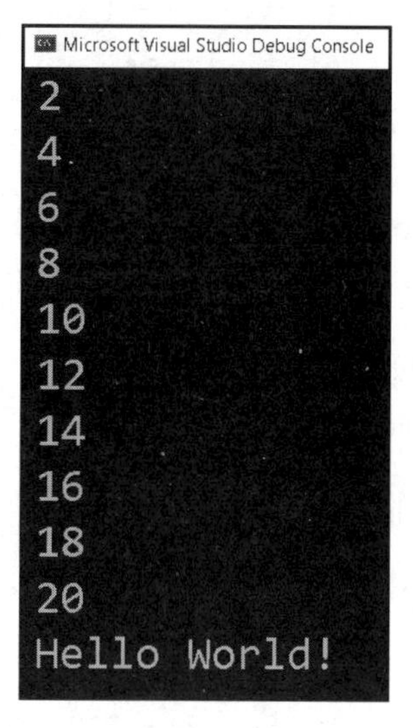

图 12-8

12.6　小　　结

本章详细讨论了 IIS 线程模型、Kestrel 线程模型和某些线程池算法（如避免饥饿算法和爬山算法）。

我们详细解释了微服务的概念以及微服务中使用的各种线程模式，如单线程单进程微服务、单线程多进程微服务和多线程单进程微服务。

本章还讨论了在 ASP.NET MVC Core 3.0 中使用异步的过程，并介绍了.NET Core 3.0 中异步流的新概念及其用法。异步流在大数据应用场景中非常方便，因为在大数据应用中，由于数据的快速涌入，服务器上的负载可能很大，使用异步流能够使服务器在同一时间通过有效地利用线程来做出响应。

第 13 章将学习并行和异步编程中的一些常用模式。这些模式将增进我们对并行编程的理解。

12.7　牛 刀 小 试

（1）以下哪一个可用于托管 Web 应用程序？

A．IWebHostBuilder

B．IHostBuilder

C．ITasks

D．IManagementHost

（2）以下哪一个 ThreadPool 算法试图使用尽可能少的线程来最大化吞吐量？

A．爬山算法

B．避免饥饿算法

C．贪婪算法

D．魔术方法

（3）以下哪一项不是有效的微服务设计方法？

A．单线程单进程

B．单线程多进程

C．多线程单进程

D．多线程多进程

（4）在.NET Core 新版本中可以等待 foreach 循环。

A．正确

B．错误

（5）以下哪一项是 IEnumerable<T>的异步版本？

A．AsyncEnumerable<T>

B．IAsyncEnumerable<T>

C．AwaitEnumerable<T>

D．IAwaitEnumerable<T>

第 13 章　并行编程中的模式

第 12 章介绍了 IIS 和 Kestrel 中的线程模型以及如何对其进行优化以提高性能，还介绍了.NET Core 3.0 中的一些新异步功能支持。

本章将介绍并行编程模式，重点是理解并行代码问题场景并使用并行编程/异步技术解决它们。

尽管在并行编程技术中已经使用了许多模式，但是我们将仅限于解释最重要的模式。

本章将讨论以下主题。

- MapReduce 模式。
- 聚合。
- 分叉/合并模式。
- 推测处理模式。
- 延迟模式。
- 共享状态模式。

13.1　技术要求

要完成本章的学习，则需要具备 C#和并行编程知识。

本章所有源代码都可以在以下 GitHub 存储库中找到。

https://github.com/PacktPublishing/Hands-On-Parallel-Programming-with-C-8-and-.NET-Core-3/tree/master/Chapter13

13.2　MapReduce 模式

引入 MapReduce 模式是为了处理大数据问题，例如跨服务器集群的大规模计算需求。该模式也可以在单核计算机上使用。

13.2.1　映射和归约

MapReduce 程序由两个任务组成，即映射（Map）和归约（Reduce）。MapReduce

程序的输入作为一组键-值对被传递，并且输出也按这种形式被接收。

要实现此模式，首先需要编写一个 map 函数，采用数据（键-值对）作为单个输入值，并将其转换为另一组中间数据（键-值对）。

然后，用户编写一个 reduce 函数，该函数将 map 函数（键-值对）的输出作为输入，并将数据与包含任意数量的数据行的较小数据集合并。

接下来，让我们看看如何使用 LINQ 实现基本的 MapReduce 模式并将其转换为基于 PLINQ 的实现。

13.2.2 使用 LINQ 实现 MapReduce

以下是 MapReduce 模式的典型图形表示。输入经过各种映射函数，每个函数都返回一组映射值作为输出。然后这些数据被分组并通过 reduce()函数被合并，以创建最终输出，整个流程如图 13-1 所示。

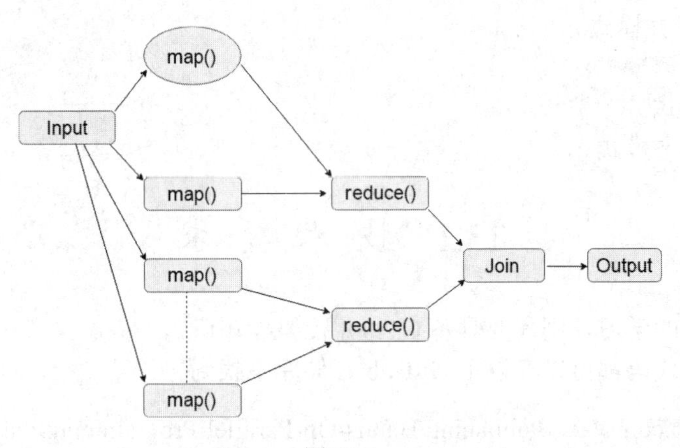

图 13-1

原　文	译　文
Input	输入
Join	合并
Output	输出

可遵循以下步骤以使用 LINQ 实现 MapReduce 模式。

（1）需要编写一个使用单个输入值的 map 函数，该函数返回一组映射值。为此可以使用 LINQ 的 SelectMany 函数。

（2）需要根据中间键（Intermediate Key）对数据进行分组。为此可以使用 LINQ 的 GroupBy 方法。

（3）需要一个 reduce 方法，该方法将采用一个中间键作为输入。它还将为此获取一组相应的值并产生输出。为此可以使用 SelectMany。

（4）最终的 MapReduce 模式将看起来如下：

```
public static IEnumerable<TResult> MapReduce<TSource, TMapped,
TKey, TResult>(
this IEnumerable<TSource> source,
Func<TSource, IEnumerable<TMapped>> map,
Func<TMapped, TKey> keySelector,
Func<IGrouping<TKey, TMapped>, IEnumerable<TResult>> reduce)
{
return source.SelectMany(map)
.GroupBy(keySelector)
.SelectMany(reduce);
}
```

（5）现在可以更改输入和输出，使其与 ParallelQuery<T>而不是 IEnumerable<T>一起使用，具体如下：

```
public static ParallelQuery<TResult> MapReduce<TSource, TMapped,
TKey, TResult>(
this ParallelQuery<TSource> source,
Func<TSource, IEnumerable<TMapped>> map,
Func<TMapped, TKey> keySelector,
Func<IGrouping<TKey, TMapped>, IEnumerable<TResult>> reduce)
{
return source.SelectMany(map)
.GroupBy(keySelector)
.SelectMany(reduce);
}
```

以下是在.NET Core 中使用 MapReduce 的自定义实现的示例。程序会生成一定范围内的正负随机数。然后，它将应用映射以筛选出任何正数并将其按数字分组。最后，它将应用 reduce 函数返回数字的列表及其计数，具体如下：

```
private static void MapReduceTest()
{
    // 仅映射列表中的正数
    Func<int, IEnumerable<int>> mapPositiveNumbers = number =>
    {
        IList<int> positiveNumbers = new List<int>();
        if (number > 0)
            positiveNumbers.Add( number);
```

```
            return positiveNumbers;
    };
    // 将结果分组在一起
    Func<int, int> groupNumbers = value => value;
    // 使用 reduce 函数统计每个数字出现的次数
    Func<IGrouping<int, int>,IEnumerable<KeyValuePair<int, int>>>
     reduceNumbers =    grouping => new[] {
        new KeyValuePair<int, int>( grouping.Key, grouping.Count())
    };
    // 生成-10～10 的随机数的列表
    IList<int> sourceData = new List<int>();
    var rand = new Random();
    for (int i = 0; i < 1000; i++)
    {
        sourceData.Add(rand.Next(-10, 10));
    }
    // 使用 MapReduce 函数
    var result = sourceData.AsParallel().MapReduce(mapPositiveNumbers,
                                                    groupNumbers,
                                                    reduceNumbers);
    // 处理结果
    foreach (var item in result)
    {
        Console.WriteLine($"{item.Key} came {item.Value} times" );
    }
}
```

以下是在 Visual Studio 中运行上述程序代码时收到的输出的摘录。可以看到，它会迭代数字列表并找到数字出现次数的计数，如图 13-2 所示。

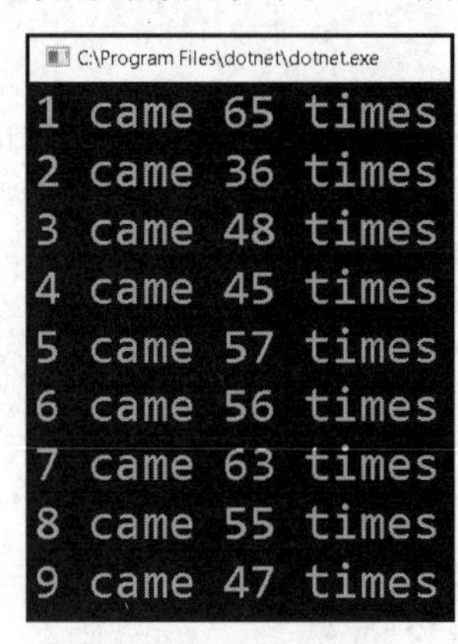

图 13-2

在 13.3 节中将讨论另一种常见而且重要的并行设计模式，称为聚合（Aggregation）。如前文所述，MapReduce 模式扮演的是筛选器的角色，而聚合仅合并来自输入的所有数据并将其放入另一种格式中。

13.3　聚　　合

聚合（Aggregation）是并行应用程序中使用的另一种常见设计模式。在并行程序中，数据被划分为多个单元，以便可以通过多个线程在内核之间进行处理。在某个时候，需要将所有相关来源的数据组合起来，然后才能呈现给用户，这就是聚合发挥作用的时候。

现在，让我们探讨聚合的需要以及 PLINQ 提供的功能。

聚合的常见用例如下（在这里，我们尝试迭代一组值，执行一些操作，然后将结果返回给调用方）：

```
var output = new List<int>();
var input = Enumerable.Range(1, 50);
Func<int,int> action = (i) => i * i;
foreach (var item in input)
{
    var result = action(item);
    output.Add(result);
}
```

上述代码的问题是，其输出不是线程安全的。因此，为了避免跨线程问题，需要使用同步原语，具体如下：

```
var output = new List<int>();
var input = Enumerable.Range(1, 50);
Func<int, int> action = (i) => i * i;
Parallel.ForEach(input, item =>
{
    var result = action(item);
    lock (output)
        output.Add(result);
});
```

如果每个项目完成的计算量很小，则上述代码会很好地工作。但是，随着每个项目的计算增加了获取和释放线程的成本，锁的成本也将增加，这将导致性能下降。

在第 6 章“使用并发集合”中讨论了并发集合。在使用并发集合的情况下，不必担心同步问题。以下代码段使用的就是并发集合：

```
var input = Enumerable.Range(1, 50);
Func<int, int> action = (i) => i * i;
var output = new ConcurrentBag<int>();
Parallel.ForEach(input, item =>
{
    var result = action(item);
    output.Add(result);
});
```

PLINQ 还定义了有助于聚合和处理同步的方法。其中一些方法是 ToArray()、ToList()、ToDictionary()和 ToLookup()：

```
var input = Enumerable.Range(1, 50);
Func<int, int> action = (i) => i * i;
var output = input.AsParallel()
             .Select(item => action(item))
             .ToList();
```

在上述代码中，ToList()方法负责聚合所有数据，同时还处理同步。任务并行库（TPL）中提供了一些实现模式，这些模式已被内置在编程语言中。其中之一是分叉/合并（Fork/Join）模式，13.4 节将对此展开详细讨论。

13.4　分叉/合并模式

在分叉/合并（Fork/Join）模式中，工作被分叉（拆分）为一组可以异步执行的任务。然后，根据并行化的要求和范围，以相同的顺序或不同的顺序合并分叉的任务。本书前文其实已经讨论过一些分叉/合并模式的常见示例。分叉/合并模式的一些实现如下。

- Parallel.For。
- Parallel.ForEach。
- Parallel.Invoke。
- System.Threading.CountdownEvent。

利用这些框架提供的方法有助于更快地开发，并且开发人员不必担心同步开销。

这些模式可以产生高吞吐量。为了实现高吞吐量并减少等待时间，开发人员广泛使用了另一种称为推测处理的模式。

13.5　推测处理模式

推测处理模式（Speculative Processing Pattern）是依赖高吞吐量以减少等待时间的另一种并行编程模式。

如果存在多种执行任务的方式，但用户不知道哪种方式会最快返回结果，在这种情况下，推测处理模式非常有用。这种方法将为每种可能的方法创建一个任务，然后跨处理器执行任务。首先完成的任务将用作输出，而其他任务则被忽略（当然，其他任务也有可能成功完成，只是速度上慢一些）。

以下是典型的 SpeculativeInvoke 表示形式。它接收 Func<T>数组作为参数，然后以并行方式执行它们，直到其中一个返回：

```
public static T SpeculativeInvoke<T>(params Func<T>[] functions)
{
    return SpeculativeForEach(functions, function => function());
}
```

以下方法将以并行方式执行传递给它的每个动作，并在任何被调用的实现成功执行后立即通过调用 ParallelLoopState.Stop()方法来中断并行循环：

```
public static TResult SpeculativeForEach<TSource, TResult>(
                        IEnumerable<TSource> source,
                        Func<TSource, TResult> body)
{
    object result = null;
    Parallel.ForEach(source, (item, loopState) =>
    {
        result = body(item);
        loopState.Stop();
    });
    return (TResult)result;
}
```

以下代码使用两种不同的逻辑来计算 5 的平方。在 SpeculativeInvoke 方法中，传递了两种计算平方值的函数作为参数，并打印最先计算出的 result：

```
Func<string> Square = () => {
                Console.WriteLine("Square Called");
                return $"Result From Square is {5 * 5}";
                };
Func<string> Square2 = () =>
```

```
            {
                Console.WriteLine("Square2 Called");
                var square = 0;
                for (int j = 0; j < 5; j++)
                {
                    square += 5;
                }
                return $"Result From Square2 is {square}";
            };
string result = SpeculativeInvoke(Square, Square2);
Console.WriteLine(result);
```

图 13-3 是上述代码的输出。

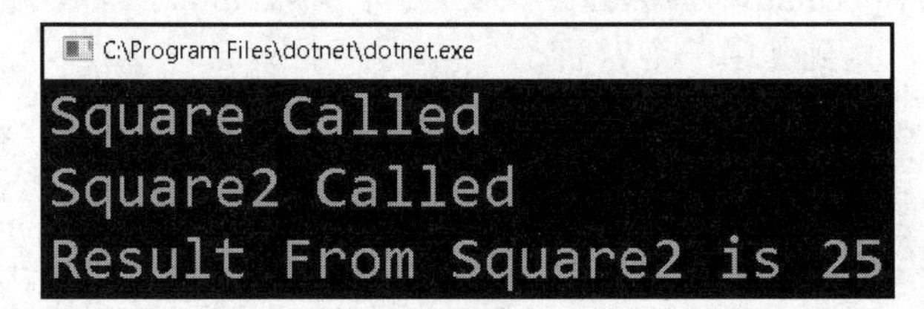

图 13-3

可以看到，上述两个方法都完成了，但是只有首先完成执行的输出才会返回给调用方。

由于需要分配越来越多的变量并将其保存在内存中，因此创建太多任务可能会对系统内存产生不利影响。因此，仅在实际需要时才分配对象变得非常重要。接下来将要介绍的模式可以帮助我们实现这一目标。

13.6　延迟模式

延迟模式（Lazy Pattern）是开发人员用来提高应用程序性能的另一种编程模式。在第 7 章“通过延迟初始化提高性能”中，介绍了延迟加载（Lazy Load）或延迟初始化（Lazy Initialization）的概念。

无论是延迟模式还是延迟初始化，它们的核心概念都是延迟，是指延迟计算直到真正需要它为止。在最佳情况下，可能根本不需要计算，这有助于避免浪费计算资源，从而提高了整个系统的性能。

延迟评估（Lazy Evaluation）对于计算并不是什么新鲜事物，LINQ 就大量使用了延迟加载。LINQ 遵循延迟执行模型，其查询将不会执行，直至我们使用某些迭代器函数在其上调用 MoveNext()时才会执行。

以下是线程安全的延迟单例（LazySingleton）模式的示例。由于该模式需要使用大量的计算操作才能进行创建，因此它将被延迟：

```
public class LazySingleton<T> where T : class
    {
        static object _syncObj = new object();
        static T _value;
        private LazySingleton()
        {
        }
        public static T Value
        {
            get
            {
                if (_value == null)
                {
                    lock (_syncObj)
                    {
                        if (_value == null)
                            _value = SomeHeavyCompute();
                    }
                }
                return _value;
            }
        }
        private static T SomeHeavyCompute() { return default(T); }
    }
```

延迟对象是通过调用 LazySingleton<T>类的 Value 属性来创建的。延迟模式保证在调用 Value 属性之前不创建对象。一旦创建后，单例实现就可确保在后续调用中返回相同的对象。对_value 进行 null 检查避免了在后续调用中创建一个锁，从而节省了一些内存 I/O 操作并提高了应用程序的性能。

可以利用 System.Lazy<T>编写大量代码，示例如下：

```
public class MyLazySingleton<T>
{
    // 声明一个 Lazy<T>实例
    // 使用初始化函数（SomeHeavyCompute）
    static Lazy<T> _value = new Lazy<T>();
    // 当代码真正需要时
    // 才返回延迟实例的 Value 属性
    public T Value { get { return _value.Value; } }
```

```
    // 初始化函数
    private static T SomeHeavyCompute()
    {
        return default(T);
    }
}
```

在使用异步编程时，可以将 Lazy<T>的功能与 TPL 相结合，以取得明显的效果。

以下是同时使用 Lazy<T>和 Task<T>来实现延迟和异步行为的示例：

```
var data = new Lazy<Task<T>>(() =>
Task<T>.Factory.StartNew(SomeHeavyCompute));
```

我们可以通过 data.Value 属性访问基础 Task。底层的延迟实现将确保每次调用同一个任务实例，无论调用 data.Value 属性有多少次。在不想启动许多线程而只想启动可能执行一些异步处理的单个线程的情况下，这很有用。

来看以下代码示例，它将从服务中获取数据，并通过两个不同的线程将其保存到 Excel 或 CSV 文件中：

```
public static string GetDataFromService()
{
    Console.WriteLine("Service called");
    return "Some Dummy Data";
}
```

以下是两个示例方法，它们分别可以保存为文本或 CSV 格式：

```
public static void SaveToText(string data)
{
    Console.WriteLine("Save to Text called");
    // 保存为文本格式
}
public static void SaveToCsv(string data)
{
    Console.WriteLine("Save to CSV called");
    // 保存为 CSV 格式
}
```

以下代码显示了如何将服务调用包装在 lazy 中，并确保只进行一次服务调用，而输出可以按异步方式使用。可以看到，我们使用了 Task.Factory.StartNew(GetDataFromService)将延迟初始化方法包装为任务：

```
Lazy<Task<string>> lazy = new Lazy<Task<string>>(
 Task.Factory.StartNew(GetDataFromService));
```

```
lazy.Value.ContinueWith((s)=> SaveToText(s.Result));
lazy.Value.ContinueWith((s) => SaveToCsv(s.Result));
```

上述代码的输出如图 13-4 所示。

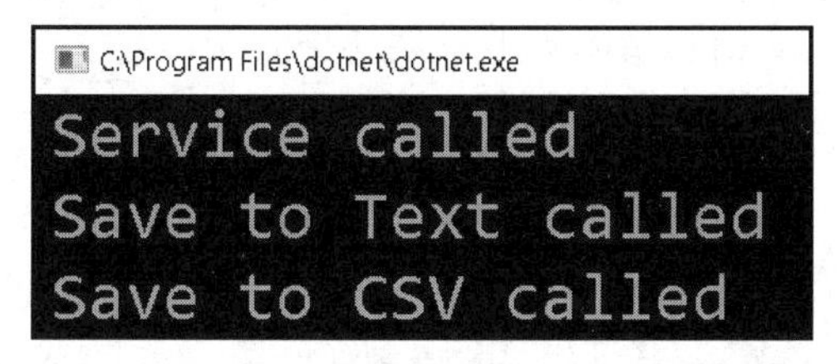

图 13-4

可以看到，服务仅被调用一次。每当需要创建对象时，对于开发人员而言，延迟模式都是一个明智的选择。

当创建多个任务时，我们往往面临与资源同步相关的问题。在这些情况下，理解共享状态模式非常有用。

13.7　共享状态模式

在第 5 章“同步原语”中，我们其实已经介绍过共享状态模式（Shared State Pattern）的实现。

并行应用程序必须不断处理共享状态问题。在多线程环境中访问该应用程序时，有一些数据成员将需要被保护。有许多方式可以处理共享状态问题，如使用 Synchronization（同步）、Immutability（不可变性）和 Isolation（隔离）。

可以使用.NET Framework 提供的同步原语来实现 Synchronization，还可以在共享数据成员上提供互斥。

Immutability 保证数据成员仅处于一种状态，并且永远不会改变。因此，可以在线程之间共享相同状态而不会出现任何问题。

Isolation 处理每个线程都有其自己的数据成员副本。

13.8　小　　结

本章详细介绍了各种并行编程模式，并提供了每种模式的示例。尽管这些列表不是详尽无遗，但对于并行应用程序编程开发人员而言，熟悉这些模式是一个很好的起点。

简而言之，我们讨论了 MapReduce 模式、推测处理模式、延迟模式和聚合模式。我们还介绍了一些实现模式，如分叉/合并模式和共享状态模式，它们都在.NET Framework 库中用于并行编程。

第 14 章将介绍分布式内存管理，着重阐释共享内存模型以及分布式内存模型，并将通过示例实现来讨论不同通信网络的类型及其属性。

13.9 牛刀小试

（1）以下哪一项不是分叉/合并模式的实现？

A．System.Threading.Barrier

B．System.Threading.CountdownEvent

C．Parallel.For

D．Parallel.ForEach

（2）在 TPL 中，延迟模式的实现是哪一个？

A．Lazy<T>

B．LazySingleton

C．LazyInitializer

D．LazyTask

（3）以下哪一种模式依赖于实现高吞吐量以减少延迟？

A．延迟模式

B．共享状态模式

C．推测处理模式

D．聚合模式

（4）如果需要从列表中筛选数据并返回单个输出，可以使用以下哪一种模式？

A．聚合模式

B．MapReduce 模式

C．共享状态模式

D．延迟模式

（5）以下描述错误的是：

A．MapReduce 程序由两个任务组成，即映射和归约

B．聚合模式扮演的是筛选器的角色

C．在分叉/合并模式中，工作被分叉（拆分）为一组可以异步执行的任务

D．有许多方式可以处理共享状态问题，如使用 Synchronization、Isolation 和 Immutability

第 14 章　分布式存储管理

在过去的 20 年中，信息技术行业已经呈现出向大数据和机器学习架构转变的趋势，这些架构涉及尽快处理 TB 级数据。随着计算能力变得越来越便宜，人们开始使用多个处理器来加快处理速度，这导致了分布式计算架构的出现。

分布式计算是指通过某些网络/分布式中间件连接的计算机系统，所有连接的系统都通过中间件共享资源并协调其活动，从而使它们以一种被最终用户认为是单个系统的方式工作。由于现代应用程序的巨大容量和吞吐量要求，因此需要分布式计算。单个系统无法满足计算需求并且需要跨计算机网格分布的一些典型场景示例如下。

- Google 每年至少执行 1.5 万亿次搜索。
- 物联网设备将高达数 TB 的数据发送到事件中心。
- 数据仓库可以在最短的时间内接收和计算 TB 级的记录。

本章将讨论分布式存储管理以及分布式计算的需求。此外，本章还将学习如何在分布式系统的通信网络以及各种类型的通信网络之间传递消息。

本章将讨论以下主题。

- 分布式系统简介。
- 共享存储模型与分布式存储模型。
- 通信网络的类型。
- 通信网络的特征。
- 拓扑结构探索。
- 使用消息传递接口对分布式存储计算机进行编程。
- 集合通信。

14.1　技术要求

要完成本章的学习，你需要熟练掌握有关 C 和 C#语言的 Windows 平台 API 调用编程方面的知识。

14.2　分布式系统简介

在本书前面的章节中，我们已经讨论过分布式计算的工作原理。本节将尝试通过一个适用于数组的小示例来阐释分布式计算。

假设有一个包含 1040 个元素的数组，我们需要找到所有数字的总和，具体如下：

```
a = [1,2,3, 4...., n]
```

如果将数字相加所花费的总时间为 x（假设所有数字都很大），并且希望尽快计算所有数字，则可以利用分布式计算。

我们将数组划分为多个数组（假设是 4 个数组），每个数组使用原始元素数量的 25%，并将每个数组发送到不同的处理器以计算总和，如图 14-1 所示。

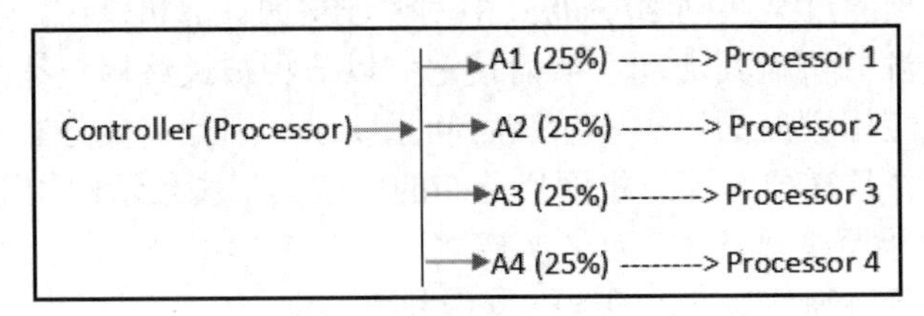

图 14-1

原　　文	译　　文
Controller (Processor)	控制器（处理器）
Processor 1	处理器 1
Processor 2	处理器 2
Processor 3	处理器 3
Processor 4	处理器 4

在这种安排中，将所有数字相加所花费的总时间削减为(x/4 + d)或(x/处理器数+ d)，其中，d 是整理所有处理器计算获得的 sum 值，然后将它们加在一起以获得最终结果所花费的时间。

分布式系统的优点如下。

- 可以将系统扩展到任何级别，而没有任何硬件限制。
- 没有单点故障，这使它们更具容错能力。
- 高可用性。
- 在处理大数据问题时非常高效。

分布式系统通常与并行系统混淆，但是它们之间存在细微的差异。一方面，并行系统（Parallel System）是由多个处理器组成的系统，这些处理器大多放置在单个容器中，当然有时也放置在多个紧密相邻的容器中；另一方面，分布式系统由多个处理器（每个处理器都有自己的存储和 I/O 设备）组成，这些处理器通过可进行数据交换的网络连接在一起。

14.3　共享存储模型与分布式存储模型

为了实现高性能，多处理器（Multi-Processor）和多计算机（Multi-Computer）架构已经获得了长足发展。使用多处理器架构、多个处理器共享一个公共存储，并通过对共享存储进行读/写来相互通信。

在使用多台计算机的情况下，这些计算机并不共享单个物理存储，所以它们将通过传递消息相互通信。分布式共享存储（Distributed Shared Memory，DSM）使用的是物理、非共享（分布式）架构中的共享存储。

现在来看看每个对象，并讨论它们之间的差异。

14.3.1　共享存储模型

所谓共享存储模型，就是指多个处理器共享一个公共存储空间。由于多个处理器共享存储空间，因此需要采取一些同步措施以避免数据损坏和竞争状况。

如前文所述，同步也会带来性能开销。图 14-2 是共享存储模型的示例表示，可以看到，该设计中有 n 个处理器，所有这些处理器都可以访问一个公共共享的存储块。

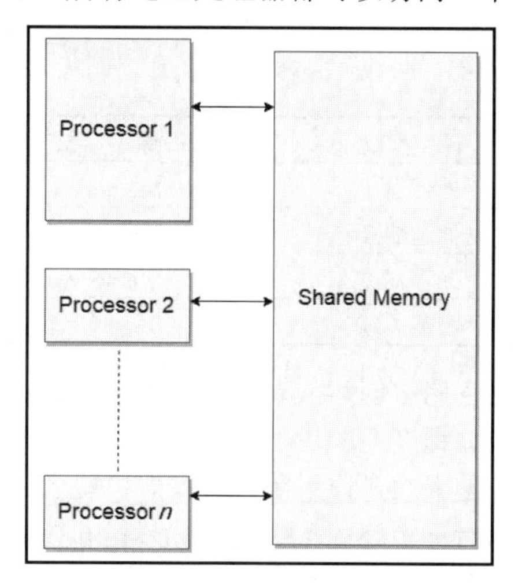

图 14-2

原　文	译　文	原　文	译　文
Processor 1	处理器 1	Processor n	处理器 n
Processor 2	处理器 2	Shared Memory	共享存储

共享存储模型的特性如下。

- 所有处理器都可以访问整个存储块。存储块可以是由存储模块组成的单个存储，如图 14-3 所示。

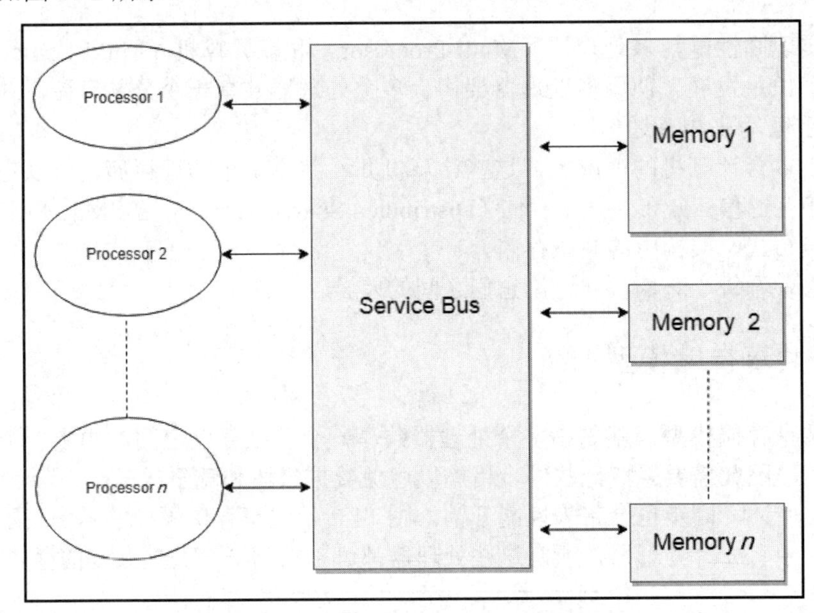

图 14-3

原　　文	译　　文	原　　文	译　　文
Processor 1	处理器 1	Memory 1	存储 1
Processor 2	处理器 2	Memory 2	存储 2
Processor *n*	处理器 *n*	Memory *n*	存储 *n*
Service Bus	服务总线		

- 处理器将通过在主存储中创建共享变量来相互通信。
- 并行化的效率在很大程度上取决于服务总线的速度。
- 由于服务总线的速度限制，该系统最多只能扩展到 *n* 个处理器。

共享存储模型也被称为对称多处理（Symmetric Multi-Processing，SMP）模型，因为所有处理器都可以访问所有可用的存储块。

14.3.2　分布式存储模型

在分布式存储模型中，存储空间不再在处理器之间共享。事实上，处理器本身也并不共享公共的物理位置；相反，它们可以远程放置。每个处理器都有其自己的专用存储空间和 I/O 设备。

在分布式存储模型中，数据将跨处理器而不是在单个存储中存储。每个处理器可以处理自己的本地数据，但是要访问存储在其他处理器存储中的数据，则需要通过通信网络进行连接。数据通过消息传递（Message Passing）接口在处理器之间传递，该接口需要使用发送消息（Send Message）和接收消息（Receive Message）的指令。

分布式存储模型的示意图如图 14-4 所示。

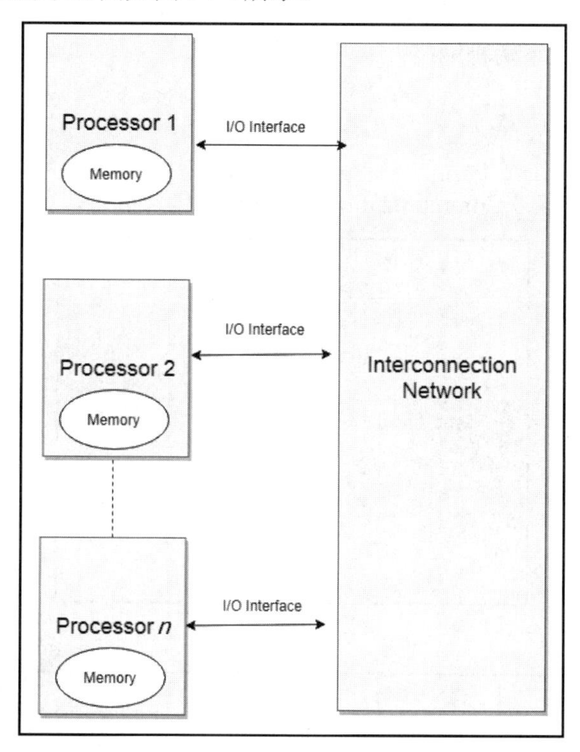

图 14-4

原　　文	译　　文	原　　文	译　　文
Processor 1	处理器 1	Memory	存储
Processor 2	处理器 2	I/O Interface	I/O 接口
Processor *n*	处理器 *n*	Interconnection Network	互联通信网络

可以看到，在分布式存储模型中，每个处理器都有其自己的存储空间，它们通过 I/O 接口与通信网络（Communication Network）进行交互。

下面就来认识可在分布式系统中使用的各种类型的通信网络。

14.4 通信网络的类型

通信网络是连接典型计算机网络中两个或多个节点的链接。通信网络分为以下两类。

- 静态通信网络。
- 动态通信网络。

下面将分别介绍上述两种网络。

14.4.1 静态通信网络

静态通信网络（Static Communication Network）包含链接，如图 14-5 所示。

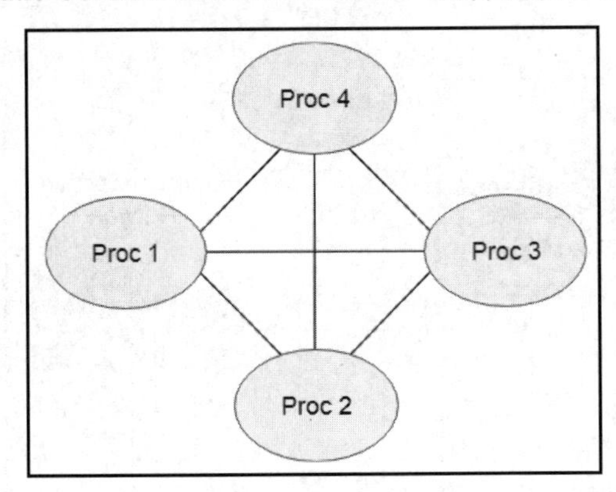

图 14-5

原　文	译　文	原　文	译　文
Proc 1	处理器 1	Proc 3	处理器 3
Proc 2	处理器 2	Proc 4	处理器 4

链接被用于将节点连接在一起，从而创建一个完整的通信网络，其中任何节点都可以与其他节点通信。

14.4.2 动态通信网络

动态通信网络（Dynamic Communication Network）具有链接和交换机，如图 14-6 所示。

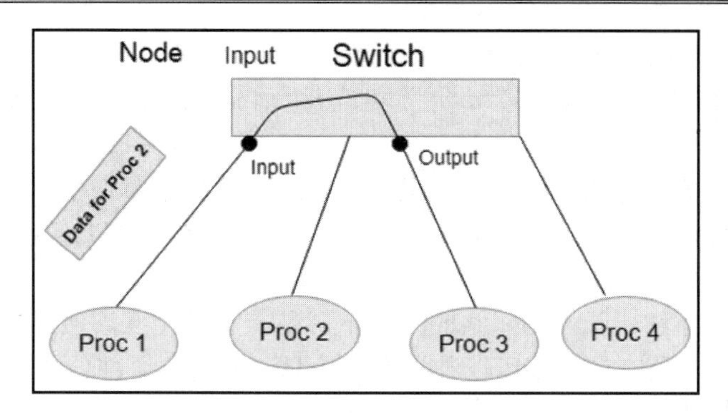

图 14-6

原　　文	译　　文	原　　文	译　　文
Node	节点	Proc 1	处理器 1
Input	输入	Proc 2	处理器 2
Switch	交换机	Proc 3	处理器 3
Data for Proc 2	处理器 2 的数据	Proc 4	处理器 4
Output	输出		

交换机是具有输入/输出端口的设备，它们将输入数据重定向到输出端口。这意味着途径是动态的。如果一个处理器想要将数据发送到另一个处理器，则需要通过交换机来完成，如图 14-6 所示。

14.5　通信网络的特征

在设计通信网络时，需要考虑以下特征。

- 拓扑结构。
- 路由算法。
- 交换策略。
- 流控制。

以下我们将详细阐释上述特征。

14.5.1　拓扑结构

拓扑结构是指节点（网桥、交换机和基础结构设备）的连接方式。一些常见的拓扑形态包括交叉开关（Crossbar）矩阵、环形（Ring）、2D 网格（2D Mesh）、3D 网格、

higherD 网格、2D 环面（2D Torus）、3D 环面、higherD 环面、超立方体（Hypercube）、树型（Tree）、蝴蝶型（Butterfly）、完美混洗（Perfect Shuffle）和蜻蜓（Dragonfly）网络拓扑。

在使用交叉开关矩阵拓扑结构的情况下，网络中的每个节点都与其他节点连接（尽管它们可能并未直接连接）。因此，可以通过许多路由传递消息以避免任何冲突。图 14-7 是典型的交叉开关矩阵拓扑结构。

在使用网状拓扑结构或网格网络的情况下，节点直接相互连接，而不必依赖网络中的其他节点。这样，所有节点都可以独立中继信息。网格可以部分或完全连接。图 14-8 是典型的完全连接的网格。

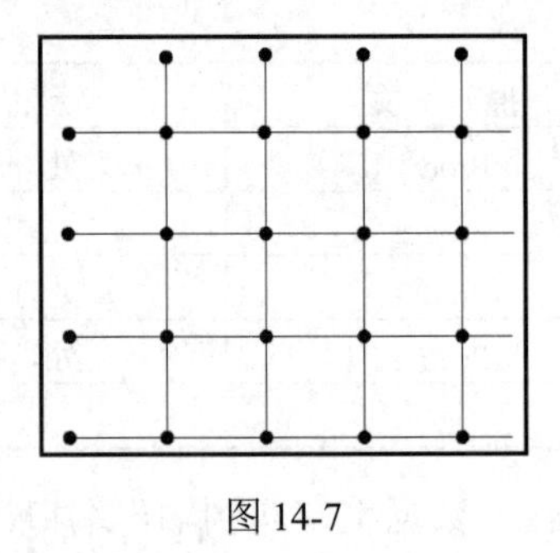

图 14-7

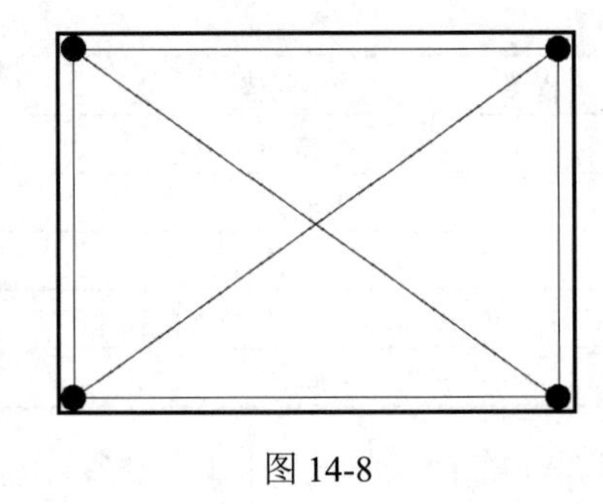

图 14-8

稍后将更详细地介绍拓扑结构。

14.5.2　路由算法

路由是一个过程，通过该过程，信息包将通过网络发送，到达目标节点。

路由可以是自适应的，也可以是非自适应的。所谓自适应（Adaptive），就是指路由通过不断从相邻节点获取信息来响应网络拓扑中的变化；而所谓的非自适应（Non-Adaptive），就是指路由是静态的，并且是引导网络时将路由信息下载到节点的位置。

需要选择路由算法以确保没有死锁。例如，在 2D 环面拓扑结构中，所有路径均从东向西，从北向南，以避免出现任何死锁情况。稍后将更详细地介绍 2D 环面拓扑结构。

14.5.3　交换策略

选择适当的交换策略可以提高网络性能。两种最重要的交换策略如下所示。

- 电路交换（Circuit Switching）：在电路交换中，将保留完整路径用于整个消息。例如，电话采用的就是电路交换策略。为了在电话网络上进行呼叫，需要在呼叫者和被呼叫者之间建立专用电路，并且该电路在整个呼叫期间都将持续存在。

- 数据包交换（Packet Switching）：在数据包交换中，消息被分解为单独路由的数据包。例如，Internet 采用的就是数据包交换策略。就成本收益而言，数据包交换比电路交换要好得多，因为链路成本是在用户之间共享的。数据包交换主要用于异步方案，例如发送电子邮件或文件传输。

14.5.4　流控制

流控制（Flow Control）是一种过程，网络可以通过该过程确保数据包在发送方之间传输并有效接收，且没有错误。

在网络拓扑结构中，发送方和接收方的速度可能会有所不同，这在某些情况下可能导致瓶颈或数据包丢失。通过流控制，我们可以做出决策，以防网络上出现拥塞。

具体的流控制策略包括将数据临时存储到缓冲区、将数据重新路由到其他节点、指示源节点临时停止、丢弃数据等。

以下是一些常见的流控制算法。

- 停止并等待（Stop and Wait）：整个消息被划分为多个部分。发送方将部分发送给接收方，并等待确认。确认有超时设计，需要在特定时间段内到达。发送方收到确认后，将发送消息的下一部分。
- 滑动窗口（Sliding Window）：接收方为发送方分配发送窗口以发送消息。当窗口已满时，发送方必须停止发送，以便接收方可以处理消息并通告下一个发送窗口。当接收方将数据存储在缓冲区中时，这种方法最有效，因此其可接收的容量仅限于缓冲区大小。

14.6　拓扑结构探索

到目前为止，我们已经研究了一些完整的通信网络，在这些网络中，每个处理器可以直接与其他处理器进行通信，而无须任何交换。当处理器数量很少时，这种安排会很好用，但是如果需要增加处理器数量，则可能会带来麻烦（例如图 14-8 中的全连接网格）。因此，可以考虑使用其他各种性能的拓扑结构。

衡量拓扑结构中图的性能时，需要考虑以下两个重要方面。

- 图的直径：节点之间的最长路径。
- 二等分带宽：将网络分为两个相等的最小部分的带宽。这对于每个处理器都需要与其他处理器通信的网络而言非常重要。

以下是一些网络拓扑结构的示例。

14.6.1　线性和环形拓扑

这些拓扑与一维阵列配合得很好。在使用线性拓扑的情况下，所有处理器都处在一个线性排列中，包含一个输入流和输出流，而在使用环形拓扑的情况下，处理器将形成一个循环，回到起始处理器。

现在让我们更详细地了解这些拓扑结构。

1．线性阵列

所有处理器都呈线性排列，如图 14-9 所示。

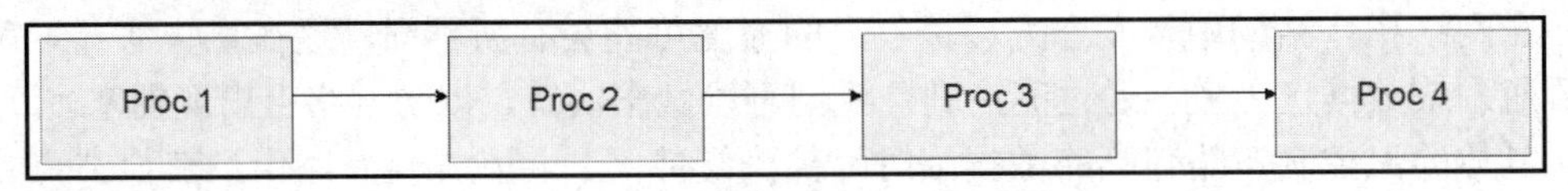

图 14-9

原　文	译　文	原　文	译　文
Proc 1	处理器 1	Proc 3	处理器 3
Proc 2	处理器 2	Proc 4	处理器 4

对于图的直径和二等分带宽，线性拓扑结构将具有以下值。

- 直径 = $n-1$，其中 n 是处理器数。
- 二等分带宽 = 1。

2．环形

所有处理器都采用环形排列，信息从一个处理器流向另一个处理器，从而循环回到起始处理器。这将形成一个环，如图 14-10 所示。

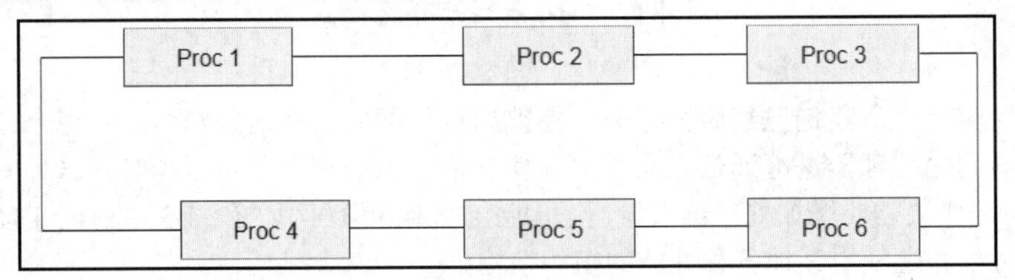

图 14-10

原　文	译　文	原　文	译　文
Proc 1	处理器 1	Proc 4	处理器 4
Proc 2	处理器 2	Proc 5	处理器 5
Proc 3	处理器 3	Proc 6	处理器 6

对于图的直径和二等分带宽，环形拓扑结构将具有以下值。

- 直径 = $n/2$，其中 n 是处理器数。
- 二等分带宽 = 2。

14.6.2　网格和环面

这些拓扑结构可与 2D 和 3D 阵列配合使用。现在让我们更详细地了解它们。

1. 2D 网格

在网状网络中，节点直接相互连接，而不必依赖网络中的其他节点。所有节点都处于 2D 网格排列中，如图 14-11 所示。

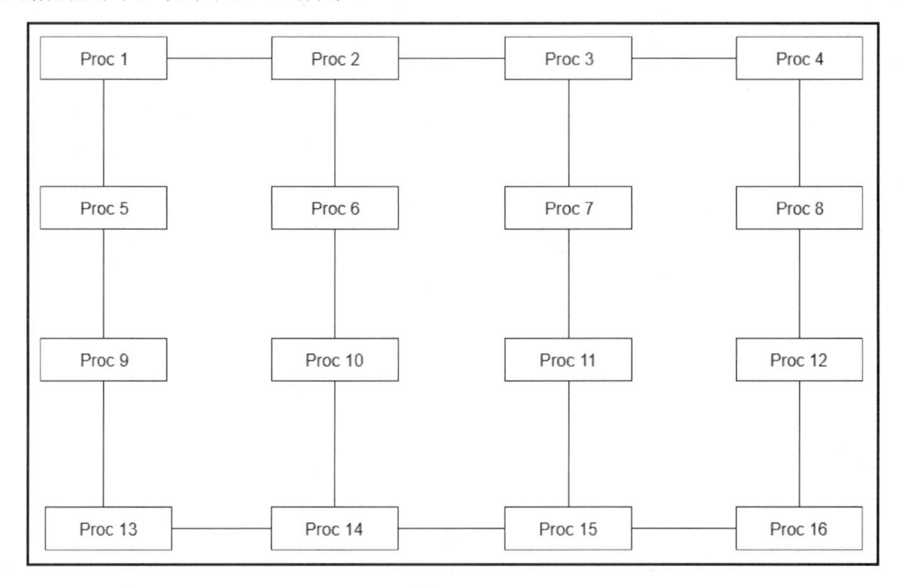

图 14-11

原　文	译　文	原　文	译　文
Proc 1	处理器 1	Proc 9	处理器 9
Proc 2	处理器 2	Proc 10	处理器 10
Proc 3	处理器 3	Proc 11	处理器 11
Proc 4	处理器 4	Proc 12	处理器 12
Proc 5	处理器 5	Proc 13	处理器 13
Proc 6	处理器 6	Proc 14	处理器 14
Proc 7	处理器 7	Proc 15	处理器 15
Proc 8	处理器 8	Proc 16	处理器 16

对于图的直径和二等分带宽，该拓扑结构将具有以下值。

- 直径 = 2*(sqrt(*n*)-1)，其中 *n* 是处理器数。
- 二等分带宽 = sqrt(*n*)。

2．2D 环面

所有处理器均采用 2D 环面结构，如图 14-12 所示。

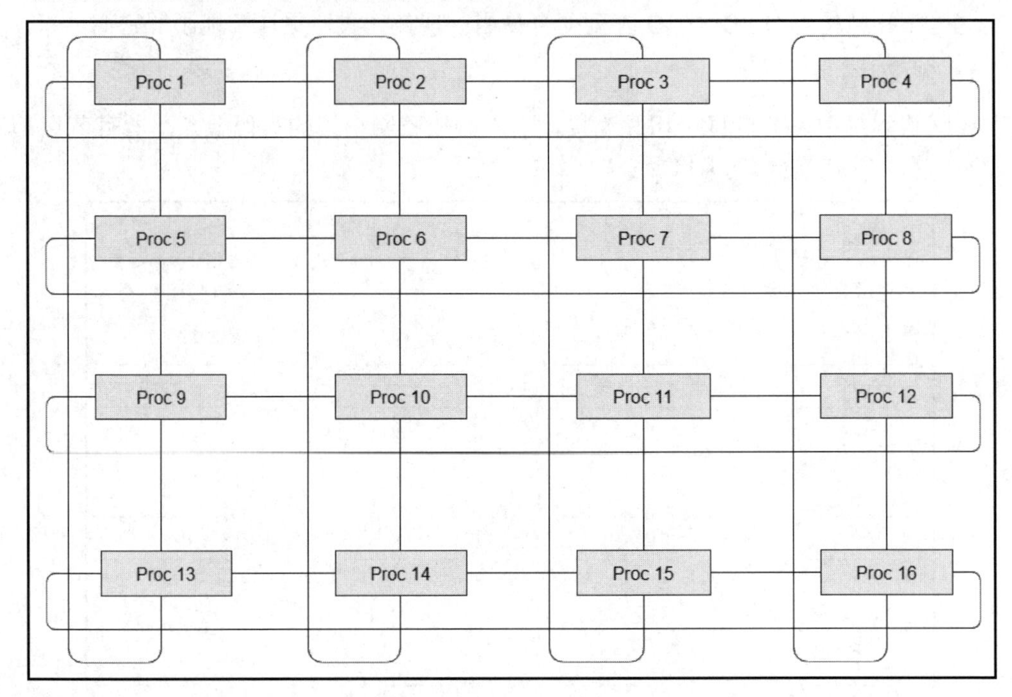

图 14-12

原　　文	译　　文	原　　文	译　　文
Proc 1	处理器 1	Proc 9	处理器 9
Proc 2	处理器 2	Proc 10	处理器 10
Proc 3	处理器 3	Proc 11	处理器 11
Proc 4	处理器 4	Proc 12	处理器 12
Proc 5	处理器 5	Proc 13	处理器 13
Proc 6	处理器 6	Proc 14	处理器 14
Proc 7	处理器 7	Proc 15	处理器 15
Proc 8	处理器 8	Proc 16	处理器 16

对于图的直径和二等分带宽，该拓扑结构将具有以下值。

- 直径 = sqrt(n)，其中 n 是处理器数。
- 二等分带宽 = 2*sqrt(n)。

14.7　使用消息传递接口对分布式存储计算机进行编程

本节将讨论如何使用 Microsoft 的消息传递接口（Message Passing Interface，MPI）对分布式存储计算机进行编程。

消息传递接口（MPI）是已开发用于分布式和并行系统的标准便携式系统。它定义了并行硬件供应商用来支持分布式存储通信的基本功能集。

在以下各节中将讨论使用 MPI 优于旧的消息传递库的优点，并说明如何安装和运行简单的 MPI 程序。

14.7.1　使用 MPI 的理由

消息传递接口（MPI）的优点是可以从多种语言（如 C、C++、C#、Java、Python 等）中调用 MPI 例程。与旧的消息传递库相比，MPI 具有高度的可移植性，并且 MPI 例程针对可能运行的每个硬件进行了速度优化。

14.7.2　在 Windows 系统上安装 MPI

可以从以下地址下载并安装 MPI。

https://www.open-mpi.org/software/ompi/v1.10/

也可以从以下地址下载 Microsoft 版本的 MPI。

https://github.com/Microsoft/Microsoft-MPI/releases

14.7.3　使用 MPI 的示例程序

以下是可以使用 MPI 运行的简单 HelloWorld 程序。程序在 2 s 的延迟后打印正在执行代码的处理器编号。相同的代码可以在多个处理器上运行（可以指定处理器数量）。

首先，在 Visual Studio 中创建一个新的控制台应用程序项目，并在 Program.cs 文件中编写以下代码：

```
[DllImport("Kernel32.dll"), SuppressUnmanagedCodeSecurity]
public static extern int GetCurrentProcessorNumber();

static void Main(string[] args)
{
    Thread.Sleep(2000);
    Console.WriteLine($"Hello {GetCurrentProcessorNumber()} Id");
}
```

GetCurrentProcessorNumber()是一个工具函数，用于提供执行代码的处理器编号。从上述代码中可以看到，这没有什么神奇之处——它作为单个线程运行，并输出 Hello 和当前处理器编号。

可以通过 14.7.2 节“在 Windows 系统上安装 MPI”中提供的 Microsoft MPI 链接安装 msmpisetup.exe。安装完成之后，即可从命令提示符处执行以下命令：

```
C:\Program Files\Microsoft MPI\Bin>mpiexec.exe -n 5 "path to executable"
```

在这里，n 指定的是运行该程序的处理器数量。上述代码的输出如图 14-13 所示。

```
Hello 3 Id
Hello 7 Id
Hello 5 Id
Hello 6 Id
Hello 6 Id
```

图 14-13

可以看到，使用 MPI 即可在多个处理器上运行相同的程序。

14.7.4 基本的发送/接收操作

MPI 是 C++实现，并且 Microsoft 网站上的大多数文档仅在 C++中可用。但是，创建.NET 编译包装并将其用于任何项目中都是很容易的。MPI 还提供了一些第三方.NET 实现，当然，遗憾的是，到目前为止，尚不支持.NET Core 实现。

以下是 MPI_Send 函数的语法，该函数可将数据缓冲区发送到另一个处理器中。

```
int MPIAPI  MPI_Send(
  _In_opt_  void          *buf,      // 指向包含要发送的数据的缓冲区的指针
            int           count,     // 缓冲区中的元素数
            MPI_Datatype  datatype,  // 缓冲区中元素的数据类型
            int           dest,      // 目标进程号（Rank）
            int           tag,       // 区分消息的标签
            MPI_Comm      comm       // 通信器（Communicator）的句柄
);
```

当可以安全地重用缓冲区时，该方法将返回。

以下是 MPU_Recv 函数的语法，它将从另一个处理器接收数据缓冲区。

```
int MPIAPI  MPI_Recv(
  _In_opt_  void          *buf,
            int           count,
            MPI_Datatype  datatype,
            int           source,
            int           tag,
            MPI_Comm      comm,
    _Out_   MPI_Status    *status    // 返回 MPI_SUCCESS 或错误代码
);
```

直到缓冲区被接收，该方法才返回。

以下是使用发送和接收函数的典型示例。

```
# include "mpi.h"
# include <iostream>
int main( int argc, char *argv[])
{
int rank, buffer;
MPI::Init(argv, argc);
rank = MPI::COMM_WORLD.Get_rank();
// 进程 0 将数据作为缓冲区发送，进程 1 接收作为缓冲区的数据
if (rank == 0) {
buffer = 999999;
MPI::COMM_WORLD.Send( &buffer, 1, MPI::INT, 1, 0 );
}
else if (rank == 1) {
MPI::COMM_WORLD.Recv( &buffer, 1, MPI::INT, 0, 0 );
std::cout << "Data Received"  << buf << "\n";
}
MPI::Finalize();
return 0;
}
```

当通过 MPI 运行时，通信器（Communicator）将发送数据，该数据将由另一个处理器中的接收函数接收。

14.8 集 合 通 信

顾名思义，集合通信（Collective Communication）是一种通信方法，其通信器囊括了

所有的处理器。集合通信将帮助我们完成这些任务。

对于 MPI 来说，有以下两种主要的集合通信方法。

- MPI_BCAST：该方法会将数据从一个（根）进程分发（Distribute）到通信器中的另一个处理器。BCAST 指的 Broadcast（广播）。
- MPI_REDUCE：该方法将合并（Combine）来自通信器中所有处理器的数据，并将其返回根进程中。REDUCE 指的是 Reduce（归约）。

14.9 小　　结

本章详细讨论了分布式存储管理的实现。我们阐释了分布式存储管理模型，例如共享存储和分布式存储处理器，以及它们的实现。我们讨论了什么是 MPI 以及如何使用它。我们还讨论了通信网络以及实现高效网络的各种设计注意事项。完成本章的学习后，你应该对网络拓扑结构、路由算法、交换策略和流控制等有很好的理解。

最后，我们来对全书内容做一个简要的总结。

在本书中，我们介绍了.NET Core 3.1 中提供的用于实现并行编程的各种编程结构。如果正确使用并行编程，可以大大提高应用程序的性能和响应能力。.NET Core 3.1 中提供的新功能和语法确实使编写/调试和维护并行代码更加容易。为比较起见，我们还介绍了在任务并行库（TPL）出现之前编写多线程代码的方式。

通过用于异步编程的新结构（async 和 await），我们学习了如何在程序流同步时充分利用非阻塞 I/O。然后，我们讨论了异步流和异步 Main()方法等新功能，这些功能可以帮助程序员更轻松地编写异步代码。

我们还讨论了 Visual Studio 中的并行工具支持，以帮助程序员更好地调试代码。我们讨论了如何为并行代码编写单元测试用例，以使代码更健壮、更可靠。

最后，我们介绍了分布式编程技术以及如何在.NET Core 中使用它们。

14.10 牛 刀 小 试

（1）以下哪一项是由多个处理器组成的系统？这些处理器大多放置在单个容器中，当然有时也放置在多个紧密相邻的容器中。

A．并行系统

B．分布式系统

C．静态通信系统

D．动态通信系统

（2）对于动态通信网络来说，任何节点都可以向其他节点发送数据。

A．正确

B．错误

（3）以下哪一项不是通信网络的特征？

A．拓扑结构

B．交换策略

C．流控制

D．共享存储

（4）对于分布式存储模型来说，存储空间可以在处理器之间共享。

A．正确

B．错误

（5）以下哪一个交换策略主要用于异步方案？

A．报文交换

B．虚电路

C．数据包交换

D．电路交换

附录　牛刀小试答案

所有答案使用框线标识。

第 1 章　并行编程简介

（1）多线程是并行编程的超集。

A．正确

B．错误

（2）在启用了超线程的单处理器双核计算机中，将有多少个内核？

A．2

B．4

C．8

D．32

（3）当应用程序退出时，所有前台线程也会被杀死。不需要单独的逻辑来关闭应用程序出口上的前台线程。

A．正确

B．错误

（4）当线程尝试访问尚未拥有/创建的控件时，会引发哪个异常？

A．ObjectDisposedException

B．InvalidOperationException

C．CrossThreadException

D．InvalidThreadedException

（5）以下哪一项提供取消支持和进度报告？

A．Thread

B．BackgroundWorker

C．ThreadPool

D．CancellationReporting

第 2 章　任务并行性

（1）以下描述错误的是：

A．与 ThreadPool 类似，任务在完成时不会通知你

B．可以使用 ContinueWith()构造连续运行的任务

C．可以通过调用 Task.Wait()等待任务的执行，这将阻塞调用线程，直到任务完成为止

D．与传统线程或 ThreadPool 相比，任务使代码的可读性更高。它们还为在 C# 5.0 中引入异步编程构造铺平了道路

（2）使用 Task 类创建任务的方式不包括：

A．使用 Lambda 表达式语法

B．使用操作委托

C．使用请求委托

D．使用委托

（3）Task 类的通用变体不包括：

A．Task<T>

B．Task.Factory.StartNew<T>

C．Task.Run<T>

D．Task.Wait<T>

（4）在以下 Wait 方法的重载版本中，等待任务在指定的时间段（以 ms 为单位）内完成执行的是：

A．Wait()

B．Wait(CancellationToken)

C．Wait(int)

D．Wait(TimeSpan)

（5）工作窃取技术从其他线程的本地队列窃取任务时，它采用的算法是：

A．先进先出

B．后进后出

C．先进后出

D．后进先出

第 3 章　实现数据并行

（1）以下哪一种方法不是在 TPL 中提供 for 循环的正确方法？

A．Parallel.Invoke

B．Parallel.While

C．Parallel.For

D．Parallel.ForEach

（2）以下哪一个不是默认的分区策略？

A．批量分区

B．范围分区

C．块分区

（3）并行度的默认值是多少？

A．1

B．64

C．256

D．1024

（4）Parallel.Break 将保证在执行后立即返回。

A．正确

B．错误

（5）一个线程可以看到另一个线程的线程局部值或分区局部值吗？

A．可以

B．不可以

第 4 章　使用 PLINQ

（1）在以下 LINQ 提供的程序中，哪一个对关系对象有更好的支持？

A．LINQ to SQL

B．LINQ to entities

C．LINQ to database

D．LINQ to XML

（2）通过使用 AsParallel()，可以轻松地将 LINQ 转换为并行 LINQ。

A．正确

B．错误

（3）在 PLINQ 中，无法在有序和无序执行之间进行切换。

A．正确

B．错误

（4）以下哪一项可以缓冲并发任务的结果，并使缓冲区可定期用于使用它的线程？

A．FullyBuffered

B．AutoBuffered

C．NotBuffered

D．QueryBuffered

（5）如果在任务内执行以下代码，将抛出哪个异常？

```
int i = 5;
i = i / i -5;
```

A．AggregateException

B．DivideByZeroException

C．InvalidOperationException

D．DivideZeroException

第 5 章　同 步 原 语

（1）以下哪一项可用于跨进程同步？

A．Lock

B．Interlocked.Increment

C．Interlocked.MemoryBarrierProcessWide

D．Thread.MemoryBarrier

（2）以下哪一项不是有效的内存屏障？

A．读取内存屏障

B．半内存屏障

C．全能型内存屏障

D．读取并执行内存屏障

（3）不能从以下哪一种状态中恢复线程？

A．WaitSleepJoin

B．Suspended

C．Aborted

D．Stopped

（4）一个未命名的信号量可以在哪里提供同步？

A．在进程中

B．跨进程

C．跨线程

D．以上都可以

（5）以下哪一项支持跟踪线程？

A．SpinWait

B．SpinLock

C．SemaphoreSlim

D．WaitHandle

第 6 章　使用并发集合

（1）以下哪一项不是并发集合？

A．ConcurrentQueue<T>

B．ConcurrentBag<T>

C．ConcurrentStack<T>

D．ConcurrentList<T>

（2）在以下哪一个模式中，一个线程只能扮演一种角色，即添加（生产）数据或使用（消费）数据，而不能既添加数据又使用数据？

A．纯生产者-消费者模式

B．混合生产者-消费者模式

（3）在纯生产者-消费者模式中，当项目的处理时间很短时，队列将表现最佳。

A．正确

B．错误

（4）以下哪一项不是 ConcurrentStack 的成员？

A．Push

B．TryPop

C．TryPopRange

D．TryPush

（5）以下哪一项不是命名空间 System.Threading.Concurrent 中的结构？

A．ArrayList<T>

B．IProducerConsumerCollection<T>

C．BlockingCollection<T>

D．ConcurrentDictionary<TKey, TValue>

第 7 章　通过延迟初始化提高性能

（1）延迟初始化需要多次使用构造函数创建对象。

A．正确

B．错误

（2）在延迟初始化模式中，对象创建将被推迟到实际需要时才进行。

A．正确

B．错误

（3）以下哪一项可用于创建不缓存异常的延迟对象？

A．LazyThreadSafetyMode.DoNotCacheException

B．LazyThreadSafetyMode.PublicationOnly

C．LazyThreadSafetyMode.NoCacheException

D．LazyThreadSafetyMode.PublicationCacheException

（4）以下哪个属性可用于创建线程局部变量？

A．ThreadLocal

B．ThreadStatic

C．以上二者皆可

（5）以下描述错误的是：

A．System.Lazy<T>类具有延迟初始化的所有优点，缺点是它也会产生同步开销

B．延迟加载模式的常见用法之一是在缓存预留模式中

C．对于在创建时需要很高的资源或内存成本的对象，可以使用缓存预留模式

D．使用 System.Lazy<T>创建的对象其初始化被推迟到首次访问它们之前

第 8 章　异步编程详解

（1）以下哪一种代码更易于编写、调试和维护？

A．同步

B．异步

（2）在以下哪些情况下应该使用异步编程？

A．文件 I/O

B．具有连接池的数据库

C．网络 I/O

D．没有连接池的数据库

（3）可以使用以下哪些方式来编写异步代码？

A．Delegate.BeginInvoke()方法

B．Task 类

C．IAsyncResult 接口

D．async 和 await 关键字

（4）以下哪些项不能用于在.NET Core 中编写异步代码？

A．Delegate.BeginInvoke()方法

B．Task 类

C．IAsyncResult 接口

D．async 和 await 关键字

（5）以下描述错误的是：

A．在没有连接池的单个数据库中，不宜使用异步编程

B．操作简单且运行时间短的任务不宜使用异步编程

C．采用异步编程的代码很难阅读、调试和维护

D．如果应用程序使用了大量的共享资源，则采用异步编程是有意义的

第 9 章　基于任务的异步编程基础

（1）以下哪一个关键字可用来解除异步方法中线程的阻塞？

A．async

B．await

C．Thread.Sleep

D．Task

（2）以下哪一项不是异步方法的有效返回类型？

A．void

B．Task

C．Task<T>

D．IAsyncResult

（3）TaskCompletionSource<T>可被用于手动实现基于任务的异步模式。

A．正确

B．错误

（4）可以将 Main()方法编写为异步方法吗？

A．可以

B．不可以

（5）Task 类的哪个属性可用于检查异步方法是否抛出了异常？

A．IsException

B．IsFaulted

C．IsError

D．IsFailed

（6）程序员应该始终将 void 用作异步方法的返回类型。

A．正确

B．错误

第 10 章　使用 Visual Studio 调试任务

（1）在 Visual Studio 中调试线程时，看不到以下哪一个窗口？

A．Parallel Threads

B．Parallel Stack

C．GPU Thread

D．Parallel Watch

（2）在调试时，可以通过标记线程来跟踪特定线程。

A．正确

B．错误

（3）在 Parallel Watch（并行观察）窗口中，包含以下哪些视图？

A．Tasks

B．Process

C．Threads

D．GPU

（4）要检查线程的调用堆栈，可以使用以下哪一个视图？

A．Method 视图

B．Task 视图

C．Process 视图

D．Threads 视图

（5）对于 Concurrency Visualizer（并发可视化器）来说，不包含以下哪个视图？

A．Threads 视图

B．Cores 视图

C．Process 视图

D．Utilization 视图

第 11 章　编写并行和异步代码的单元测试用例

（1）在 Visual Studio 中，以下哪一项是不受支持的单元测试框架？

A．JUnit

B．NUnit

C．xUnit

D．MSTest

（2）如何检查单元测试用例的输出？

A．使用 Task Explorer（任务资源管理器）窗口

B．使用 Test Explorer（测试资源管理器）窗口

C．使用 Debug Explorer（调试资源管理器）查看

D．使用 Result（结果）窗口

（3）当测试框架为 xUnit 时，可以将以下哪一项属性应用于测试方法？

A．Fact

B．TestMethod

C．Test

D．Properties

（4）如何验证抛出异常的测试用例是否成功？

A．Assert.AreEqual(ex, typeof(Exception))

B．Assert.IsException

C．Assert.ThrowAsync<T>

D．Assert.ThrowsAsync<DivideByZeroException>

（5）.NET Core 支持以下哪一种模拟框架？

A．NSubstitute

B．Moq

C．Rhino Mocks

D．NMock

第 12 章　ASP.NET Core 中的 IIS 和 Kestrel

（1）以下哪一个可用于托管 Web 应用程序？

A．IWebHostBuilder

B．IHostBuilder

C．ITasks

D．IManagementHost

（2）以下哪一个 ThreadPool 算法试图使用尽可能少的线程来最大化吞吐量？

A．爬山算法

B．避免饥饿算法

C．贪婪算法

D．魔术方法

（3）以下哪一项不是有效的微服务设计方法？

A．单线程单进程

B．单线程多进程

C．多线程单进程

D．多线程多进程

（4）在.NET Core 新版本中可以等待 foreach 循环。

A．正确

B．错误

（5）以下哪一项是 IEnumerable<T>的异步版本？

A．AsyncEnumerable<T>

B．IAsyncEnumerable<T>

C．AwaitEnumerable<T>

D．IAwaitEnumerable<T>

第 13 章　并行编程中的模式

（1）以下哪一项不是分叉/合并模式的实现？

A．System.Threading.Barrier

B．System.Threading.CountdownEvent

C．Parallel.For

D．Parallel.ForEach

（2）在 TPL 中，延迟模式的实现是哪一个？

A．Lazy<T>

B．LazySingleton

C．LazyInitializer

D．LazyTask

（3）以下哪一种模式依赖于实现高吞吐量以减少延迟？

A．延迟模式

B．共享状态模式

C．推测处理模式

D．聚合模式

（4）如果需要从列表中筛选数据并返回单个输出，可以使用以下哪一种模式？

A．聚合模式

B．MapReduce 模式

C．共享状态模式

D．延迟模式

（5）以下描述错误的是：

A．MapReduce 程序由两个任务组成，即映射和归约

B．聚合模式扮演的是筛选器的角色

C．在分叉/合并模式中，工作被分叉（拆分）为一组可以异步执行的任务

D．有许多方式可以处理共享状态问题，例如使用 Synchronization、Isolation 和 Immutability

第 14 章　分布式存储管理

（1）以下哪一项是由多个处理器组成的系统？这些处理器大多放置在单个容器中，当然有时也放置在多个紧密相邻的容器中。

A．并行系统

B．分布式系统

C．静态通信系统

D．动态通信系统

（2）对于动态通信网络来说，任何节点都可以向其他节点发送数据。

A．正确

B．错误

（3）以下哪一项不是通信网络的特征？

A．拓扑结构

B．交换策略

C．流控制

D．共享存储

（4）对于分布式存储模型来说，存储空间可以在处理器之间共享。

A．正确

B．错误

（5）以下哪一个交换策略主要用于异步方案？

A．报文交换

B．虚电路

C．数据包交换

D．电路交换